FRED HOYLE
UND
CHANDRA WICKRAMASINGHE

Leben aus dem All

W0323261

FRED HOYLE
UND
CHANDRA WICKRAMASINGHE

Leben aus dem All

Aus dem Englischen von
Michael Bischoff

ZWEITAUSENDEINS

Deutsche Erstausgabe
1. Auflage, Oktober 2000.

Die englische Originalausgabe ist unter dem Titel
»*Our Place in the Cosmos. The unfinished Revolution*«
bei J. M. Dent Ltd. in London erschienen.

Copyright © 1993 by Fred Hoyle and Chandra Wickramasinghe.

Alle Rechte für die deutsche Ausgabe und Übersetzung
Copyright © 2000 by Zweitausendeins,
Postfach, D–60381 Frankfurt am Main.
www.Zweitausendeins.de
Für die deutsche Ausgabe
hat Chandra Wickramasinghe das ›*Nachwort: Panspermie 2000*‹ geschrieben.
Die deutsche Ausgabe ist ferner um das Glossar
erweitert worden.

Alle Rechte vorbehalten, insbesondere das Recht der mechanischen, elektronischen oder fotografischen Vervielfältigung, der Einspeicherung und Verarbeitung in elektronischen Systemen, des Nachdrucks in Zeitschriften oder Zeitungen, des öffentlichen Vortrags, der Verfilmung oder Dramatisierung, der Übertragung durch Rundfunk, Fernsehen oder Video, auch einzelner Text- und Bildteile.
Der *gewerbliche* Weiterverkauf und der *gewerbliche* Verleih von Büchern, CDs, Videos oder anderen Sachen aus der Zweitausendeins-Produktion bedürfen in jedem Fall der schriftlichen Genehmigung durch die Geschäftsleitung vom Zweitausendeins Versand in Frankfurt am Main.

Lektorat: Klaus Gabbert (Büro W, Wiesbaden).
Register der deutschen Ausgabe: Ekkehard Kunze.
Umschlaggestaltung: Sabine Kauf.
Satz und Gestaltung: AM Design, Bernd Leberfinger, Nördlingen.
Herstellung: Dieter Kohler GmbH, Nördlingen.
Druck: Druckerei Gutmann+Co GmbH, Talheim.
Einband: G. Lachenmaier, Reutlingen.
Printed in Germany.

Das Papier dieses Buches, einschließlich Überzug und Vorsatz,
besteht zu 100 Prozent aus Altpapier.

Dieses Buch gibt es nur bei Zweitausendeins im Versand,
Postfach, D-60381 Frankfurt am Main, Telefon 069-4208000 oder
01805-232001 (24 Pf./Min.), Fax 069-415003 oder 01805-242001 (24 Pf./Min.).
Internet www.Zweitausendeins.de, E-Mail info@Zweitausendeins.de.
Oder in den Zweitausendeins-Läden in Berlin, Düsseldorf, Essen, Frankfurt am Main,
Freiburg, 2x in Hamburg, in Hannover, Köln, Mannheim, München,
Nürnberg, Saarbrücken, Stuttgart.

In der Schweiz über buch 2000,
Postfach 89, CH-8910 Affoltern a. A.

ISBN 3-86150-373-5

Sei dir selbst ein Licht.
Halte dich an das Licht der Wahrheit.
Allein bei der Wahrheit suche Zuflucht.
Halte dich an niemanden
als an dich selbst.

Gautama Buddha
(6. Jahrhundert vor Christus)

Inhalt

Vorwort 9

1 Über den Hang der Gesellschaft, die objektive Wahrheit zu verdrehen 17

2 Der Beginn der kopernikanischen Revolution 29

3 Vom Urin zur Ursuppe 39

4 Organisches Material überall 51

5 Die außerirdischen Eigenschaften von Pflanzen und Tieren 73

6 Die Anfänge der Panspermie 85

7 Die außerirdischen Eigenschaften der Mikroorganismen . . . 96

8 Der Eintritt von Mikroorganismen in die Erdatmosphäre . . . 104

9 Ist unsere Theorie in sich stimmig? 116

10 Krankheitserreger als Prüfstein unserer Theorie 128

11 Die entscheidenden Tests 141

12 Wieviel Evolution hat es wirklich gegeben? 162

13 Das Problem der Unterprogramme 178

14 Wie wir uns den Ursprung und die Evolution des Lebens vorstellen müssen 192

15 Versuch einer Synthese 210

Nachwort. Panspermie 2000 231

Glossar 257

Abbildungsverzeichnis 264

Register 267

Vorwort

Nach verbreiteter Auffassung gehören Dinge wie die kopernikanische Revolution und der Prozess gegen Galilei der Vergangenheit an. Die gesellschaftliche Entwicklung habe einen Zustand erreicht, in dem solche Exzesse nicht mehr vorstellbar seien.

In diesem Buch werden wir zeigen, dass die kopernikanische Revolution keineswegs vorüber und die Gesellschaft in wichtigen Aspekten seit dem 16. Jahrhundert nicht wesentlich besser geworden ist. Eher noch hat die Situation sich verschlechtert, weil die Menschen mit dem Erfolg der industriellen Revolution ein Maß an Arroganz entwickelt haben, wie man es niemals zuvor erlebt hat. Das Dogma hat sich lediglich vom geozentrischen Weltbild zu der ebenso unwahrscheinlichen Vorstellung verschoben, wonach das Leben, das komplexeste und komplizierteste Phänomen im ganzen Kosmos, sein Zentrum auf der Erde habe. Das neue Dogma ist jüdisch-christlichen Ursprungs, aber seine heutigen Wächter sind nicht die Hohepriester der Kirche, sondern Wissenschaftler.

Unsere Fähigkeit, die Welt um uns herum zu erkunden und Fragen nach den Ursprüngen zu stellen (stets zu fragen und gelegentlich Antworten zu finden), unterscheidet uns von allen anderen Lebewesen auf unserem Planeten. Diese bemerkenswerte Fähigkeit, die wir auch als Intelligenz bezeichnen, kann als Ergebnis einer langen Entwicklungsgeschichte gelten, die nach den hier vorgestellten Thesen schon vor der Entstehung der Erde vor 4,5 Milliarden Jahren begonnen haben muss. Etwa 4 Milliarden

Jahre lang entwickelte sich das irdische Leben, ohne Intelligenz hervorzubringen. Aus mikroskopisch kleinen einzelligen Lebewesen entstanden in langen geologischen Zeiträumen immer komplexere, vielfältigere Lebensformen, bis eines Tages eine Art auftauchte, die sich durch die Fähigkeit auszeichnete, auf den Prozess zurückzublicken, aus dem sie selbst hervorgegangen war. Wir alle sind Mitglieder dieser einzigartigen, privilegierten Art.

Wie kam dieser Entwicklungsprozess in Gang? Entstand er aus einer Reihe zufälliger Ereignisse hier auf der Erde, oder geht er auf Einwirkungen aus dem Weltall zurück, vielleicht sogar auf den Einfluss einer externen kosmischen Intelligenz? Mit diesen Fragen werden wir uns in den folgenden Kapiteln auseinandersetzen.

Die orthodoxe Erklärung dieser Zusammenhänge ist bekannt. Sie geht auf Charles Darwin und seine zahlreichen Schüler zurück. In ihrer erweiterten, heute gültigen Form behauptet die darwinistische Theorie, die ersten lebenden Zellen wären durch rein mechanische Kollision der Grundbausteine des Lebens entstanden, und die heute zu beobachtenden Ergebnisse der Evolution gingen auf spätere Kopierfehler (Mutationen) und die gelegentliche Verdopplung von Genen zurück, wobei die am wenigsten an die jeweilige Umwelt angepassten Exemplare durch die natürliche Selektion ausgesondert worden wären. All das wird heute gelehrt, als handele es sich um bewiesene, über jeden Zweifel erhabene Tatsachen, aber in Wirklichkeit ist dieses Gedankengebäude kaum mehr als ein versteinertes, von unserem Bildungssystem weitergegebenes Dogma. In den letzten Jahren hat sich gezeigt, dass ein Großteil dieses Dogmas nicht mit der Wirklichkeit übereinstimmt. Doch die Theorie hält sich hartnäckig. Diese unglückliche Situation geht zurück auf eine langjährige Propaganda seitens darwinistischer Biologen, die sich gegenüber neuen, mit ihrer Theorie nicht zu vereinbarenden Tatsachen blind stellen. Schon früh haben herausragende Physiker die Grundannahmen dieser im wesentlichen vorkopernikanischen, geozentrischen Theorie in Frage gestellt und den Weg zu einer kosmischen Sicht des Lebens gewiesen. Obwohl sich unter diesen Physikern Wissenschaftler vom Rang eines Kelvin, Helmholtz und Arrhenius befanden, vermochten ihre Einwände nichts gegen die unermüdliche Propaganda der darwinistischen Front auszurichten.

Abgesehen vom Konflikt mit dem Darwinismus widerspricht der Gedanke, wonach das Leben auf der Erde äußeren kosmischen Einflüssen ausgesetzt ist, einer sehr alten Glaubensvorstellung der christlichen Kirche. Seit etwa dem 6. Jahrhundert umfasst der christliche Glaube auch das Dogma, das Geschehen in der himmlischen Sphäre könne keinen Einfluss auf die Erde haben. Der Himmel galt allenfalls als eine Verzierung – ohne jedwede praktische Bedeutung für das alltägliche Leben (abgesehen von der Sonne, deren segensreiche Wirkung nicht geleugnet wurde).

Wir beginnen unser Buch mit einer kurzen Darstellung der kopernikanischen Revolution des 16. und 17. Jahrhunderts, deren Widerhall wir heute noch verspüren. Danach behandeln wir die gesellschaftlichen Einflüsse, die dazu führten, dass Darwins Theorie sich von einer durchaus sinnvollen Spekulation zu einer Glaubensüberzeugung und schließlich zu einem festgefügten Dogma entwickelte, das den unhaltbaren Anspruch auf »unbezweifelbare Wahrheit« erhebt. Die Situation, in die wir dadurch geraten sind, ist potentiell gefährlich, und zwar nicht nur für einige Wissenschaftler, sondern für die gesamte Menschheit. Denn wenn die Menschen sich kollektiv weigern, nachweislich wahre Aussagen über die Welt von offenkundig falschen zu unterscheiden, beschreiten wir einen Weg, der nur in die Katastrophe führen kann. Aus dem Kampf gegen die Kirche, der in den 1860er Jahren die darwinistische Propaganda beflügelte, ist heute ein Ideensystem geworden, das möglicherweise zur Auslöschung der menschlichen Art führt.

In diesem Buch legen wir, wie wir meinen, unbestreitbare Beweise vor, die unsere Sicht des Lebens als eines kosmischen Phänomens untermauern. Zugleich wollen wir die sozialen Kräfte untersuchen, die der Anerkennung dieser Sichtweise im Wege stehen. Wir glauben, dass Komponenten kosmischen Lebens in Gestalt von Bakterien und Viren aus dem Weltraum auf die Erde gelangten und dass in einem bemerkenswerten Ereignis vor 570 Millionen Jahren sogar mehrzellige Lebewesen aus dem Raum hier eintrafen. Aus diesen kosmischen Lebewesen entwickelte sich über lange geologische Zeiträume hinweg das irdische Leben. Die konkurrierende Theorie behauptet ohne greifbare Beweise, das irdische Leben sei ursprünglich aus elektrischen Entladungen in der Atmosphäre der Urerde hervorgegangen. Als einzige empirische Grundlage für diese These erweist sich die Tatsache, dass die chemischen Grundbausteine des Lebens – Aminosäuren, Nukleotide, Zucker – im Labor unter ähnlichen Bedingungen synthetisiert worden sind, wie sie nach Ansicht mancher Forscher auf der Urerde geherrscht haben. Außerdem hat man auf experimentellem Wege gezeigt, dass diese Moleküleinheiten sich zu langen Polymerketten verbinden lassen, die eine sehr oberflächliche Ähnlichkeit mit biologischen Polymeren besitzen. Die Ergebnisse dieser Experimente sind jedoch noch weit entfernt von den entscheidenden Problemen, die das Leben aufwirft, und dazu gehört in allererster Linie die Frage nach dem Ursprung des Informationsgehalts, den die Lebewesen aufweisen. Der Informationsgehalt des Lebens (also die zu seiner Herstellung erforderliche Information) ist ganz spezieller Art und in quantitativer Hinsicht von superastronomischen Ausmaßen. Wie konnte diese hochspezifische Information aus dem Urchaos hervorgehen? Darwins allegorischer »kleiner warmer Teich« klingt zwar recht anheimelnd, dürfte als Erklärung jedoch kaum ausreichen.

In den letzten 15 bis 20 Jahren hat man astronomische Hinweise auf die Existenz großer Mengen komplexer organischer Moleküle im interstellaren Raum gefunden. Unsere eigenen Forschungen haben ergeben, dass die beobachteten Eigenschaften des kosmischen Staubs den im Labor ermittelten Eigenschaften gefriergetrockneter Bakterien ähneln. Die Übereinstimmung zwischen unserem Modell und den Daten ist so groß, dass es sich bei den kosmischen Staubkörnern unseres Erachtens tatsächlich um Bakterien handeln muss, so dass Funktionsweise und Evolution der kosmischen Mikrobiologie auf galaktischer Ebene anzusiedeln sind.

Diese These setzt voraus, dass Bakterien die im Weltraum herrschenden Bedingungen überleben können, und das ist tatsächlich der Fall. So zeigte sich, dass ein Stamm *Streptococcus mitis* auch nach zwei Jahren auf der Mondoberfläche noch lebensfähig war. Bakterien können bei geeigneten Versuchsbedingungen einen Druck und eine Temperatur überleben, die nahezu bei null liegen, aber auch einen Druck von 10 Tonnen pro Quadratzentimeter und eine plötzliche Erhitzung auf 600 °C. Selbst im Innern von Kernreaktoren hat man lebensfähige Bakterien gefunden, obwohl sie dort intensiver ionisierender Strahlung ausgesetzt sind. All das sind Eigenschaften, von denen man kaum erwarten kann, dass sie sich auf der Erde entwickelt hätten, aber sie alle sind notwendig für das Überleben im Weltraum.

Als das Sonnensystem entstand, kondensierten in den äußeren Regionen, die den heutigen Umlaufbahnen des Uranus und des Neptun entsprachen, kleinere kometenähnliche Himmelskörper. Wir behaupten, dass selbst kleine Populationen kosmischer Bakterien sich im warmen, wässrigen Innern einzelner Kometen innerhalb dieser Urwolke aus Kometen sehr schnell ganz beträchtlich vermehren konnten.

Wenn solche Kometen in den inneren Bereich des Sonnensystems gelangen, wird biologisches Material Schicht für Schicht abgelöst. Ein Teil dieses Materials regnete auf die Oberfläche der Planeten herab, ohne seine Lebensfähigkeit einzubüßen, und lieferte damit die genetischen Grundbausteine, aus denen das Leben sich auf den Planeten, zum Beispiel der Erde, entwickelte. Die Wiederkehr des Kometen Halley in den Jahren 1985/86 bot eine einzigartige Gelegenheit, diese Kometentheorie zu überprüfen.

Wir hatten vorausgesagt, die Oberfläche des Kometen werde aus der Nähe dunkel erscheinen, wie ein teerartiger organischer Stoff – und genauso war es. Wir hatten behauptet, der Kometenstaub werde ein ähnliches Spektrum aufweisen wie Bakterien und Viren – und auch diese Voraussage wurde mit bemerkenswerter Genauigkeit bestätigt. Außerdem sagten wir voraus, die Anteile der chemischen Elemente im Kometenstaub glichen den Anteilen in Bakterien – auch diese Voraussage erwies sich als zutreffend.

Bis zu 10^{11} (hundert Milliarden) Kometen, die unseres Erachtens Leben tragen, umgeben das Sonnensystem in der sogenannten Oortschen Wolke. Von Zeit zu Zeit werden einzelne Kometen durch die Wechselwirkung mit einem vorüber ziehenden Stern oder einer Molekülwolke aus ihrer Bahn geworfen und gelangen in den inneren Bereich des Sonnensystems. Gegenwärtig ist die Zahl dieser Himmelskörper, die als neue Kometen von der Erde aus sichtbar werden, nur gering, doch in der Vergangenheit könnte sie sehr viel größer gewesen sein, so dass sehr viel häufiger Kometen in unserem Teil des Sonnensystems auftauchten.

Ein Leben tragender Komet, der in die Nähe der Erde gelangte, als es auf ihr schon Ozeane und eine Atmosphäre gab, könnte durchaus das Leben auf unseren Planeten gebracht haben. Nach den geologischen Daten dürfte die erste erfolgreiche Ansiedlung von Lebensformen auf der Erde vor 3,8 Milliarden Jahren erfolgt sein. Doch der durch Kometen verursachte Eintrag von Lebensformen dürfte kaum auf diese fernen vorgeschichtlichen Zeiten beschränkt sein. Auch heute durchstreifen Kometen das Sonnensystem, und ständig regnen Kometentrümmer auf die Erde herab. Jedes Jahr treten rund 1000 Tonnen solcher Trümmer in die Erdatmosphäre ein, und ein Teil davon enthält ganz sicher Mikroorganismen, die in lebensfähigem Zustand bis zum Erdboden gelangen.

Diese These mag zwar kühn erscheinen, hat aber den Vorzug, dass sie sich überprüfen lässt, vor allem falls Mikroorganismen auf die Erde herabregnen, die schädlich für Tiere und Pflanzen sind. Die Invasion von Viren und Bakterien könnte zum Ausbruch von Epidemien führen, zum Beispiel zu Grippewellen. Das weltweite Ausbreitungsmuster der Grippe beweist unseres Erachtens eindeutig, das die Grippeerreger direkt aus dem Weltraum kommen. Zu dieser Erkenntnis gelangten Ärzte schon im 19. Jahrhundert. Doch heute werden Daten, die in diese Richtung weisen, von einer Gesellschaft unterdrückt oder verzerrt, die ihr kosmisches Erbe verleugnen möchte.

Neben der Grippe werden auch zahlreiche andere virale und bakterielle Erkrankungen von Erregern verursacht, die aus dem Weltraum auf die Erde gelangen. Viele weit verbreiteten epidemischen Erkrankungen treten ganz plötzlich auf, verschwinden wieder und treten nach einer Weile neuerlich auf, als würde die Erde in regelmäßigen Abständen mit den betreffenden Erregern überzogen. Bei den Pocken scheint der Abstand zwischen erfolgreichen Ausbrüchen 700 bis 800 Jahre zu betragen. Auch das periodische Auftreten der Beulenpest in historischer Zeit und von Epidemien wie der Athener Pest deuten auf einen außerirdischen Ursprung hin. Der Keuchhusten zeigt einen Zyklus von 3,5 Jahren, der darauf hindeutet, dass der Erreger vom Kometen Encke stammt. Auch lokale Ausbrüche viraler und bakterieller Erkrankungen (wie der Legionärskrankheit oder der viralen Meningitis) lassen sich unseres Erachtens auf kleine kometenähnliche Himmelskörper zurückführen, die in die Erdatmosphäre eindringen und in Bodennähe über eine begrenzte Fläche verteilt werden.

Insgesamt legen zahlreiche Tatsachen den eindeutigen Schluss nahe, dass wir das Phänomen des Lebens im Zusammenhang mit dem sehr viel größeren Kosmos jenseits der Erde sehen müssen. Das irdische Leben ist ein Abkömmling eines biologischen Systems, das die gesamte Galaxis umfasst. Im Gegensatz zu den Thesen des Darwinismus im weitesten Sinne hat das Leben seinen Ursprung außerhalb der Erde und wird auch weiterhin aus dieser Quelle gespeist. Unsere biologische Theorie hat weit reichende praktische Konsequenzen, etwa hinsichtlich der Verhinderung zukünftiger Epidemien. Die Menschen werden lernen müssen, die objektive Wahrheit auch dann zu respektieren, wenn sie den herrschenden Ansichten zuwider läuft. Möglicherweise hängt das Überleben der Menschheit davon ab.

1

Über den Hang der Gesellschaft, die objektive Wahrheit zu verdrehen

Wir alle befinden uns in einer seltsamen Situation, denn wir werden in eine fremde Welt hineingeboren, ohne dass uns jemand gefragt hätte, ob wir damit einverstanden sind. Schon in den ersten Lebensmonaten lernen wir mit atemberaubender Geschwindigkeit: zunächst zu sehen, dann zu stehen und schließlich zu sprechen. An irgendeinem Punkt durchbrechen wir die Sprachbarriere. Wir verstehen, was andere sagen, und sprechen selbst, und das ohne die geringsten Vorkenntnisse, die uns als Vorbild für den Spracherwerb dienen könnten. All diese Dinge lernen wir scheinbar aus dem Nichts heraus. Leider sind wir jedoch in dieser Lebensphase nicht in der Lage, den Erwachsenen die ungeschminkte Wahrheit über die Natur der Dinge mitzuteilen, so dass sie auch weiterhin an ihren Illusionen festhalten können – Illusionen, die sie sehr rasch aufgeben müssten, wenn es eine echte wechselseitige Verständigung zwischen Kleinkindern und Erwachsenen gäbe. Aber wenn wir dann in der Lage sind, ihnen unsere vorurteilsfreie Sicht der Dinge zu vermitteln, ist sie uns aufgrund der Erziehung selber abhanden gekommen.

Erziehung und Bildung haben natürlich auch eine gute Seite. Sie eröffnen den Zugang zu zahlreichen unbestreitbar richtigen Erkenntnissen, angefangen bei den abstrakten Verfahren der Mathematik bis hin zum korrekten Anlegen eines Kummets (ein gutes Kummet ist eines, das dem Pferd eine höhere Zugleistung ermöglicht als die Schlinge, die noch bei den Griechen und Römern in Gebrauch war). Erziehung und Ausbildung sorgen dafür, dass korrektes, den Tatsachen entsprechendes Wissen von einer Generation an die nächste weitergegeben wird, und da dieser Prozess nach vorn gerichtet ist, entwickelt auch die Technik sich ständig weiter. Problematisch werden die Dinge jedoch, wenn vermeintliches Wissen in Wirklichkeit nur Illusion ist. Dann sorgen Erziehung und Ausbildung dafür, dass Illusionen von einer Generation an die nächste weitergegeben werden, wobei sich die Situation mit jedem Schritt verschlimmert. Aus einer leichten Illusion wird eine hartnäckige Täuschung, weil die nachfolgenden Generationen dank der Erziehung entschiedener daran glauben. Mathematiker würden sagen, das Bildungssystem ist instabil gegenüber der Ausbreitung unzutreffender Überzeugungen; falsche Vorstellungen setzen sich derart fest, dass sie zu unerschütterlichen Dogmen werden. Das ist letztlich der Grund, warum alle Nationen und Kulturen früher oder später ihren Niedergang erleben: Die Zahl der Dogmen nimmt immer weiter zu, bis die sozialen Strukturen unter ihrer Last zusammenbrechen.

Die Situation ist in dieser Hinsicht heute schlimmer als jemals zuvor, weil die Ausbildung im höheren Bildungswesen so lange dauert. Nur wenige Studenten schließen ihr Studium vor dem 25. Lebensjahr ab. Dann ist es längst zu spät, zum Erfindungsreichtum der Kindheit zurückzukehren und die Irrtümer im System zurechtzurücken, längst zu spät, um aus dem geistigen Gefängnis auszubrechen, in das wir als Studenten gesperrt worden sind.

Im 19. Jahrhundert war es für einen Jugendlichen, der die Schule mit 14 Jahren oder sogar noch früher verlassen hatte, noch einfacher, der Welt seinen Stempel aufzudrücken. George Stephenson konnte beinahe hörbar über die »Experten« eines Parlamentsausschusses lachen, die ihm erklärten, sein Projekt einer Eisenbahn von Manchester nach Liverpool sei vollkommen unmöglich. Ausführlich wiesen die Experten nach, dass man weder eine Straße noch erst recht eine Eisenbahntrasse durch das äußerst sumpfige Gelände des Chat Moss legen könne. Der leitende Ingenieur Francis Giles war seit 22 Jahren in seinem Beruf tätig und konnte mit einiger Autorität behaupten:

»Kein Ingenieur, der bei Sinnen ist, würde durch dieses Moor gehen, wenn er eine Eisenbahn von Liverpool nach Manchester legen möchte. Nach meiner Einschätzung könnte die Trasse nur dann sicher sein, wenn man den Torf bis zum Grund abtrüge. Der gesamte Torfboden müsste ohne Zweifel herausgenommen werden, und dabei könnte man nicht, wie Sie es vorhaben, mit schweren Wagen an die Ränder des Einschnitts heranfahren. Kein Wagen fände auf diesem unsicheren Boden Halt. Nach meiner hinsichtlich der Mengen und der Preise eindeutig korrekten Schätzung würden die Gesamtkosten für Aushub und Befestigung einer durch Chat Moss führenden Trasse sich auf 270000 Pfund belaufen. Für die Herstellung einer sicheren Trasse wird es unerlässlich sein, den gesamten Torf bis zum festen Grund herauszunehmen.« (Samuel Smiles, *The Lives of Engineers*, 1968)

Wäre es vorstellbar, dass heute ein staatlicher Ausschuss diesen Rat eines Experten in den Wind schlüge und sich statt dessen der Meinung eines Mannes wie George Stephenson anschlösse, der keinerlei Schulausbildung genossen hatte? Oder wäre es vorstellbar, dass ein Student aufstünde und der Ansicht seines Professors widerspräche, wonach es unerlässlich sei, »den gesamten Torf bis zum festen Grund herauszunehmen«? Damals zeigte sich jedoch:

»Die Strecke durch Chat Moss wurde am 1. Januar 1830 fertiggestellt, und der erste Personenzug fuhr versuchsweise, von der ›Rocket‹ gezogen, durch das Moor. Es erwies sich, dass dieses Teilstück nicht der teuerste, sondern fast der billigste Teil der Gesamtstrecke war. Die Gesamtkosten des durch Chat Moss führenden Teilstücks beliefen sich auf 28000 Pfund und nicht auf die ›eindeutig korrekt‹ geschätzten 270000 Pfund. Wie sich zeigte, war es zugleich auch eines der besten Teilstücke der gesamten Strecke. Da es sich um eine schwimmende Trasse handelte, war sie glatt und angenehm zu befahren ... Die durch das Moor führende Trasse zeichnete und zeichnet sich heute noch durch eine gewisse Elastizität aus.« (Ebd.)

Das Kummet, das den großartigen Zivilisationen der Griechen und Römer entgangen war, wurde um 700 n. Chr. in Westeuropa erfunden, und zwar zweifellos von irgendeinem jungen Mann, der wie George Stephenson keinerlei Schulbildung genossen hatte. Man könnte nun sagen, all das sei ferne Geschichte und für unsere Zeit nicht mehr relevant. Wir wissen zwar, dass die Welt in der Vergangenheit unter monströsen Irrtümern zu leiden hatte, glauben aber, wir hätten uns dank immer längerer Ausbildung von solchen Irrtümern befreit. In Wirklichkeit dürfte das Gegenteil wahrscheinlicher sein, denn je länger man sich in einem Irrtum einrichtet, desto schwerer lässt er sich korrigieren.

Auf welchen Gebieten Irrtümer heute am tiefsten verwurzelt sein dürften, lässt sich leicht erkennen. Immer wenn es um die Frage nach letzten Ursprüngen geht, begegnen wir nicht der Vorsicht und Demut, die eigentlich angebracht scheinen, sondern einer erschreckenden intellektuellen Überheblichkeit. Fast jede Woche können wir heute lesen, das Universum sei in einem »Urknall« entstanden, und zwar nicht nur »möglicherweise«, sondern »tatsächlich« und ohne Zweifel. Man zeichnet ein detailliertes Bild, wonach die gesamte Materie des Universums in einem Punkt versammelt gewesen und zu einem bestimmten Zeitpunkt in der Vergangenheit »explodiert« sei. In Wirklichkeit haben wir solch ein Wissen aber gar nicht. Die Urknalltheorie versucht einige heute beobachtbare Eigenschaften des Universums aus dessen Entstehung heraus zu erklären. Dieser Versuch war bislang nur in Teilen erfolgreich, denn auch nach einem halben Jahrhundert intensiver Bemühungen sind die meisten beobachtbaren Eigenschaften des Universums schlechterdings nicht erklärlich. Und was die Erklärung der kosmischen Hintergrundstrahlung betrifft, die gewöhnlich als deren beste Leistung gilt, wissen wir auch heute noch nicht, warum diese Hintergrundstrahlung gerade die Eigenschaften aufweist, die wir beobachten können, und keine anderen, obwohl es da doch ein unendliches Spektrum von Möglichkeiten gibt. Die Urknalltheorie verfehlt die Ziele wahrer Wissenschaft, die darin bestehen, Phänomene als unausweichliche Folge der unsere Welt beherrschenden Gesetze zu erklären. Stattdessen reduziert sie sich auf eine Wahlentscheidung, die fast den Charakter einer willkürlichen Setzung hat. Außerdem ist diese Theorie in ihrem Aufbau so simpel, dass sie allein schon deshalb fast als genial gelten könnte.

Es ist nicht falsch, die letzten Dinge begreifen zu wollen, sofern man sich darüber im Klaren ist, dass solch eine Zielsetzung ein wenig dem Versuch gleicht, Äpfel zu stehlen. Sie können es gerne versuchen, aber Sie sollten sich nicht wundern, wenn Sie erwischt werden. Einer der beiden Autoren dieses Buchs war an den ersten Arbeiten zur Entwicklung einer, wie man heute sagt, inflationären Kosmologie beteiligt. Der Titel seines Aufsatzes *Ein neues Modell für das expandierende Universum* meinte genau das, was er sagte: einen neuen Gedanken, der zur Diskussion gestellt wurde, und keineswegs eine abschließende Antwort auf das umfassendste aller naturwissenschaftlichen Probleme. Der zentrale Gedanke dieses Aufsatzes aus dem Jahr 1948, nämlich über das neue Konzept eines negativen Drucks eine Verbindung zwischen der Entstehung der Materie und der Expansion des Universums herzustellen, hat bis heute überlebt, obwohl sich die wissenschaftliche Diskussion, in deren Rahmen es damals entstand, längst verändert hat. Mehr kann man eigentlich kaum erwarten, wenn man versucht, Äpfel zu stehlen: das teilweise Überleben der ursprünglichen Absicht.

Ein Fluss strömt träge durch sein nahezu horizontales Bett. Plötzlich jedoch fällt das Flussbett um einige Meter ab, und das kommt ja häufig genug vor. Das ruhige Dahinströmen lässt sich mathematisch recht leicht beschreiben, doch eine vollständige mathematische Beschreibung sämtlicher physikalischen Phänomene, die beim plötzlichen Abfallen des Flussbetts auftreten, vor allem wenn dieser Abfall selbst noch unregelmäßig ist, wäre unerhört schwierig, schwieriger noch als die gesamte Mathematik, mit deren Hilfe die Entstehung des Universums beschrieben wird.

Nun dürfte aber das Universum als Ganzes kaum einfacher sein als das Strömungsverhalten des Wassers in irgendeinem Fluss oder Strom, und damit dürfte auch klar sein, dass es gefährlich ist, das Universum mit allzu einfachen Annahmen verstehen zu wollen. Dadurch sollten wir uns nicht entmutigen lassen, aber wie ein Chirurg, der sich an eine schwierige Operation macht, müssen wir wissen, was wir tun.

Manche Teile unseres heutigen Wissens können als gesichert gelten. Ganz gleich, welche Fortschritte die Naturwissenschaften in Zukunft noch machen und als wie komplex sich das Universum erweisen mag, gesichertes Wissen wird auch in Zukunft nicht falsch werden. Wenn wir wissen wollen, was wir tun, müssen wir uns vor allem darüber im Klaren sein, dass gesichertes Wissen sich nur geringfügig von bloßen Meinungen und Dogmen unterscheidet. Meinungen und Dogmen können wir aus dem Fenster werfen, wenn wir wollen, aber an gesichertes Wissen müssen wir uns halten, und zwar Buchstabe für Buchstabe, Zahl für Zahl. Gerade auf diesem Gebiet macht unser Hochschulwesen den Studenten die Dinge so schwer. Da sie mit halsbrecherischer Geschwindigkeit von einer Prüfung zur anderen hasten müssen (die Studienordnung in Cambridge ist wahrscheinlich eines der extremsten Beispiele dafür), haben sie keine Zeit, die Prioritäten richtig zu setzen. Hinsichtlich der Dinge, auf die es beim Lernen wirklich ankommt, kann man mit einigem Nachdruck behaupten, dass es sich nicht lohnt, allzu lange an einer Hochschule zu studieren.

Das Problem besteht auch in der entgegengesetzten Richtung. Denn wie Dogmen innerhalb des Bildungssystems leicht mit gesichertem Wissen verwechselt werden, so kann es leicht geschehen, dass gesichertes Wissen, von außen betrachtet, nicht als solches erkannt oder auch nur verstanden wird. Gesichertes Wissen kann man nicht nach Belieben anerkennen oder verwerfen. Wir müssen es akzeptieren, und falls es sich um eine bittere Medizin handelt, müssen wir sie schlucken, ohne zu klagen. Immanuel

Velikovskys Bücher (*Welten im Zusammenstoß, Zeitalter im Chaos, Erde im Aufruhr*) wurden sowohl beim allgemeinen Publikum als auch bei den Wissenschaftlern als Sensation empfunden, als sie vor gut 30 Jahren erstmals erschienen. Überraschend daran war die Tatsache, dass Velikovsky einen bestimmten Bereich des Wissens vollständig verwarf, der durch Zehntausende empirischer Tatsachen belegt ist. Velikovsky lebte in Princeton, New Jersey, und besuchte häufig astronomische Seminare am Observatorium der Princeton University, wo einer der beiden Autoren dieses Buches ihm mehrfach begegnete. Er war offensichtlich der ehrlichen Überzeugung, dass der Inhalt alter Dokumente verlässlicher sei als die Wissenschaft der Himmelsmechanik, die zu den am besten verstandenen und am intensivsten erforschten Bereichen der Naturwissenschaft gehört. Dieses Fehlurteil gründete wahrscheinlich in der ganz natürlichen Neigung, den Dingen, die wir gut kennen, größere Bedeutung beizumessen. Velikovsky beherrschte einige alte Sprachen und konnte die Quellen, in die er so viel Vertrauen setzte, selbst übersetzen, während er von der präzisen Mathematik der Himmelsmechanik so gut wie nichts verstand. Hier haben wir ein gutes Beispiel dafür, wie man erfolgreich oder erfolglos versuchen kann, Äpfel zu stehlen. Äpfel stehlen heißt, eine dogmatische Komponente in den Überzeugungen der Fachleute zu verwerfen. Aber bevor man sich zu einem Raubzug in fremde Gärten aufmacht, sollte man bestimmte Bereiche des jeweiligen Fachwissens sehr genau kennen. Sonst wird man erwischt.

Velikovsky wurde in aller Öffentlichkeit erwischt, und zwar nicht aufgrund des Eifers der Fachwissenschaftler, sondern aufgrund der Entwicklung der Raumfahrt. Es ist möglich, Raumsonden auf Bahnen zu bringen, die sie nach Jahren an den vorausberechneten Ort bringen. Bei der Begegnung der Raumsonde Giotto mit den Kometen Halley und Grigg-Skjellerup zum Beispiel betrug die Abweichung von der vorgesehenen Bahn lediglich zehn Kilometer. Wäre Velikovskys Ablehnung der Himmelsmechanik berechtigt, hätte die Abweichung in der Größenordnung von hundert Millionen Kilometern liegen müssen. Die Öffentlichkeit kann nun sehen, dass die Wissenschaftler sich bei ihren Berechnungen zu Recht auf die Himmelsmechanik stützen, von deren Richtigkeit mathematisch orientierte Wissenschaftler seit Generationen wissen, denn die Himmelsmechanik gehört zu jenem sicheren Wissen, das sich innerhalb der erreichten Messgenauigkeit niemals mehr ändern wird, ganz gleich, welche Fortschritte die Naturwissenschaft in den kommenden Jahrhunderten noch machen mag. Von der neuesten Theorie in der Teilchenphysik oder von der neuesten Theorie hinsichtlich des Ursprungs des Universums lässt sich das nicht behaupten; sie können sich sehr rasch ändern. Wer Äpfel stehlen will, muss die Stärken und Schwächen der konformistischen Meinungen und Dogmen sehr genau kennen. Oder anders gesagt, er muss genau wissen, wo die Besitzer des Obstgartens ihre Fallen aufgestellt haben.

Wenden wir uns nun einem anderen Objekt modernen wissenschaftlichen Eifers zu, dem »Kreationismus« und den »Kreationisten«. Der Ausdruck stammt von dem lateinischen Verb *creare*, das »schaffen«, »erschaffen«, »hervorbringen«, »erzeugen«, »gebären«, »bewirken« sowie auch »wählen«, »erwählen« oder »ernennen« bedeutet. Das zugehörige Substantiv *creatio* bezeichnete zunächst nur die Wahl in bestimmte Ämter, wurde dann aber auch auf den Schöpfungsakt, die Erschaffung der Welt durch Gott oder die Schöpfung eines geistigen Werkes durch den Menschen erweitert. Sieht man nun im Lexikon nach, was »Kreationismus« bedeutet, findet man zum Beispiel im *Concise Oxford Dictionary* die Erklärung: »eine Theorie, nach der alle Materie, die biologischen Arten usw. nicht aus einem Evolutionsprozess, sondern aus getrennten Schöpfungsakten hervorgegangen sind«. Der *Brockhaus* ist sogar noch eindeutiger: »das Festhalten an einer wortwörtlichen Auslegung des biblischen Schöpfungsberichts (1. Mos. 1–2), wobei wissenschaftliche Entstehungs- und

Entwicklungsvorstellungen im Sinne einer darwinistischen Evolution als unbeweisbar strikt abgelehnt werden«.

Merkwürdig ist nun, dass man heutzutage gewissermaßen zur Hälfte an den Kreationismus glauben muss, wenn man ein respektabler Wissenschaftler sein möchte. Genauer gesagt, Sie müssen glauben, dass die Materie in einem Urknall entstanden ist, aber Sie dürfen nicht glauben, dass die biologischen Arten auf einen besonderen Schöpfungsakt zurückgehen. Wer beides zugleich glaubt, gilt als abseitig, und wer keines von beidem glaubt, ebenfalls. Beim »Kreationismus« müssen Sie es sehr genau nehmen: eine Hälfte so herum, die andere Hälfte anders herum, sonst lassen die Herausgeber wissenschaftlicher Fachzeitschriften Sie über Bord gehen, und die für die Vergabe öffentlicher Fördermittel Zuständigen lachen Sie aus.

Eine noch merkwürdigere Veränderung tritt ein, wenn man die personalisierende Endung »-ist« anhängt; der »Kreationist« ist nicht etwa jemand, der etwas hervorbringt, sondern jemand, der an einer buchstabengetreuen Deutung der fünf Bücher Mose und insbesondere der *Genesis* festhält. Die Sprache geht schon seltsame Wege. Der Autor oder die Autoren der Genesis verfügten kaum über wissenschaftliches Wissen in unserem Sinne, so dass ihre Darstellung der Kosmologie nur primitiv ausfallen konnte – eine krude Interpretation, mit der die Kreationisten sich heute herumschlagen müssen. In besondere Verlegenheit bringt sie dabei die Chronologie, denn der Genesis zufolge besteht die Erde erst seit einigen tausend Jahren.

Jeden Tag besuchen zahlreiche Menschen High Force, einen Wasserfall in der Nähe von Middleton-in-Teesdale im englischen Durham. Dieser Wasserfall ist deshalb interessant, weil der Fluss Tees sich oberhalb nur relativ wenig in eine flach liegende Schicht extrem harten Gesteins eingegraben hat. Dieses Basaltgestein ist so hart, dass die Abtragungsgeschwindigkeit nur bei einigen Zentimetern pro Jahrhundert liegt. Die Klamm und das V-förmige Tal unterhalb des heutigen Wasserfalls sind zusammen jedoch mehr als einen Kilometer tief. Da das Tal eindeutig von diesem Fluss gegraben worden ist, muss er schon mehrerer 100000 Jahre am Werk sein, und das setzt voraus, dass die Erde bereits eine lange Geschichte hinter sich hat. Ähnliche Erscheinungen lassen sich auch an anderen Orten der Erde beobachten.

Der Kreationist ist ein religiöser Heuchler, ohne wahren Sinn für Religion. In der Sprache der Religion sind die Dinge, die wir in der Welt wahrnehmen, das eigentliche Wort Gottes. Texte wie die *Bibel*, die *Qumran*-Schriften oder die Quellen, auf die Velikovsky sich stützte, sind nur Menschenwort. Menschenwort über das Wort Gottes zu stellen ist letztlich Blasphemie. Wir meinen, die meisten Naturwissenschaftler sehen dies instinktiv und haben damit seltsamerweise ein tieferes religiöses Verständnis als die vielen, die sich eifernd an bloße Worte klammern, an Menschenworte, die oft ohne jeden Sinn sind. Und je sinnloser die Worte, desto eifernder ihre Verteidigung.

Unter »Wissenschaft« im Sinne des bisher Gesagten verstehen wir Gebiete sicheren Wissens. Wenden wir uns dagegen den bisher ungelösten Problemen zu, verändert sich die Situation, dann gewinnen Meinungen und Dogmen die Oberhand. »Wissenschaftler« hören auf, wahre Wissenschaftler zu sein, stellen Dogmen über Tatsachen und verhalten sich damit ähnlich wie die Kreationisten. Diese Aussage bildete den Kern eines Gutachtens, das einer der beiden Autoren dieses Buches 1981 in einem Gerichtsverfahren vor dem Obersten Bundesgericht abgab. Dort war der Bundesstaat Arkansas verklagt worden, weil er in seinen öffentlichen Schulen auch den Kreationisten Gehör verschaffte, die in diesem Teil der USA einen beträchtlichen Teil der Bevölkerung ausmachen und mit ihren Steuergeldern einen Beitrag zur Finanzierung des öffentlichen Schulsystems leisten. Die ganze Angelegenheit erschien uns sonderbar in einem Land, das sich dem Grundsatz der Meinungsfreiheit verpflichtet fühlt. Wir vertraten die Ansicht, in der Interpretation des Ursprungs und der Entwicklung des Lebens auf der Erde befänden die Evolutionisten sich ebenso sicher im Irrtum wie die Kreationisten, doch während der Irrtum der Kreationisten leicht einzusehen sei – dazu genüge ein Besuch des High-Force-Wasserfalls –, versteckten die Evolutionisten sich hinter einer Fassade, die vor allem von Schulkindern nur schwer zu durchschauen sei.

In den Wissenschaften geht man von den Gebieten gesicherten Wissens aus und dringt weiter nach außen vor. Wenn die Grenzen durch sorgfältiges Forschen schrittweise erweitert werden, funktioniert diese Methode bestens. Manchmal jedoch kommt es plötzlich zu großen Fortschritten, die in die Geschichte eingehen. Dazu gehören etwa Newtons Entdeckungen auf dem Gebiet der Dynamik, die zur Entwicklung der Himmelsmechanik führten, die Theorie des Lichts und der Strahlung im 19. sowie die Quantenmechanik im 20. Jahrhundert. Die an solchen Entwicklungen beteiligten Wissenschaftler ernten großen Ruhm, und ihre Namen sind selbst dem breiten Publikum bekannt. Es ist nur verständlich, dass die meisten Wissenschaftler gern eine führende Rolle bei solch einem großen Fortschritt spielen möchten. Manche erreichen dieses Ziel durch ihre Fähigkeiten, andere durch Glück und wieder andere – leider – durch Täuschung und Betrug. Zu diesem Zweck gibt man vor, einen wichtigen Fortschritt erzielt zu haben, obwohl das in Wirklichkeit gar nicht der Fall ist. Dazu bedarf es allerdings einer ganzen Clique von Wissenschaftlern; ein einzelner vermag solch eine Täuschung nicht ins Werk zu setzen. Eine Clique, die mit einer Stimme spricht, kann einzelne Wissenschaftler, die in eine andere Richtung forschen, niederschreien und unter Umständen sogar jeden Widerspruch zum Schweigen bringen, wenn sie etwa die Kontrolle darüber erlangt, welches Material in den Fachzeitschriften veröffentlicht wird.

Solch eine Situation lässt sich allerdings nicht planmäßig herstellen. Der Zufall muss insofern mitspielen, als die Tatsachen anfangs für die von der Clique vertretene Richtung sprechen. Absicht kommt erst dann ins Spiel, wenn später gegensätzliche Tatsachen auftauchen und von der Clique mit Hilfe der über die

Fachzeitschriften erreichten Kontrolle bewusst unterdrückt werden. Wenn es dann der Clique gelingt, ihre Ansichten auch im Bildungssystem durchzusetzen, so dass sie zum Lehrstoff für zahlreiche Studenten werden, die sich angesichts des Prüfungsdrucks kaum dagegen zu wehren vermögen, hat ihr Dogma gesiegt. Die Gesellschaft wird mit einem angeblich gesicherten, in Wirklichkeit aber falschen Wissen befrachtet, das nicht nur unmittelbaren Schaden anrichtet, sondern auch die Entwicklung der angrenzenden Wissensgebiete behindert.

Wenn dieser Vorgang sich gleichzeitig auf ganz verschiedenen Gebieten abspielt, bildet er den wichtigsten Faktor, der zum Niedergang und letztlich zum Verfall menschlicher Gesellschaften führt.

2

Der Beginn der kopernikanischen Revolution

Das Konzept der Relativbewegung ist kleinen Kindern nur schwer zu vermitteln. Die meisten von uns werden sich noch daran erinnern, dass sie als Kind einmal in einem im Bahnhof stehenden Zug saßen und zusahen, wie auf dem Nebengleis ein anderer Zug langsam anfuhr. Als dieser Zug vorüber war, konnten wir kaum glauben, dass sich unser eigener nicht bewegt hatte. Hier haben wir ein schlagendes Beispiel für eine alltägliche Erfahrung, die uns das Konzept der Relativbewegung nahe bringen könnte, aber dazu bedarf es einer gewissen Reife der geistigen Entwicklung. Ein dreijähriges Kind wäre verblüfft, ein zehnjähriges dagegen könnte aus dieser Erfahrung etwas lernen.

Der Gedanke, dass die Erde sich mit großer Geschwindigkeit um ihre eigene Achse dreht, ist für ein kleines Kind noch schwerer nachzuvollziehen. Die Alltagserfahrung lehrt uns, dass die Erde stillsteht. Sie erscheint als eine wahrhafte *terra firma*, die uns ein Gefühl der Sicherheit vermittelt. Wenn ein Kind seine ersten Schritte macht, lernt es rasch, dass es stets festen Boden unter seinen Füßen hat, der jeden Sturz auffängt. Da kann es kaum verwundern, dass die Menschen sich dem Gedanken einer bewegten Erde jahrhundertelang widersetzten. Im 8. Jahrhundert war der Glaube an eine ruhende, von allen äußeren Einflüssen freie Erde fester Bestandteil der christlichen Lehre. Der Himmel galt danach eher als Verzierung: ein System durchsichtiger Kristallsphären, an denen die Sterne und die Planeten wie Diamanten befestigt waren. Dieser Glaube war tief verwurzelt und wurde entschieden verteidigt. Wer ihn in Frage stellte, lief Gefahr, sein Leben zu verlieren. Die Folge war, dass viele offenkundige Tatsachen unterdrückt werden mussten. So ist es bemerkenswert, dass die Supernova, die sich 1054 im Krebsnebel ereignete, in Westeuropa nicht aufgezeichnet wurde, während chinesische Quellen berichten, dass ihre Helligkeit die der Venus übertraf. Auch die mit bloßem Auge erkennbaren Sonnenflecken wurden in Europa nicht bemerkt, weil sie mit dem Glauben an die Vollkommenheit der Himmelskörper einfach nicht vereinbar gewesen wären.

Die Wende in dieser Unterdrückungsgeschichte erfolgte im Herbst 1496, als Domenico Maria da Novara, Astronomieprofessor an der Universität in Bologna, einen 22-jährigen Polen namens Nikolaus Kopernikus (1473–1543; Koppernigk in der nichtlatinisierten Form) als Schüler annahm. Man kann sich durchaus vorstellen, dass Kopernikus gelegentlich sein Gesicht ungläubig verzog, wenn Novara das Wissen der Zeit vor ihm ausbreitete. »Es wird weithin angenommen«, könnte Novara gesagt haben, »dass die Erde eine Kugel ist, die unbewegt im Mittelpunkt des Kosmos ruht. Der Mond, die Sonne und die fünf Planeten umkreisen die Erde. Jenseits ihrer Bahnen, aber immer noch recht nah, drehen sich die Sterne auf einer durchsichtigen Kristallsphäre…« Novara mag dann erklärt haben, warum die Bewegung der Planeten dieses einfache Schema komplizierte. Jeder Planet bewegte sich vor dem Hintergrund der Fixsterne, und seine Bahn erschien vor diesem Hintergrund wie ein kontinuierliches Muster aus Schleifen. Trotz dieses Problems musste das geozentrische Modell mit den Daten in Einklang gebracht werden, und zwar in einer Weise, die Claudius Ptolemäus (100–160) erstmals im 2. Jahrhundert beschrieben hatte. In der Tradition des Aristoteles (384–322 v. Chr.) erklärte er, da die Himmelskörper in jeder Hinsicht vollkommen seien, müsse ihre Bahn der vollkommensten geometrischen Figur, dem Kreis, entsprechen. Die schleifenförmigen Bahnen der Planeten erforderten eine Kombination kleiner

Kreise auf einer Reihe größerer Kreise, in deren Mittelpunkt sich wiederum die Erde befand. Das waren die Epizykeln und Exzenter des Ptolemäus. Ptolemäus und seine Nachfolger benötigten eine große Zahl von Kreisen, um die Bewegungen des Mondes, der Sonne und der fünf Planeten zu beschreiben, und in vielen dieser Kreise befand sich kein bekannter Himmelskörper.

Kopernikus begann immer stärker an der wachsenden Komplexität des Gesamtsystems zu verzweifeln. Nachdem er sich mit den Gedanken eines anderen griechischen Astronomen vertraut gemacht hatte, denen des Aristarchos von Samos, der im 3. Jahrhundert v. Chr. lebte, entfernte er sich zunehmend von Ptolemäus und suchte nach einem anderen Weg. Er erwog die Möglichkeit, dass die Erde sich sowohl um ihre eigene Achse als auch um die Sonne drehen könnte. Doch da er nichts von der Gravitation wusste, irritierte ihn die große Geschwindigkeit, die sich an der Erdoberfläche aus der Rotation der Erde ergeben musste. »Wenn die Erde sich so schnell drehte, würden wir alle fortgeschleudert«, lautete ein beliebtes Argument.

Ohne weiter auf diese Schwierigkeit einzugehen, bemühte Kopernikus sich, auch die Bewegung der anderen Planeten zu erklären, indem er von einer Kreisbewegung um die Sonne ausging – wobei Mars zwei Jahre und Jupiter fast zwölf Jahre für einen Umlauf benötigten. Viele Jahre lang arbeitete er intensiv an der Ausgestaltung dieses Gedankens, während er seinem Onkel Lukas, dem Bischof von Ermland, auf Schloss Heilsberg als Leibarzt diente. Die genaueren Einzelheiten der Planetenbewegungen machten ihm jedoch weiterhin schwer zu schaffen. Das einfache Bild einer kreisförmigen Bewegung um die Sonne vermochte nicht allen Beobachtungsdaten gerecht zu werden. Da er, wenn auch widerwillig, wieder auf die Epizykeltheorie zurückgreifen musste, fragte er sich, ob sein Bild denn wirklich einfacher war als das des Ptolemäus, und so beschränkte er sich 1514 in einer ersten Darstellung des neuen Systems auf eine kurze Zusammenfassung, die lediglich als Manuskript zirkulierte.

Teils wegen seiner wachsenden Zweifel und teils, weil die Katholische Kirche der heliozentrischen Theorie mit immer schärferer Ablehnung begegnete, war Kopernikus sich nicht sicher, ob er seine Theorie vollständig veröffentlichen sollte. Doch in seinen letzten Lebensjahren besuchte ihn über längere Zeit ein Deutscher namens Georg Joachim Rheticus, dem Kopernikus gestattete, eine Abschrift der letzten Fassung seiner *Sechs Bücher über die Umläufe der Himmelskörper* anzufertigen. Rheticus nahm die Abschrift mit nach Wittenberg und ließ sie dort drucken, anscheinend ohne Zustimmung des Autors und mit einer eher sinnentstellenden Vorrede eines gewissen Osiander versehen, die die Bedeutung des Textes herunterspielte. Erst kurz vor dem Tod des Kopernikus im Jahr 1543 gelangte ein Exemplar des Buches nach Polen, und dieses Vorwort sorgte für einigen Ärger bei seinen Freunden.

Dennoch war die Veröffentlichung des Werkes von kaum zu überbietender Wirkung, auch wenn diese Wirkung erst viele Jahre später sichtbar wurde. Zwischen Kopernikus und Kepler liegen 50 Jahre, zwischen Kopernikus und Newton 100 Jahre, und Galileis Streit mit der Kirche, von dem noch die Rede sein wird, fällt in die Zeit zwischen Kepler und Newton. Kopernikus wusste nicht, dass sein Werk die wohl bedeutendste Revolution in der Geschichte der Naturwissenschaften auslösen sollte. Und wie wir noch sehen werden, lässt sich das ferne Donnergrollen dieser Revolution gelegentlich sogar heute noch vernehmen.

Das heliozentrische Weltbild gewann nur äußerst langsam an Boden. Tycho Brahe (1546–1601) und Johannes Kepler (1571–1630) waren die nächsten Akteure in dem großen Drama, das nun folgte. Kepler, der als schlecht bezahlter Lehrer an der evangelischen Stiftsschule in Graz arbeitete, veröffentlichte 1596 *Das Weltgeheimnis*, ein Buch, in dem er die kopernikanische Theorie von Kreisen auf Kreisen widerlegte. Stattdessen griff er wieder den Gedanken auf, dass die Erde und die Planeten sich auf einfachen Kreisen um die Sonne bewegten, wobei er die Schwierigkeiten, in die Kopernikus mit diesem einfacheren Modell geraten war, auf falsche oder ungenaue Beobachtungen zurückführte. Unter diesen Umständen blieb ihm nichts anderes übrig, als nach den besten verfügbaren Daten zu den Planetenbewegungen zu suchen, um seine Vorstellung zu stützen.

Kepler hatte von dem dänischen Edelmann Tycho Brahe gehört, der auf seiner privaten Insel Ven vor der dänischen Küste das modernste und bestausgerüstete Observatorium der Zeit eingerichtet haben sollte. Brahe hatte jahrelang eine gewaltige Masse präziser Daten über die Stellung der Planeten gesammelt, und Kepler sehnte sich danach, diese kostbaren Daten benutzen zu können, um seine Theorie zu beweisen. Doch leider war der Weg von Graz nach Ven viel zu weit, als dass ein schlecht bezahlter Lehrer sich die Reise hätte leisten können. Kepler glaubte schon, er werde seine Theorie niemals überprüfen können, da kam die Nachricht, dass Brahe sich mit dem dänischen König zerstritten und Dänemark verlassen habe. Zwei Jahre lang reiste Brahe durch Europa, dann ließ er sich 1599 in Prag nieder, wo er am Hof Rudolfs II. die Stellung des kaiserlichen Astronomen bekleidete.

Prag lag zum Glück sehr viel näher. Am 1. Januar 1600 machte Kepler sich auf den Weg und unternahm eine Reise, die den Gang der Wissenschaftsgeschichte nachhaltig verändern sollte. Die erste Begegnung mit Tycho Brahe, die am 4. Februar 1600 stattfand, war dennoch eine Enttäuschung für Kepler. Er hatte sich unmittelbaren Zugang zu Brahes Daten erhofft, musste nun aber feststellen, dass dieser sie hütete wie einen Schatz und sich nur zu sehr allgemeinen Hinweisen veranlassen ließ. Fast ein ganzes Jahr gelang es Brahe, Kepler hinzuhalten, bis der schließlich frustriert abreiste. Wenig später wurde Kepler zum Assistenten am Prager Observatorium bestellt, doch auch in dieser Funktion machte Brahe ihm nicht alle seine Beobachtungsdaten zugänglich.

Erst als am 13. Oktober 1601 Tycho Brahe unerwartet starb und Kepler daraufhin zu seinem Nachfolger bestimmt wurde, hatte er unbeschränkten Zugang zu sämtlichen Daten. Er hoffte, das Problem in wenigen Wochen lösen zu können, doch dann dauerte es doch sehr viel länger. Erst vier Jahre nach Brahes Tod entdeckte Kepler, dass die Planetenbahnen keine Kreise, sondern Ellipsen sind. Aus dieser Erkenntnis ergab sich fast von selbst ein elegant einfaches heliozentrisches Modell des Sonnensystems, auch wenn die Ursache für die elliptischen Bahnen und die Kraft, die die Planeten auf solchen Bahnen hielt, vorerst ein Rätsel blieben.

Als nächster erschien Galileo Galilei (1564–1642) auf der Bühne der Geschichte, seines Zeichens Professor für Mathematik an der Universität in Padua. Galilei erfuhr von seinem früheren Schüler Jacques Badovere von der Erfindung des Fernrohrs, eines Instruments, mit dem man ferne Objekte aus der Nähe betrachten konnte. Dieses Instrument, das ein holländischer Brillenmacher namens Hans Lippershey eher zufällig erfunden hatte, bestand aus zwei Linsen, einer konvexen und einer konkaven, die an den beiden Enden eines metallenen Rohrs angebracht waren. Innerhalb weniger Monate ließ Galilei den ersten Prototyp eines astronomischen Linsenfernrohrs mit neunfacher Vergrößerung bauen. Am 21. August 1609 lud er den Dogen und die Senatoren der Republik Venedig ein, vom Campanile am Markusplatz mit Hilfe seines neuen Instruments einen Blick auf ferne Schiffe zu werfen. Die Senatoren waren erstaunt, dass sie einlaufende Schiffe schon Stunden, bevor sie für das unbewaffnete Auge sichtbar wurden, draußen auf dem Meer erkennen konnten. Sie waren so beeindruckt, dass sie Galileis Gehalt sogleich verdoppelten.

Viele Monate arbeitete Galilei an der Verbesserung des Fernrohrs, um eine stärkere Vergrößerung zu erreichen. Als er es schließlich auf den Himmel richtete, stellte das, was er sah, das Wissen der Zeit in bis dahin unvorstellbarer Weise in Frage. Das Fernrohr zeigte sehr viel mehr Sterne, als mit bloßem Auge sichtbar waren, und offenbarte zudem viele unerwartete Tatsachen.

Am 7. Januar 1610 begann Galilei mit seinen Beobachtungen und entdeckte, dass der Planet Jupiter von mehreren Trabanten umkreist wird. Der Jupiter bildet zusammen mit seinen Satelliten gleichsam ein verkleinertes Sonnensystem, eine Welt innerhalb der Welt. Außerdem stellte Galilei fest, dass die Oberfläche unseres Mondes mit Kratern übersät ist; er entdeckte, dass Venus und Merkur Phasen haben, wie man sie vom Mond kannte; und er beobachtete die Sonnenflecken. Die Himmelskörper waren also keineswegs unveränderlich und vollkommen. Selbst die Sonne wies Makel auf, und da die Sonnenflecken sich in eine Richtung bewegten, deuteten sie darauf hin, dass die Sonne sich um eine Achse drehte.

Damit geriet ein tausendjähriges Dogma der römischen Kirche in Gefahr, und die Folgen ergaben sich fast von selbst. Die Erfindung des Fernrohrs ebnete den Weg für ein neues Weltbild. Noch 1610 veröffentlichte Galilei unter dem Titel *Sidereus nuntius* (»Sternenbote«) eine kurze Zusammenfassung seiner wichtigsten neuen Erkenntnisse, und die neuen Ideen wurden rasch weithin bekannt. Im selben Jahr verließ Galilei Padua und wurde »erster Philosoph und Mathematiker« des Großherzogs von Toskana.

Die römische Kirche hielt weiterhin an der überkommenen Auffassung fest, wonach die Erde ruhte und sich unverrückbar im Mittelpunkt des Universums befand. Anfangs hütete Galilei sich, die Kirche vor den Kopf zu stoßen, doch seine Zurückhaltung währte nicht lange. Als die Beweise sich mehrten, fühlte Galilei sich gezwungen, der Kirche zu widersprechen, und erklärte, aus der Bewegung der Sonnenflecken an der Oberfläche der Sonne lasse sich der Schluss ziehen, dass nicht Ptolemäus, sondern Kopernikus Recht habe.

Die Kirche reagierte nur langsam auf diesen Tiefschlag. Nach drei Jahren gründlichen Nachdenkens erließ sie am 5. März 1616 ein Dekret, mit dem sie das Buch des Kopernikus verbot. Galilei wurde persönlich verwarnt, die kopernikanische Lehre »weder zu vertreten noch zu verteidigen«. 1624 ersuchte er Papst Urban VIII. um die Genehmigung, über »die beiden Weltsysteme, das ptolemäische und das kopernikanische«, zu schreiben, und diese Genehmigung wurde ihm unter bestimmten Auflagen auch erteilt. Galileis großes Werk *Dialogo* erschien 1632 und erregte gewaltiges Aufsehen.

Der Papst erfuhr von seinen Beratern, der Autor lege sich zwar nicht offen fest, aber die Argumentation spreche so einseitig zu Gunsten des kopernikanischen Systems, dass die Autorität der Kirche ernsthaft bedroht sei. Es sei zu befürchten, dass Galileis neue Schrift der Kirche mehr Schaden zufügen werde als die beiden Reformatoren Luther und Calvin zusammen. In der nun folgenden Krise wurde Galilei 1633 nach Rom zitiert und der Häresie angeklagt. Das Verfahren endete mit einem Schuldspruch: Wegen des Verbrechens, die kopernikanische Lehre vertreten und verteidigt zu haben, verurteilte man Galilei zu Kerkerhaft. Dann jedoch ließ die Kirche eine gewisse Milde walten. Nachdem Galilei eine Erklärung unterzeichnet hatte, in der er seine Verfehlung bedauerte und der kopernikanischen Lehre abschwor, wurde die Kerkerhaft in einen Hausarrest in seinem Haus in Arcetri bei Florenz umgewandelt; dort blieb er bis zu seinem Tod 1642.

Aber weder Kerker noch Hausarrest vermochten die kopernikanische Revolution aufzuhalten. Ein Jahr nach dem Tod Galileis wurde der nächste wichtige Akteur dieses Dramas geboren, der Engländer Isaac Newton (1642–1727). Gerade als er sein Studium in Cambridge im Sommer 1665 abgeschlossen hatte, wurde die Universität wegen des Ausbruchs der Pest geschlossen. Fast zwei Jahre lang musste er daher zu Hause bleiben, und wahrscheinlich veranlasste ihn diese lange Abgeschiedenheit, sich dem Problem der Weltsysteme zuzuwenden. Und insbesondere dürfte er dabei der Frage nachgegangen sein, die in der kopernikanischen Theorie ungelöst geblieben war: »Warum bewegen die Planeten sich um die Sonne?«

Obwohl Newtons astronomische Ausbildung in Cambridge sich höchstwahrscheinlich auf das geozentrische Weltbild der aristotelischen Naturphilosophie beschränkt hatte, beweisen seine Notizbücher (die er 1664 begann), dass ihm die Reichweite der wissenschaftlichen Revolution, die sich da gerade abspielte, sehr wohl bewusst war. Großen Einfluss auf ihn hatten außerdem die Werke des französischen Philosophen René Descartes, der im Gegensatz zu Aristoteles eher eine quantitative als eine qualitative Weltsicht anstrebte.

Die Pestjahre verbrachte Newton im wesentlichen mit der Aneignung des mathematischen Rüstzeugs, das er für die spätere Entdeckung des Gravitationsgesetzes und dessen Folgen für die Planetenbewegung benötigte. Als er 1667 nach Cambridge zurückkehrte und seine Arbeit als Dozent am Trinity College aufnahm, hatte er bereits die Grundlagen der Infinitesimalrechnung gelegt, das Gravitationsgesetz von der Abnahme der Anziehung mit dem Quadrat der Entfernung entdeckt und die Dynamik der Kreisbewegungen geklärt. Nach zahlreichen Exkursionen auf das Gebiet der Optik und einigen Untersuchungen zur Natur des Lichts wandte er sich 1679/80 einer abschließenden Erörterung der Planetenbahnen und der universellen Gravitation zu, die ihren Höhepunkt fand in der Veröffentlichung seiner *Mathematischen Prinzipien der Naturlehre*, nach dem Hauptbestandteil des lateinischen Originaltitels auch kurz *Principia mathematica* genannt.

Von dem Astronomen Edmond Halley gedrängt, konnte Newton schließlich zeigen, dass die neue Theorie sämtliche bekannten Bewegungen von Himmelskörpern im Sonnensystem zu erklären vermochte, einschließlich der Bewegung der Kometen. Mit Hilfe der Newtonschen Theorie sagte Halley korrekt voraus, dass ein 1682 beobachteter Komet 1758 wiederkehren würde. Der Komet wurde später zu seinen Ehren nach ihm benannt; darauf werden wir in einem anderen Kapitel noch zurückkommen. Die erfolgreiche Vorhersage versetzte dem bereits stark geschwächten ptolemäischen Modell des Sonnensystems dann den endgültigen Todesstoß.

Der Erfolg der kopernikanischen Revolution wurde widerwillig eingestanden, zumindest soweit es unser Sonnensystem betraf. Der nächste wichtige Schritt folgte auf die Verbesserung der Beobachtungstechniken, insbesondere die Erfindung des Spiegelteleskops, das ebenfalls auf Newton zurückgeht. Dank der unermüdlichen Anstrengungen Friedrich Wilhelm Herschels (1738–1822) entdeckte man, dass die Milchstraße Tausende heller und dunkler Nebel enthält. Schon bald war die Sonne, das Zentrum unseres Planetensystems, nur noch ein unbedeutender Stern unter Milliarden anderer Sterne innerhalb der Milchstraße. In der zweiten Hälfte des 19. und zu Beginn des 20. Jahrhunderts kam es dann zu gelegentlichen Versuchen, das vorkopernikanische Weltbild durch eine zweifache Verschiebung wiederzubeleben. Die Erde sei zwar nicht der Mittelpunkt des Sonnensystems und das Sonnensystem nicht der Mittelpunkt der Milchstraße, aber die Milchstraße sei der Mittelpunkt des Universums – eine Auffassung, für die sich nicht zuletzt auch angesehene Astronomen leidenschaftlich einsetzten. Aber wiederum erwies sich die vorkopernikanische Sicht als falsch – und wir gehen davon aus, dass sie es auch immer bleiben wird, ganz gleich, in welcher Form sie auftritt, vor allem aber dann, wenn es um die biologischen Fragen geht, die den eigentlichen Gegenstand dieses Buches bilden.

3

Vom Urin zur Ursuppe

Wenn auf der Erde kein Leben entstanden wäre, läge der Kohlenstoff in Form von Kohlendioxid (CO_2) vor, der Stickstoff in Form von molekularem Stickstoff (N_2). Beide Verbindungen gelten als anorganische Stoffe. Diese Schlüsselelemente hätten niemals Wasserstoffverbindungen (Hydride) gebildet wie der Kohlenstoff im Methan (CH_4) und der Stickstoff im Ammoniak (NH_3). Das sollten Sie im Kopf behalten, wenn Sie dieses Kapitel lesen.

Es heißt, dass es auf der ganzen Welt etwa eine Million Berufschemiker und dazu noch einmal genauso viele Chemiestudenten gibt. Nur wenige unter diesen zwei Millionen Chemikern kämen wohl auf den Gedanken, sie wüssten nicht, was der Unterschied zwischen organischer und anorganischer Chemie ist. Und wenn man nach einer Definition fragte, würden die allermeisten wohl antworten, dass *jeder* den Unterschied kenne. Schließlich müssen Chemiestudenten Prüfungen in organischer und in anorganischer Chemie ablegen, so dass der Unterschied doch wohl klar sein dürfte. Doch nachdem wir in den bekanntesten Lehrbüchern nach Definitionen gesucht, aber nichts Präzises gefunden haben, fragen wir uns, wo in ihrer Ausbildung Chemiestudenten dieses Wissen eigentlich erwerben sollen.

Genau solche Informationen erwartet man sich von der *Encyclopædia Britannica*, denn die Artikel dort stammen jeweils von weltweit anerkannten Autoritäten. Der Autor des *Encyclopædia*-Artikels über allgemeine Chemie muss sich ein wenig unwohl gefühlt haben, denn er greift zu einem durchsichtigen Täuschungsmanöver. Organische Chemie, heißt es dort, sei die Erforschung der Kohlenstoffverbindungen, woraus sich im Umkehrschluss ergibt, dass die anorganische Chemie die Erforschung der Verbindungen anderer Elemente als Kohlenstoff sein muss. Gegenbeispiele benutzt man in der Mathematik, um zweifelhafte Allaussagen zu widerlegen; man führt ein Beispiel an, das in den Geltungsbereich der betreffenden Aussage fällt und auf das diese Aussage dennoch nicht zutrifft. Das verbreitete Gas Kohlendioxid gilt allenthalben als anorganischer Stoff, und kein Student würde sich beklagen, wenn man ihn im Rahmen einer Prüfung zur »anorganischen Chemie« nach den Eigenschaften dieses Gases fragte. Aber Kohlendioxid ist ganz offensichtlich eine Kohlenstoffverbindung. Der Versuch der *Encyclopædia*, organische und anorganische Chemie voneinander zu unterscheiden, ist also gescheitert. Was ist da los, muss man sich fragen.

Was da los ist, hat historisch etwas mit dem Kreationismus zu tun. Bis ins 19. Jahrhundert glaubte man, organische Stoffe könnten nur von Lebewesen erzeugt werden. Die anorganischen Stoffe dagegen gehörten zur Welt der toten Materie. Da beide als unterschieden galten, glaubte man, das Leben könne nicht aus toter Materie hervorgegangen, sondern müsse als solches von einem Schöpfer eigens erschaffen worden sein. In Büchern zur Geschichte der Chemie kann man lesen, dass diese als »Vitalismus« bezeichnete Lehre 1828 von Friedrich Wöhler widerlegt worden sei. Wöhler synthetisierte erstmals Harnstoff, einen der Hauptbestandteile des Urins, aus Ammoniumcyanat. Damals galt Harnstoff als organisch, weil er in tierischen Ausscheidungen vorkommt, während Ammoniumcyanat allgemein als anorganisch angesehen wurde. Da hatte man also ein Gegenbeispiel, aus dem angeblich hervorging, dass Organisches aus Anorganischem entstehen kann. Der Vitalismus war am Ende, zur Freude seiner zahlreichen Gegner.

Anfangs schien die Ablehnung des Vitalismus auch recht vernünftig begründet, doch mit der Entdeckung der Bakterien (im Anschluss an Pasteurs Arbeiten zur Seidenraupenkrankheit und zur Gärung alkoholischer Flüssigkeiten) verschlechterte sich die Situation zusehends. Das Ammoniumradikal in dem von Wöhler für die Harnstoffsynthese benutzten Ammoniumcyanat stammte aus einer natürlichen Ablagerung von Ammoniumsalz. Aber woher stammte diese Ablagerung? Vor allem aber: Woher stammte der Stickstoff in dem Ammoniumradikal?

Als der Einsatz der Chemie in der Landwirtschaft immer größere Bedeutung für die Gesellschaft erlangte, wurde schließlich klar, dass der Stickstoff im Boden aus der Atmosphäre stammt und dass der Anbau bestimmter Pflanzen (zum Beispiel Erbsen und Bohnen) diesen Ortswechsel des Stickstoffs herbeiführt. Der Stickstoff gelangt durch die Einwirkung von Pflanzen aus der Luft in den Boden und nicht durch anorganische Prozesse (abgesehen möglicherweise von ganz geringen Mengen; so können kleine Mengen von Stickoxiden beim Durchgang von Blitzen durch die Atmosphäre entstehen und mit dem Regen in den Boden gelangen). Wenn stickstoffbindende Pflanzen absterben, werden sie von Bakterien zersetzt, und bei dieser Zersetzung entsteht unter anderem auch das Ammoniumradikal. Ablagerungen von Ammoniumsalzen im Boden gehen also zum allergrößten Teil auf die Tätigkeit denitrifizierender Bakterien zurück; das von Wöhler verwendete Ammoniumcyanat war daher mit allergrößter Wahrscheinlichkeit biologischen Ursprungs. Die angebliche Herstellung eines organischen aus einem anorganischen Stoff war demnach nur eine Illusion, denn der angeblich anorganische Stoff war in Wirklichkeit gar nicht anorganisch, weil er aus einer biologischen, also organischen Quelle stammte. Wöhler hatte einen Stoff organischer Herkunft zur Herstellung eines anderen organischen Stoffes benutzt – und genau das hatten die Gegner des Vitalismus eigentlich nicht gemeint. Aus einer umfassenden Perspektive heraus hatte das Leben selbst das Ammoniumcyanat hervorgebracht, und das sprach keineswegs gegen die Vitalisten, denn sie hatten ja immer schon behauptet, dass Leben nur aus Leben hervorgehen kann.

Als diese neuen Tatsachen bekannt wurden, griffen Chemiker und Biologen den Fall nicht noch einmal auf, wie sie es eigentlich hätten tun müssen. Sie entschuldigten sich nicht bei den Vitalisten für einen Irrtum, den sie zunächst unabsichtlich begangen hatten, aus dem dann aber Ende des 19. Jahrhunderts eine bewusste Täuschung wurde. Und diese bewusste Täuschung hält heute noch an. Jeder Chemiestudent lernt heute noch die falsche Interpretation des Wöhlerschen Experiments. Hier haben wir ein Beispiel für die in Kapitel 1 beschriebenen Irrtümer und Dogmen, die durch das Bildungssystem weitergegeben werden.

In diesem Punkt mochten die Chemiker ihr Gewissen ein wenig beruhigen, als Fritz Haber 1908 erstmals ein industrielles Verfahren zur Fixierung des in der Atmosphäre enthaltenen Stickstoffs vorschlug, bei dem ein Gemisch aus Wasserstoff und Stickstoff über einen geeigneten Katalysator geleitet werden sollte. Heute leitet man solch ein Gemisch unter hohem Druck und bei hohen Temperaturen über einen Eisenkatalysator, ein Verfahren, das vor allem in der Produktion von Kunstdünger Anwendung findet. Nur dank dieses Verfahrens konnte Deutschland den Ersten Weltkrieg führen, weil es ihm die Möglichkeit eröffnete, stickstoffhaltige Sprengstoffe in ausreichender Menge herzustellen. Das Haber-Bosch-Verfahren, wie es heute genannt wird, gilt allgemein als anorganisch. Wenn das zutrifft, könnte man das dabei entstehende Ammoniak benutzen, um auf anorganischem Wege Ammoniumcyanat und daraus wiederum – wie bereits Wöhler – Harnstoff herzustellen. Doch bei genauerem Hinsehen zeigt sich, dass industrieller Wasserstoff stets aus biologischem Material gewonnen wird, so dass der anorganische Charakter des Haber-Bosch-Verfahrens nur eine weitere Illusion ist. Früher benutzte man meist Kohle für die Gewinnung von Wasserstoff, heute meist Kohlenwasserstoffe, aber sowohl Kohle als auch Kohlenwasserstoffe sind eindeutig biologischen Ursprungs.

Wasserstoff lässt sich allerdings auch durch die Elektrolyse von Wasser gewinnen, bei der die Wassermoleküle durch elektrischen Strom aufgespalten werden. Aber abgesehen von der Elektrolyse durch Blitzschlag ist die in der Elektrolyse eingesetzte Elektrizität vom Menschen gemacht und daher gleichfalls biologischen Ursprungs. Und durch natürlichen Blitzschlag kommt es nur sehr selten zu einer Elektrolyse.

Wie solche Gedankengänge zeigen, kommt die alte vitalistische Lehre der Wahrheit recht nahe. Bislang jedenfalls hat man noch keine Möglichkeit gefunden, organische Stoffe in Mengen, die über bloße Spuren hinausgehen, ohne die Einschaltung von Lebewesen aus anorganischen Stoffen herzustellen. Wenn man solche Möglichkeiten fände, könnte man unter günstigen Bedingungen in kurzer Zeit große Mengen organischer Stoffe produzieren. Die Aussichten für eine Umwandlung anorganischer in organische Stoffe scheinen im Weltraum schlechter zu sein als auf der Erde, weil anorganische Katalysatoren, die auf der Erde mit großer Sorgfalt hergestellt werden müssen, im Weltraum sehr schnell von korrodierenden Gasen, vor allem von Schwefelverbindungen, kontaminiert würden. Der niedrige Druck im Weltraum und die niedrigen Temperaturen in der Atmosphäre von Planeten wie Jupiter oder Saturn sorgen dafür, dass anorganische Reaktionen nur im Schneckentempo ablaufen.

Diese Bemerkungen sollen den Hintergrund für den Rest des Kapitels bereitstellen, in dem wir der entscheidenden Frage nachgehen, wie das Leben nach Ansicht der heutigen Naturwissenschaftler seinen Anfang genommen hat. Wir wollen uns zunächst ansehen, wie die Sache gewöhnlich dargestellt wird, bevor wir uns den Widersprüchen in der Argumentation zuwenden. In den Jahren 1952 und 1953 führten Stanley Miller und Harold Urey ein Experiment durch, das damals den Gedanken zu stützen schien, wonach das Leben schrittweise aus anorganisch-chemischen Substanzen hervorgegangen sein könnte. Das Experiment basierte auf der Rekonstruktion der physikalischen Bedingungen, die vor vier Milliarden Jahren auf der gerade entstandenen Erde geherrscht haben sollen. Man glaubte, damals hätte eine Atmosphäre bestanden, die für die meisten heutigen Lebensformen giftig wäre: Methan, Ammoniak, Kohlenmonoxid und Kohlendioxid, Stickstoff, Blausäure und dazu große Mengen Wasser. Häufige elektrische Stürme und rege vulkanische Aktivitäten sorgten für zahlreiche Störungen.

Bei dem Experiment leitete man, oft über mehrere Tage gleichzeitig, elektrische Funken durch ein Gasgemisch, das der frühen Erdatmosphäre gleichen sollte. Die Ergebnisse galten weithin als nahezu sichere Antwort auf die Frage nach dem Ursprung des Lebens. In der bei dem Experiment entstandenen »Suppe« fand man zahlreiche mit dem Leben verbundene Moleküle, darunter auch zwei wichtige biochemische Grundbausteine: Aminosäuren, aus denen die Proteine aufgebaut sind, und Stickstoffbasen, die Bausteine der DNA.

Dem ersten Experiment folgten weitere, und inzwischen hat man auf diesem Wege eine große Zahl verschiedener organischer Stoffe gewonnen. Man behauptet, in den Meeren und Seen der frühen Erde hätten diese Moleküle sich angesammelt, weil es keine Lebewesen gab, die sie aufzehren konnten. Die Ozeane sollen voll von komplexen organischen Molekülen gewesen sein, mit bis zu einem Drittel der Konzentration, wie sie sich in einer Hühnersuppe finden; daher die Bezeichnung »organische Suppe« oder auch »Ursuppe«.

All das ist jedoch entsetzlich falsch. Das von Urey und Miller benutzte Methan war höchstwahrscheinlich aus Erdgas gewonnen und damit biologischen Ursprungs. Das Ammoniak war ebenso zweifelhafter Herkunft wie das von Wöhler benutzte Ammoniumcyanat. In Wirklichkeit hatte man also lediglich biologische Stoffe genommen und biologische Stoffe daraus erzeugt – ein Ergebnis, das weit weniger eindrucksvoll klingt, als man damals meinte. Hätten Urey und Miller ausschließlich Stoffe benutzt, die im *irdischen* Kontext tatsächlich anorganischer Herkunft waren, und mit diesen Stoffen ähnliche Ergebnisse erzielt, wäre ihre Leistung sehr viel eindrucksvoller gewesen. Eigentlich hätten sie nur Wasser, Stickstoff, Kohlenmonoxid und Kohlendioxid einsetzen dürfen, denn diese Stoffe dürften auf der Erde schon vor dem Beginn biologischer Prozesse von Natur aus vorhanden gewesen sein.

Darüber hinaus haben wir jedoch auch ernsthafte Zweifel, ob bei den Experimenten tatsächlich so hohe Konzentrationen an komplexen Molekülen erreicht wurden, denn diese Behauptung ist unseres Erachtens von späteren Forschern nicht angemessen belegt worden. Wir glauben vielmehr, dass Folgendes geschah. Man stelle sich ein sehr langfristig angelegtes Experiment vor, das aus zahlreichen Durchgängen besteht. Bei jedem Durchgang wird eine kleine Menge der gesuchten Stoffe erzeugt, extrahiert und beiseite gelegt, so dass sie vor der zerstörerischen Einwirkung der elektrischen Hochspannungsfunken im nächsten Durchgang geschützt sind. Mit diesem Verfahren kann man bei sehr vielen Durchgängen zwar die behauptete hohe Konzentration erreichen, aber unter Versuchsbedingungen, denen keinerlei Bedeutung für die natürlichen Gegebenheiten zukommt, weil die komplexen Moleküle dort ebenso schnell, wie sie entstanden sind, auch wieder zerbrechen würden. Aber gerade der Mangel an Stabilität, der solche komplexen Moleküle im Unterschied zu Wasser, Stickstoff und Kohlenmonoxid auszeichnet, macht sie für Lebewesen bedeutsam. Die organischen Moleküle auszusondern und vor der Zerstörung zu schützen wäre Betrug. Solch ein Vorgehen gliche der Einführung dessen, was in der Physik der Maxwellsche Dämon ist. Dieser Dämon ähnelt dem Geist aus Aladins Wunderlampe. Führt man ihn ein, ist nahezu alles möglich, zum Beispiel dass eine Hälfte eines eiskalten Raums sich aufheizt, ohne dass von außen Energie zugeführt würde.

Täuschung kommt in der Wissenschaft in zwei Formen vor, als bewusste und als unbeabsichtigte Täuschung; erstere nennen wir auch Betrug. Täuschungen sind anfangs oft unbeabsichtigt und werden erst später zu Betrug. Es war keine Absicht, dass Urey und Miller nicht erkannten, dass das Wesen des Lebens in seiner Struktur liegt und nicht in seinen Bausteinen. Die große Frage ist die präzise Anordnung verschiedener Aminosäuren in langen Ketten. Um nur ein Beispiel zu nennen: Das Eiweiß Histon-4 besteht in allen Lebensformen im wesentlichen aus derselben Kette von 102 Aminosäuren. Die Wahrscheinlichkeit, dass zufällig genau diese Kette von 102 Aminosäuren in einer Stichprobe aus einzelnen Aminosäuren auftritt, beträgt $1/(5x10^{132})$ (im Nenner steht eine 5, gefolgt von 132 Nullen), und Histon-4 ist nur eines von sehr vielen wichtigen Proteinen.

Anfang der 50er Jahre steckte die Mikrobiologie noch in den Kinderschuhen; Urey und Miller kannten den Kern der Frage nach dem Ursprung des Lebens noch gar nicht, als sie ihr erstes Experiment durchführten. Daher schien es aufregend, dass bei dem Experiment einige Bausteine des Lebens entstanden. Heute, fast ein halbes Jahrhundert später, wissen wir sehr viel mehr über die Struktur komplexer Biomoleküle wie Histon-4 und über das Wesen des Lebens, das in den bemerkenswerten Eigenschaften liegt, die aus den Anordnungen teilweise recht einfacher Grundbausteine resultieren.

Das gilt in besonderem Maße für die Zucker und ihre Derivate. Kohlenmonoxid und Wasserstoff sind die beiden weitest verbreiteten Moleküle des Universums. Verbindet man beide, erhält man ein Formaldehydmolekül, das nur eine sehr geringe Stabilität gegenüber einer Aufspaltung in Kohlenmonoxid und Wasserstoff aufweist, und diese Eigenschaft hat bemerkenswerte Konsequenzen. Gerade weil die normale Körperhaltung des Menschen aufrecht ist – eine Stellung mit sehr geringer Stabilität –, kann ein geübter Skifahrer mit großer Geschwindigkeit einen unebenen schneebedeckten Berghang hinunter fahren. Das Pferd steht auf seinen vier Beinen sehr stabil, aber wenn Sie ihm Skier unter die Hufe schnallen und es an denselben Berghang stellen, wird es verloren sein.

Ähnliches gilt auch für Moleküle. Da Moleküle an der Schwelle ihrer Stabilität sich in vielerlei Hinsicht verändern können, sind hier bemerkenswerte Dinge möglich. Flüssiges Formaldehyd ist ein etwas unangenehmes Zeug, das vielfach zur Konservierung biologischen Materials verwendet wird. Nehmen Sie jedoch fünf oder sechs Formaldehydmoleküle und verbinden sie untereinander durch den Austausch einiger Atome, so erhalten Sie einen Zucker, der so süß schmeckt wie Schokolade. Durch geeignete Abwandlung der Verbindungen und Austauschvorgänge erhält man sämtliche Zucker einschließlich der Ribose. Und ein Derivat der Ribose ist die Desoxyribose, für die das D in DNA steht. Hier haben wir einen weiteren Grundbaustein des Lebens, der letztlich aus den im Universum am weitesten verbreiteten Molekülen besteht.

Verbindet man solche Zuckermoleküle über Sauerstoffatome miteinander, so erhält man eine Gruppe von Stoffen, die als Kohlenhydrate bezeichnet werden, wobei verschiedene Zuckermoleküle unterschiedliche Kohlenhydrate ergeben. Eines dieser Kohlenhydrate ist die Stärke, die zahlreichen tierischen Lebewesen als Nahrungsgrundlage dient. Ein anderes die Zellulose, die eine zentrale Rolle bei der mechanischen Stabilisierung von Pflanzen spielt: Sie ermöglicht es den Bäumen, eine Höhe von hundert Metern und mehr zu erreichen; ohne sie gäbe es kein Holz, und ohne Holz sähen die meisten menschlichen Bauwerke ziemlich nackt aus. Verbindet man Zuckermoleküle schließlich durch Stickstoffatome miteinander, erhält man eine dritte Gruppe von Stoffen, aus denen unter anderem die harte Hummerschale und die Schnäbel der Vögel bestehen.

Nur sechs chemische Elemente spielen eine wichtige Rolle in den Grundstrukturen der Lebewesen: Wasserstoff, Kohlenstoff, Stickstoff, Sauerstoff, Phosphor und Schwefel. Schwefelatome sorgen paarweise für eine starke Disulfidbindung. Obwohl sie auf den Aminosäureketten der Proteine oft weit auseinander liegen, verleihen sie der charakteristischen Form, zu der das Protein gefaltet und verknäuelt ist und die von entscheidender Bedeutung für dessen biochemische Eigenschaften ist, eine vergleichsweise hohe Festigkeit. Die Disulfidbindungen müssen sich an ganz bestimmten Stellen befinden, damit das Protein seine Funktion erfüllen und als Katalysator in einem biochemischen Prozess dienen kann, dem möglicherweise eine entscheidende Bedeutung für das Leben zukommt (und sie erfüllen diese Funktion sehr viel wirkungsvoller als jeder vom Menschen geschaffene Katalysator). Es gibt Tausende von Proteinen, die für das Leben äußerst wichtig sind, und jedes muss genau die richtige Form haben, wenn es seine Aufgabe erfüllen soll.

Eine ähnliche Rolle wie Schwefel in den Proteinen spielt Phosphor in der DNA. Zusammen mit Sauerstoff verbindet Phosphor die Desoxyribosemoleküle zu einer Struktur, deren Form gleichfalls von entscheidender Bedeutung ist: die berühmte Doppelhelix. Aber es geht nicht um irgendeine Doppelhelix. Die beiden Teile der Helix müssen im Verhältnis zueinander eine ganz bestimmte Position einnehmen, so dass an jeder Stelle nur ganz bestimmte Bindungen auftreten können. Wenn die Bindungen kunterbunt durcheinander erfolgten, könnte die DNA keine Information tragen, und es gäbe keinen genetischen Code – wie auch ein Blatt Papier, auf dem die Buchstaben des Alphabets kunterbunt durcheinander gewürfelt wären, keine Information enthielte. Der Phosphor trägt wesentlich dazu bei, dass so etwas nicht geschieht.

Neben den sechs für das Leben wichtigsten chemischen Elementen gibt es noch 16 weitere, die jeweils in kleineren Mengen in Lebewesen zu finden sind. Sie spielen zwar nur Nebenrollen, haben für das Spiel aber dennoch Bedeutung, solange sie auf der Bühne sind. Magnesiumatome, die im Blattgrün oder Chlorophyll jeweils von sechs Stickstoffatomen umgeben sind, setzen durch Photosynthese Zuckermoleküle zusammen. Die Photosynthese widersetzt sich dem thermodynamischen Bestreben chemischer Systeme, stets ihr niedrigstes Energieniveau einzunehmen, was für irdische Systeme auf eine Durchschnittstemperatur von etwa 25 °C hinauslaufen würde. Die Photosynthese nutzt das Sonnenlicht, das eine Temperatur von etwa 5500 °C aufweist, und stellt damit die für 25 °C übliche Thermodynamik auf den Kopf. Durch die Zuckersynthese entsteht eine potentielle Energiequelle, die anschließend sowohl von den Pflanzen selbst als auch von pflanzenfressenden Tieren in umgekehrter Richtung genutzt wird (das heißt, der Zucker wird in seine Bestandteile zerlegt). Eine ähnliche Anordnung aus einem einzelnen Eisenatom, das von vier Stickstoffatomen umgeben ist, bildet das aktive Zentrum des Hämoglobins. Auch hier ist der entscheidende Vorgang reversibel und dient der Speicherung bzw. Freisetzung eines Sauerstoffvorrats, den Tiere für die Freisetzung von Energie benötigen. Das Element Kalzium hat dagegen eine ganz andere Funktion. Es verleiht den Knochen ihre Stabilität, und in Form von Kalziumkarbonat benutzen viele Meerestiere dieses Element für den Aufbau ihrer Schalen. Auch die übrigen 13 Elemente haben jeweils ihre eigene, oft hochgradig spezifische Funktion.

Im Rückblick hatte Ureys und Millers erfolgreicher Versuch, einige Bausteine des Lebens auf experimentellem Wege herzustellen, keine Bedeutung für die Frage nach dem Ursprung des Lebens, zumal einige ihrer Ausgangsstoffe bereits biologischer Herkunft waren – und es stellt ja niemand in Abrede, dass Leben auch wiederum Leben hervorzubringen vermag. Die Bausteine des Lebens sind nichts Besonderes. Bemerkenswert sind erst die Strukturen, die aus ihnen entstehen können; dort liegt der eigentliche Ursprung des Lebens. Das Anfang der 50er Jahre nicht erkannt zu haben, ist verständlich; es auch heute nicht zu sehen, ist unentschuldbar. Diese Blindheit kommt einer offenen Täuschung gleich, zumindest bei den Wissenschaftlern, die genügend Zeit und Gelegenheit haben, die Dinge eingehend zu erforschen. Den Studenten ist hier kein Vorwurf zu machen, aber von ihnen ist zu erwarten, dass sie diese Täuschung am ehesten erkennen werden.

Hinter der Täuschung stecken starke Beweggründe. Man möchte der Frage aus dem Weg gehen, ob die durch die Fakten ausgewiesene Situation tatsächlich als Zufall angesehen werden kann. Ist es vernünftig anzunehmen, dass sich die am weitesten verbreiteten Elemente wirklich nur zufällig durch das breite Spektrum an Eigenschaften auszeichnen, auf das die Biochemie zum Beispiel bei der Erforschung der Enzyme gestoßen ist? Oder gibt es schon bei den chemischen Elementen, erst recht aber in der Entstehung und Entwicklung des Lebens ein teleologisches Moment, eine zielgerichtete Komponente? Wenn ja, geraten wir in sehr tiefes Wasser. Der Kreationist behauptet entschieden und lautstark, dass es solch eine zielgerichtete Komponente gebe, während der sogenannte respektable Wissenschaftler nicht lautstark, aber durch Tricks beweist, dass es eine derartige Komponente natürlich nicht gebe. Ein typischer Trick dieser Art ist das so genannte anthropische Prinzip, das auf den britischen Physiker Brandon Carter zurückgeht und dem zufolge das Universum in seinen Naturgesetzen so beschaffen ist, dass es irgendwann Leben und Intelligenz hervorbringen musste. Dahinter steckt nichts weiter als folgender Gedanke: Wenn die Situation nicht genau so wäre, wie sie ist, wären wir heute nicht da, um über sie zu reden. So groß die Zufälle auf den ersten Blick auch erscheinen mögen, unser Dasein beweist, dass sie stattgefunden haben. Aber unser Dasein ließe sich geradeso als Beweis für den planvoll-zielgerichteten Charakter des Lebens anführen. Die Frage ist unentschieden, denn das anthropische Prinzip ist nur eine Tautologie.

Sowohl der Kreationist, der die Frage ohne Rücksicht auf die Tatsachen zu beantworten versucht, als auch der so genannte respektable Wissenschaftler, der die Tatsachen verdreht, machen sich in gewisser Weise der Blasphemie schuldig. Keiner von beiden dürfte sonderlich viel zum Fortschritt beitragen.

4

Organisches Material überall

Organisches Material findet sich überall in unserer Galaxis, der Milchstraße. Der größte Teil der außerstellaren Materie unserer Galaxis besteht entweder aus Wasserstoff- und Heliumgas oder aus kleinen, festen, organischen Staubkörnern von der Größe der Bakterien. Unter den auf der Erde herrschenden Bedingungen bestehen Bakterien zu 70 Prozent ihres Volumens aus Wasser; bei großer Trockenheit und niedrigem Druck würde dieses Wasser verdunsten, so dass Teilchen zurückblieben, die im Wesentlichen hohl wären. Aus sehr präzisen astronomischen Messungen wissen wir, dass die organischen Staubteilchen in den gewaltigen Räumen zwischen den Sternen unserer Galaxis tatsächlich hohl sind. Aber in der Summe bilden sie eine riesige Masse, die um den Faktor 10^{12} größer ist als die Masse der Erde.

Da es unmöglich ist, im kosmischen Maßstab auf nichtbiologischem Wege organisches Material aus anorganischen Stoffen wie Wasser, Kohlenmonoxid, Kohlendioxid und Stickstoffgas herzustellen, müssen die gewaltigen Mengen interstellarer organischer Materie biologischen Ursprungs sein. Manche Wissenschaftler bestreiten das, doch das zeugt allenfalls von einem überzogenen dogmatischen Denken. Wenn sich selbst unter hochgradig kontrollierten Laborbedingungen und mit sorgfältig hergestellten Katalysatoren nur eine minimale Menge organischen Materials aus anorganischen Ausgangsstoffen herstellen lässt, werden unter unkontrollierten Bedingungen keine großen Mengen entstehen, zumal die Katalysatoren sogleich kontaminiert würden, zum Beispiel durch den aggressiven Schwefel, der überall anzutreffen ist.

Ein weiterer Einwand gegen die nichtbiologische Entstehung organischen Materials aus anorganischen Stoffen ist die Tatsache, dass die Verfahren, mit denen unsere chemische Industrie arbeitet, sämtlich linear sind. Möchte eine Chemiefabrik ihre Produktion verdoppeln, muss sie ihre Produktionskapazität verdoppeln, indem sie größere Anlagen baut oder die Zahl ihrer Anlagen vermehrt; deshalb ist die chemische Industrie bei ihrer Expansion auf immer mehr Kapital angewiesen. Die Kapazität, die man benötigte, um Chemikalien von der Masse unserer Erde zu produzieren, wäre unvorstellbar groß, selbst wenn man viele Jahre dafür vorsähe. Biologische Systeme folgen einem ganz anderen Wachstumspfad. Sie wachsen nicht linear, sondern exponentiell – aus einem werden zwei, aus zwei vier, aus vier acht usw. Biologisches Wachstum ist explosiv und wird immer extremer, weil es sich selbst trägt.

Beginnen wir mit einem einzelnen Bakterium und nehmen wir an, dass ausreichend Nährstoffe für dieses Bakterium und alle seine Nachkommen zur Verfügung stehen. Unter günstigen Bedingungen liegt die typische Replikationszeit bei zwei bis drei Stunden. An einem Tag wäre aus dem einzelnen Bakterium durch eine alle zwei bis drei Stunden erfolgende Verdopplung eine Kolonie von etwa 1000 Bakterien entstanden, die mit bloßem Auge noch nicht zu erkennen wäre. Nach zwei Tagen hätte die Kolonie eine Größe von 1000000 Bakterien erreicht und wäre mit bloßem Auge bereits erkennbar, als Punkt mit einem Zehntel des Durchmessers eines Nadelkopfs. Nach vier Tagen wären aus dem ursprünglichen Bakterium 1000000000000 Bakterien geworden, die zusammen etwa ein Gramm wögen. Nach fünf Tagen hätte die Kolonie ein Gewicht von einem Kilogramm. So ginge es weiter, und jeden Tag kämen zur Zahl der Bakterien drei Nullen hinzu: eine Tonne nach sechs Tagen, 1000 Tonnen nach einer Woche, die Masse des Mount Everest nach elf Tagen, die der Erde nach 13 Tagen, die unserer Galaxis nach 19 Tagen, die des gesamten sichtbaren Universums nach 22 Tagen – also nach kaum mehr als drei Wochen, und das alles aus einem einzigen Bakterium! Angesichts solch eines Wachstumspotentials würden nur Obskuranten die gewaltige Menge organischen Materials in unserer Milchstraße auf andere als biologische Weise erklären. Die Frage ist nicht, wie dieses Material entstanden ist, sondern wo. Wir müssen Orte finden, an denen die Umweltbedingungen günstig genug für eine explosive Vermehrung von Bakterien sind.

Wenn wir uns die Bedingungen ansehen, unter denen Bakterien sich hier auf der Erde vermehren, kann es sich bei den gesuchten Orten nicht um den interstellaren Raum handeln. Wasser in flüssigem Zustand oder eine Atmosphäre mit einer relativen Feuchtigkeit von 60 Prozent gelten gemeinhin als notwendige Voraussetzung für die Vermehrung von Mikroorganismen (allerdings wird berichtet, dass Kieselalgen sich auch im Eis vermehren). Der für die Replikation typische Temperaturbereich scheint zwischen minus 20 °C und plus 80 °C zu liegen. Da man in der Tiefsee bei Temperaturen von mehr als 100 °C in der Umgebung »schwarzer Raucher« Bakterien gefunden hat, dürfte die Obergrenze sich bei hohem Druck jedoch deutlich nach oben verschieben.

Von entscheidender Bedeutung ist natürlich eine ausreichende Nährstoffversorgung. Die Art der Nährstoffe variiert beträchtlich. Autotrophe Bakterien decken ihren Kohlenstoffbedarf aus dem Kohlendioxid der Luft. Ihr Hauptmerkmal ist also die Fähigkeit, sich ausschließlich auf der Grundlage anorganischer Stoffe zu vermehren. Man kann durchaus sagen, wenn irgendwo in der Natur anorganische Stoffe vorkommen, aus denen sich durch eine chemische Reaktion Energie gewinnen lässt, findet sich auch eine Bakterienart, die diese Möglichkeit nutzt. Allerdings darf die Reaktion unter rein anorganischen Bedingungen nur sehr langsam ablaufen. Sonst hätten die Bakterien keine Lebenschance, weil die Reaktion auf anorganischem Wege erfolgte und die Nährstoffe damit verschwunden wären. Den autotrophen Bakterien gelingt es, Energie freisetzende chemische Reaktionen zu nutzen, die auf anorganischem, nichtbiologischem Wege nur sehr langsam ablaufen. Das erreichen sie, indem sie die Reaktionen durch den Einsatz extrem feiner Katalysatoren, der als Enzyme bezeichneten Proteine, ganz beträchtlich beschleunigen. Wenn irgendwo auch nur ein wenig Energie verfügbar ist – zu wenig, als dass anorganische Reaktionen sie freisetzen könnten –, vermögen Bakterien dank der erstaunlichen Eigenschaften der Proteine auf nahezu jedem Stoff zu leben.

Bakterien sind in jeder denkbaren Hinsicht äußerst robust. Sie zeichnen sich aus durch eine bemerkenswerte Toleranz gegenüber Temperaturen, Druck, Nährstoffen und Strahlungsschäden. Hinsichtlich der Strahlung fasst das folgende Zitat die Situation zusammen; es stammt aus einem Werk, das die Autoren dieses Buches zusammen mit einigen Kollegen verfasst haben:

> »Nachweislich können viele Arten in einer Umwelt überleben, die extrem hohe Konzentrationen außerordentlich tödlicher radioaktiver Isotope wie Americum, Plutonium, Strontium usw. enthalten. In den Abwasserkanälen und Teichen der Atomanlage in Hanford gedeihen Kieselalgen, und einer dieser Gräben enthält 8 kg verschiedener radioaktiver Plutoniumisotope. Aber Kieselalgen und Bakterien gedeihen dort nicht nur, sondern zeigen auch eine erstaunliche Affinität zum Plutonium ... In den Algen dieser Abwasserteiche, bei denen es sich hauptsächlich um Kieselalgen handelt, liegt die Americumkonzentration drei Millionen Mal höher als in dem Wasser, in dem sie leben, die Konzentration mancher Plutoniumisotope sogar 400 Millionen Mal höher. Mehr als 95 Prozent der gesamten Plutoniumbelastung der Abwasserteiche befinden sich in den Pflanzen, und davon wiederum 99 Prozent in den Kieselalgen und im Laichkraut. Die Kieselalgen wachsen in großen Mengen, obwohl sie ständig einer starken Strahlenbelastung durch Röntgen-, Gamma-, Alpha- und Betastrahlen ausgesetzt sind.« (R.B. Hoover, F. Hoyle, N.C.Wickramasinghe, M.J.Hoover und S. Al-Mufti: *Earth, Moon and Planets*, 1986, S. 35, 19)

Die Bakterien haben Eigenschaften, die sich kaum durch eine irdische Evolution erklären lassen, weil diese Eigenschaften keine

Beziehung zu den natürlichen Bedingungen auf der Erde verraten, zum Beispiel die Resistenz gegen sehr niedrige Temperaturen und sehr niedrigen Druck oder gegen gefährlich hohe Strahlungsdosen. Auf der Erde haben niemals Bedingungen geherrscht, in denen solche Eigenschaften sich hätten entwickeln können, und daher dürfte es sie nach dem Darwinschen Evolutionsmodell eigentlich gar nicht geben. Aber dennoch gibt es sie.

Mikroorganismen sind in der Lage, Schäden an ihrem Erbmaterial auf bemerkenswerte Weise zu beheben. Ihre Reparaturmethode basiert auf der Existenz zweier DNA-Stränge. Schäden betreffen meist nur einen dieser beiden Stränge und/oder deren Fortsätze. Zunächst erhält eine ganze Batterie von Enzymen den Auftrag, die beschädigte Stelle zu entfernen. Andere Enzyme sehen sich den unbeschädigten Strang der Doppelhelix und dessen Fortsätze an, denn dort können sie erkennen, wie der beschädigte (und inzwischen entfernte) Bereich des anderen Strangs eigentlich aussehen müsste. Danach rekonstruieren die Enzyme das fehlende Stück samt seinen Fortsätzen und fügen es in die Doppelhelix ein, die danach wieder ihre ursprüngliche Form hat. Ein derart komplexer Prozess konnte unseres Erachtens nur dann entstehen, wenn dazu eine unabweisbare Notwendigkeit bestand – wie sie mit Sicherheit im Weltraum, nicht aber auf der Erde gegeben ist, denn dort schützt die Erdatmosphäre biologische Systeme vor der tödlichen Strahlung aus dem All, insbesondere vor der Röntgenstrahlung solaren und kosmischen Ursprungs. Auf der Erde können biologische Systeme zwar von einem Teilchen der kosmischen Strahlung getroffen werden, doch davon sind Mikroorganismen wegen ihrer geringen Größe nur äußerst selten betroffen. Und für seltene Ereignisse bedarf es keines komplizierten Reparaturprozesses, denn eine Bakterienkolonie könnte die dadurch bedingten, völlig unbedeutenden Verluste dank ihrer gewaltigen Vermehrungsfähigkeit leicht verschmerzen. Wir Menschen bieten den kosmischen Strahlen und anderen schädlichen Strahlungen geringerer Energie eine sehr viel größere

Angriffsfläche und kommen dennoch ganz gut ohne einen Reparaturmechanismus aus, wie er die Bakterien auszeichnet.

Sehen wir uns nun an, wo Bakterien sich vermehren können. Der interstellare Raum kommt offensichtlich nicht in Frage, aus den oben erwähnten Gründen und wegen der extremen Bedingungen, die dort herrschen. Unser Blick richtet sich daher ganz von selbst auf die nähere Umgebung der Sterne. Wir können uns vorstellen, dass Mikroorganismen, ein Teil von ihnen noch lebensfähig, durch astronomische Vorgänge in die Umgebung von Sternen verfrachtet werden und dort Bedingungen antreffen, unter denen sie sich explosionsartig vermehren. Ein Teil der so entstandenen Mikroorganismen kehrt gemäß dem in *Abbildung 1* dargestellten Kreislauf in den interstellaren Raum zurück.

Planeten sind sehr viel größer als Kometen, so dass man auf den ersten Blick meinen könnte, sie eigneten sich besser als diese für die biologische Replikation. Doch was der einzelne Planet den Kometen an Masse voraus hat, das gleichen die Kometen durch ihre gewaltige Zahl wieder aus. Die Astronomen sind sich

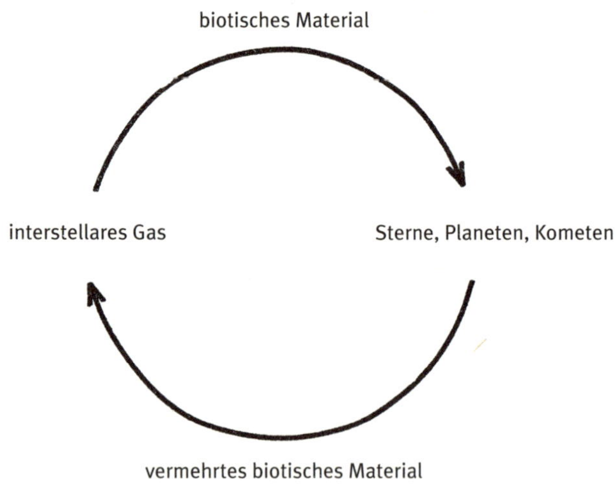

Abbildung 1: Der Vermehrungskreislauf der kosmischen Biologie

einig, dass es im Sonnensystem viele Milliarden Kometen gibt. Zusammen erreicht ihre Masse die von Riesenplaneten wie Uranus oder Neptun, also weit mehr als die der Erde. In quantitativer Hinsicht scheiden die Kometen also keineswegs aus; und in qualitativer Hinsicht bieten sie insgesamt sogar eine Umwelt, die der der Planeten in mancherlei Aspekten überlegen ist. Ein Teil der Kometen unseres Sonnensystems, zum Beispiel der Komet Halley, nähert sich regelmäßig der Sonne, und dabei können durch die Erwärmung Millionen Tonnen von Gas und Staub pro Tag freigesetzt werden. Der Staub in Gestalt von Bakterien und anderen Mikroorganismen wird teilweise aus dem Sonnensystem in den interstellaren Raum verfrachtet (was den unteren Teil des Kreisbogens in *Abbildung 1* bildet), teilweise bleibt er im Sonnensystem und kann auf Planeten wie der Erde den Keim für die weitere Entwicklung des Lebens legen.

Bevor wir uns mit diesem Bild der Entstehung der Bakterien im Weltall zufrieden geben, müssen wir uns fragen, ob der untere Bogen in *Abbildung 1* tatsächlich stark genug ist, um den interstellaren Raum mit den gewaltigen Mengen staubförmigen Materials zu versorgen, die wir dort antreffen. Falls die Zugehörigkeit von Planeten und Kometen eine typische Eigenschaft von so genannten Zwergsternen wie der Sonne ist, könnten die Dinge gerade hinkommen. Die gesamte Masse der Kometen unseres Sonnensystems beträgt etwa 10^{29} Gramm (entsprechend der Masse des Uranus oder des Neptun), und in der Milchstraße gibt es etwa 10^{11} Zwergsterne. Das Produkt dieser beiden Werte beträgt 10^{40} Gramm, und das entspricht der Gesamtmasse des interstellaren Staubs.

Bevor es gelang, den Kometen Halley mit Raumsonden aus nächster Nähe zu erforschen, glaubten die meisten Astronomen, dass die Kometen »schmutzige Schneebälle« und nicht etwa die Überreste einer intensiven biologischen Aktivität seien. Allerdings war klar, dass sowohl in einem Schneeball als auch in einem biologischen System beträchtliche Mengen Wasser anzu-

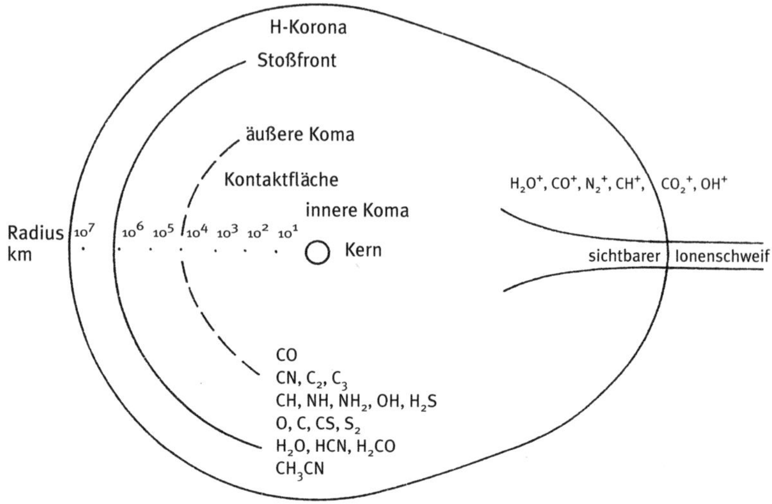

Abbildung 2: Die Verteilung kleiner Moleküle und Ionen in der Koma eines typischen Kometen nach dem Stand der Forschung vor 1986, also vor der Wiederkehr des Kometen Halley (nach J. C. Brandt und R. D. Chapman: *Introduction to Comets*, Cambridge 1981). Neuere, in unmittelbarer Nähe von Halley gewonnene Daten zeigen eine Ansammlung von Molekülen, die äußerst reich an komplexen organischen Verbindungen ist.

treffen sein würden. Um zwischen den beiden Standpunkten entscheiden zu können, musste geklärt werden, welche Bestandteile Kometen neben dem Wasser noch enthalten. Schon in den 60er Jahren sprachen Forschungsergebnisse für die organische Hypothese; daher gab es schon damals eigentlich keinen Grund für die Lehre vom »schmutzigen Schneeball«, sofern man unter Schmutz ganz gewöhnlichen Schmutz verstand. Schon lange wusste man, dass sich in den von Kometen freigesetzten Gasen zahlreiche aus wenigen Atomen zusammengesetzte Moleküle befanden, wie sie beim Zerfall komplexer organischer Verbindungen entstehen. Die Kleinmoleküle, die man schon vor der Wiederkehr von Halley 1986 in anderen Kometen entdeckt hatte, sind in *Abbildung 2* wiedergegeben, und sie entsprechen keineswegs den Stoffen, die man beim Zerfall anorganischer Verbindungen erwarten würde, etwa beim Zerfall von einfachem anorganischem Eis oder von Haushaltsstaub. Das erst kürzlich entdeckte zweiatomige Schwefelmolekül S_2 ist insofern besonders interessant, als die Disulfidbrücken eine wichtige Rolle in der Struktur der Proteine spielen.

Die Erforschung des Kometen Halley bei dessen Rückkehr in den inneren Bereich des Sonnensystems erbrachte einige höchst bedeutsame Ergebnisse:

1. Die Teilchen, die der Komet während seiner aktiven Phase in einer Menge von etwa einer Million Tonnen pro Tag freisetzte, bestanden aus Verbindungen, in denen die Elemente Wasserstoff, Kohlenstoff, Stickstoff und Sauerstoff vorherrschten. Da die Teilchen auch bei Temperaturen von 50 °C noch nicht verdampften, konnte es sich nicht um anorganische Verbindungen dieser Elemente, zum Beispiel um Wasser oder Ammoniak, handeln; vielmehr handelte es sich mit größter Wahrscheinlichkeit um organische Verbindungen.
2. Viele dieser Teilchen haben eine Größe, wie sie für Bakterien typisch ist.
3. Die Teilchen waren nur von geringer Dichte, was die Annahme stützt, dass sie hohl gewesen sein müssen, ähnlich wie Bakterien, wenn das ursprünglich in ihnen enthaltene Wasser verdunstet ist.
4. Im Infrarotbereich, bei Wellenlängen zwischen drei und vier Mikrometern, zeigten die Teilchen ähnliche Eigenschaften wie Bakterien.
5. Hinsichtlich der Punkte 2, 3 und 4 zeigten die Teilchen große Übereinstimmungen mit den Staubteilchen im interstellaren Raum.
6. Im Staubschweif des Kometen Halley fanden sich außerdem auch weitaus komplexere organische Moleküle als in *Abbildung 2* angegeben.

Die unter Punkt 1, 2 und 3 aufgeführten Ergebnisse stammen aus Experimenten, die in unmittelbarer Umgebung des Kometen Halley ausgeführt wurden, und zwar von den Wissenschaftlerteams, die für die zwei sowjetischen Vega-Sonden (Begegnung am 6. und 7. März 1986) und die europäische Raumsonde Giotto (Begegnung am 14. März 1986) verantwortlich waren; Einzelheiten dieser Experimente wurden am 15. Mai 1986 in der Zeitschrift *Nature* veröffentlicht. Die unter Punkt 4 und 5 genannten Ergebnisse wurden von D. T. Wickramasinghe und D. A. Allen mit Hilfe des Anglo-Australian Telescope in New South Wales ermittelt.

Zum besseren Verständnis der Punkte 4 und 5 wollen wir kurz das Schaubild in *Abbildung 3* betrachten. Auf der Abszisse ist die Wellenlänge in Mikrometern abgetragen, auf der Ordinate der Prozentsatz der Transmissionsstrahlung, die eine Probe des gewöhnlichen Bakteriums *Escherichia coli* durchdringt. Die Daten stammen von Shirwan Al-Mufti und werden hier genauso wiedergegeben, wie der Plotter im Labor sie aufgezeichnet hat. (Das ist wichtig, weil viele Daten, die man heute in der Wissenschaft erhält, nicht die ursprünglichen Rohdaten sind, sondern bereits in vielfältiger Weise bearbeitet wurden – angeblich um ihre Bedeutung klarer herauszustellen, aber möglicherweise auch aus ganz anderen Gründen.)

Ein ungeahnter Glücksfall will es, dass fast genau dasselbe Experiment auch in einem astronomischen Laboratorium durchgeführt worden ist. Im Zentrum unserer Galaxis befindet sich eine Infrarotquelle, die wie die Infrarotquelle im Laborversuch wirkt. Auf ihrem Weg von der Quelle zur Erde durchquert die Infrarotstrahlung Räume, in denen sich interstellarer Staub befindet. Auf der Erde können wir die Strahlung mit einem großen Teleskop aufnehmen und den Anteil der einzelnen Wellenlängen bestimmen, die den interstellaren Staub haben durchdringen können, geradeso, wie es im Laborversuch geschah.

Nehmen wir einmal an, der interstellare Staub besteht tatsächlich aus Bakterien. Dann müsste das Transmissionsspektrum ähnliche Eigenschaften aufweisen wie das in *Abbildung 3* gezeigte Spektrum für Kolibakterien. Wie müssten in diesem Fall die astronomischen Daten aussehen? Die Antwort gibt die Kurve in *Abbildung 4*. Dort ist (mit einer willkürlich festgelegten Skala) der auf der Erde aufgefangene Strahlungsstrom einer starken Infrarotquelle (GC-IRS7) nahe dem Zentrum der Milchstraße gegen die Wellenlänge abgetragen. (Die im Laborversuch eingesetzte Strahlungsquelle ist hinsichtlich der Wellenlänge »flach«, während die astronomische Quelle thermisch ist. Daraus erklären sich die kleinen Unterschiede zwischen den beiden Kurven.) Die Kreise und schwarzen Punkte in *Abbildung 3* zeigen die mit dem Teleskop gewonnenen Ergebnisse zweier getrennter Beobachtungen, die senkrechten Striche durch die Punkte markieren die von den Beobachtern geschätzten Fehlerspielräume. Die Übereinstimmung zwischen den in *Abbildung 3* aufgezeichneten

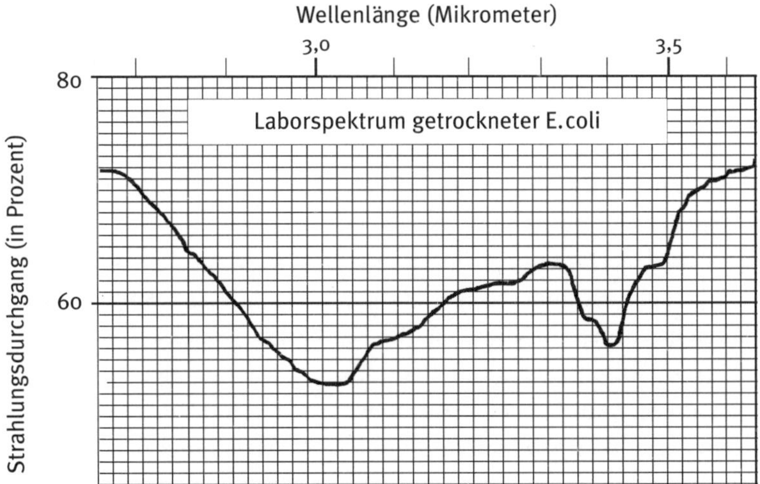

Abbildung 3: Transmissionsspektrum einer Infrarotquelle nach dem Durchgang durch eine Kaliumbromidschicht mit 1,5 Milligramm des getrockneten Bakteriums *E. coli*

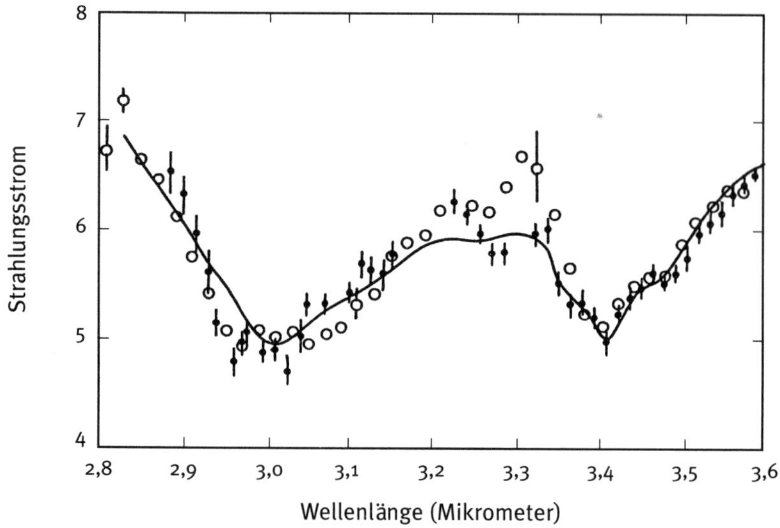

Abbildung 4: Vergleich zwischen dem Infrarotstrom (willkürlicher Maßstab) der nahe dem Zentrum der Milchstraße gelegenen astronomischen Quelle GC-IRS7 mit der für getrocknete *E. coli* vorausgesagten Kurve. Die Kreise stehen für die Ergebnisse der Beobachtungen von Prof. H. Okuda und seiner Kollegen in Tokio, die schwarzen Punkte für die von D. T. Wickramasinghe und D. A. Allen ermittelten Werte.

Ergebnissen des Laborversuchs und den von zwei unabhängigen Teams gemessenen Werte für die astronomische Beobachtung sind um so überzeugender, als sie schon vor den betreffenden Versuchen vorausgesagt worden ist.

Aus den Daten in *Abbildung 4* lässt sich mit Sicherheit eines schließen: dass dem interstellaren Staub in diesem Wellenlängenbereich Absorptionseigenschaften zukommen müssen, die denen in *Abbildung 3* sehr ähnlich sind, und zwar für eine recht feine Abstufung sämtlicher Werte zwischen drei und vier Mikrometern. Gibt es irgendein organisches Material nichtbiologischer Herkunft, das diesen strengen Bedingungen genügt? Falls nicht, dann können wir daraus schließen, dass der interstellare Staub tatsächlich aus Bakterien besteht. Wir haben viele hundert Spektren möglicherweise häufig vorkommender organischer Verbindungen durchgesehen und andere selbst im Labor überprüft. Aber wir haben keinen Stoff gefunden, der auch nur entfernt in Frage käme, wenn man ihn über den gesamten Wellenlängenbereich betrachtet. Manche Chemiker behaupten das Gegenteil, doch sie haben keine Messergebnisse vorgelegt, die präzise genug wären, um ihre Behauptung zu überprüfen. Wenn auf wissenschaftlichen Konferenzen wiederholt vage Thesen zu diesem Thema vorgetragen worden sind, ohne dass man entsprechende faktische oder *bona fide*-Beweise vorgelegt hätte, so zeigt das, wie gering die Bereitschaft vieler Wissenschaftler ist, sich an erprobte wissenschaftliche Standards zu halten, falls tief verwurzelte Dogmen dadurch in Gefahr geraten.

Schon seit einiger Zeit gibt es gewichtige Hinweise auf hochkomplexe biochemische Verbindungen im interstellaren Staub. Seit fast einem halben Jahrhundert wissen Astronomen, dass sich in den Spektren von Sternen in genau abgrenzbaren Wellenlängenbereichen gut zwanzig diffuse interstellare Absorptionsphänomene zeigen. Trotz intensiver Bemühungen zahlreicher hochqualifizierter Astronomen und Physiker ist der Ursprung dieser Bänder bis heute ein Geheimnis geblieben. Man fand kein anorganisches Material, auf das man diesen spektralen Fingerabdruck hätte zurückführen können. 1967 zeigte dann, wie aus heiterem Himmel, der amerikanische Chemiker F. M. Johnson in einem eleganten und wohldurchdachten Versuch, dass ein eng mit dem Chlorophyll verbundenes Molekül die Anforderungen bestens erfüllt. Das Chlorophyll, das für die Grünfärbung der Pflanzen und Algen verantwortlich ist, bildet natürlich ein wesentliches Bindeglied in der gesamten Kette irdischen Lebens. Die Übereinstimmung in der Lage der charakteristischen Wellenlänge war so präzise, dass man eigentlich erwarten durfte, die vorgeschlagene Identifizierung würde allgemein überzeugen. Doch Johnsons bahnbrechender Beitrag zur Lösung dieses Problems blieb weitgehend unbeachtet. Untereinander tun Astronomen weiterhin so, als gäbe es diese Lösung gar nicht.

Wie neuere astronomische Beobachtungen im Infrarot- und im Ultraviolettbereich zeigen, müssen im interstellaren Staub auch große Mengen aromatischer Moleküle enthalten sein (Moleküle mit Kohlenstoffringen, die im Bereich des Lebendigen große Bedeutung haben). *Abbildung 5* demonstriert, wie gut ein Bakterienmodell unter Einbeziehung solcher aromatischen Mole-

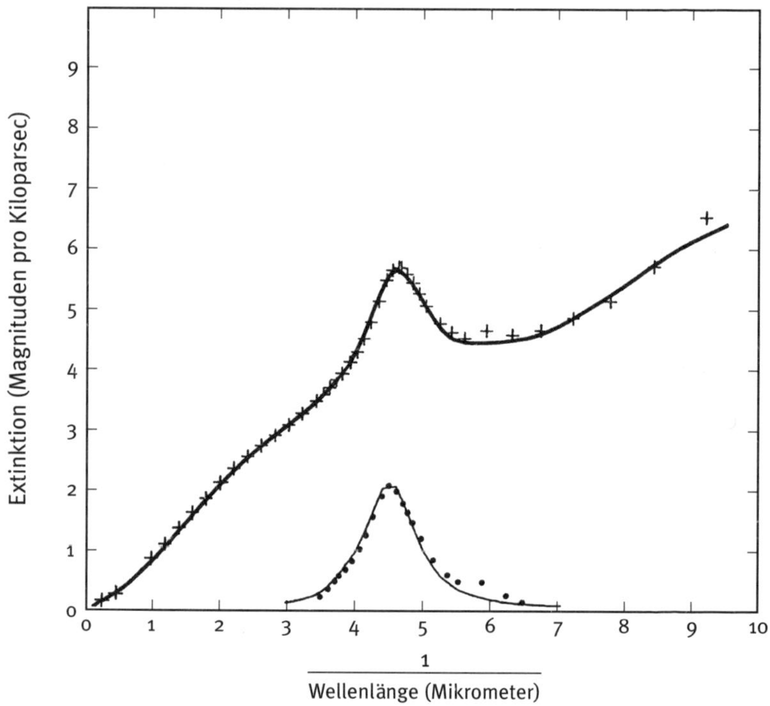

Abbildung 5: Die Schwächung des Sternenlichts als Beleg für die Bakterienthese. Die Kreuze stehen für Messungen der durchschnittlichen Abschwächung des Sternenlichts (in einer Größenordnung von 1000 Parsec; ein Parsec – Kurzwort für Parallaxensekunde – ist eine astronomische Längeneinheit und beläuft sich auf ca. 3,26 Lichtjahre) durch interstellaren Staub. Die obere, etwas dickere Linie ist die für ein Modell mit hohlen Bakterienteilchen und aromatischen Molekülen berechnete Kurve. Die Punkte stehen für die interstellare Absorption im Wellenlängenbereich um 0,2175 Mikrometer (entsprechend 4,6 auf der reziproken Skala); die untere, etwas dünnere Kurve gibt die Voraussagen für aromatische Moleküle biologischen Ursprungs wieder.

küle zu Beobachtungen der Abschwächung des Sternenlichts im Ultraviolettbereich passt. Wie man sieht, ist die Übereinstimmung äußerst eng. Dennoch bestreiten Astronomen hartnäckig, diese Beobachtung könne in irgendeinem Zusammenhang mit Lebensmolekülen außerhalb der Erde stehen, und suchen stattdessen nach außerbiologischen Alternativen, die keinerlei Plausibilität haben.

Zur Stützung des gängigen Dogmas hat man die These aufgestellt, man könne esoterische Stoffe mit den in den *Abbildungen 3* und *4* gezeigten Eigenschaften erhalten, wenn man ein Gemisch aus Stoffen wie Methan, Ammoniak und Wasser Ultraviolettlicht und/oder dem Beschuss durch hochenergetische Teilchen aussetzt. Viele der in diesem Zusammenhang durchgeführten Experimente leiden wie das Urey-Miller-Experiment unter dem Mangel, dass die Ausgangsmaterialien Stoffe enthalten, die auf biologischem Wege aus dem für eine abiotische Erde erwarteten Gemisch anorganischer Stoffe entstanden sein müssen. Schon nach den Grundsätzen einer ganz normalen Logik ist der Anspruch, diese Stoffe abiotisch hergestellt zu haben, verfehlt. In einigen Experimenten, die wir kennen, hatte die Strahlung eine Stärke, die in größeren astronomischen Zusammenhängen und über längere Zeiträume unvorstellbar wäre. Außerdem ist uns aufgefallen, dass alle veröffentlichten Spektren nur von geringer Qualität sind. Da man lediglich ein Milligramm benötigt, um die weit höhere Qualität der in den *Abbildungen 3* und *4* gezeigten Verteilung zu erreichen, vermochte man in den betreffenden Experimenten offensichtlich nicht einmal ein Milligramm eines solchen esoterischen Stoffes herzustellen, von dem dennoch behauptet wird, die Milchstraße enthalte 10^{43} Milligramm davon.

Physik- und Chemiestudenten lernen in ihrem Studium schon früh, dass ein und dieselbe Substanz je nach den Umständen Strahlung sowohl absorbieren als auch emittieren kann. Ein kaltes Gas, das sich zwischen dem Beobachter und einer heißen

Lichtquelle wie der Sonne befindet, absorbiert Licht. Das Spektrum zeigt dann bei bestimmten Wellenlängen, bei denen die Strahlung durch die Absorption geschwächt ist, mehr oder weniger deutlich abgegrenzte dunkle »Linien«. In erhitztem Zustand und ohne den Hintergrund einer Lichtquelle emittiert derselbe Stoff die gleichen »Linien«, die nun allerdings hell vor einem dunklen Hintergrund erscheinen. Auch Festkörper können Strahlung je nach den Umständen absorbieren oder emittieren, doch bei ihnen konzentrieren Absorption und Emission sich nicht auf diskrete Linien, sondern verteilen sich über größere Wellenlängenbereiche. Die Bakterien, deren Absorptionscharakteristik vor dem Hintergrund einer Infrarotquelle in *Abbildung 3* dargestellt ist, müssten also umgekehrt Strahlung emittieren, wenn sie erhitzt würden, und die emittierte Strahlung müsste ein Maximum erreichen, wo die Absorption in dieser *Abbildung 3* am stärksten ist, also bei einer Wellenlänge von etwa 3,4 Mikrometern.

Die Kurve in *Abbildung 6* zeigt eine der Absorption in *Abbildung 3* entsprechende Emission bei Bakterien, die auf 47 °C erhitzt sind – eine Temperatur, wie man sie für die Teilchen erwarten darf, die der Komet Halley am 31. März 1986 emittierte, als er von der Sonne etwa genauso weit entfernt war wie die Erde, nämlich 150 Millionen Kilometer. Die schwarzen Punkte repräsentieren Beobachtungen der Infrarotstrahlung, die von einer Wolke kleiner Teilchen in der nahen Umgebung des Kometenkerns emittiert wurde. Auch hier zeigt sich wieder eine eindrucksvolle Übereinstimmung zwischen dem Bakterienmodell und den Beobachtungen. Tatsächlich können wir mit Gewissheit sagen, dass Teilchen, die der Komet Halley emittiert, für Wellenlängen von drei bis vier Mikrometern dieselbe Infrarotcharakteristik aufweisen wie Bakterien, und zwar mit einer Genauigkeit, die einem Gitterfeld in *Abbildung 3* entspricht; und deshalb können wir auch sagen, dass die von Halley emittierten Teilchen sehr große Ähnlichkeit mit dem interstellaren Staub haben.

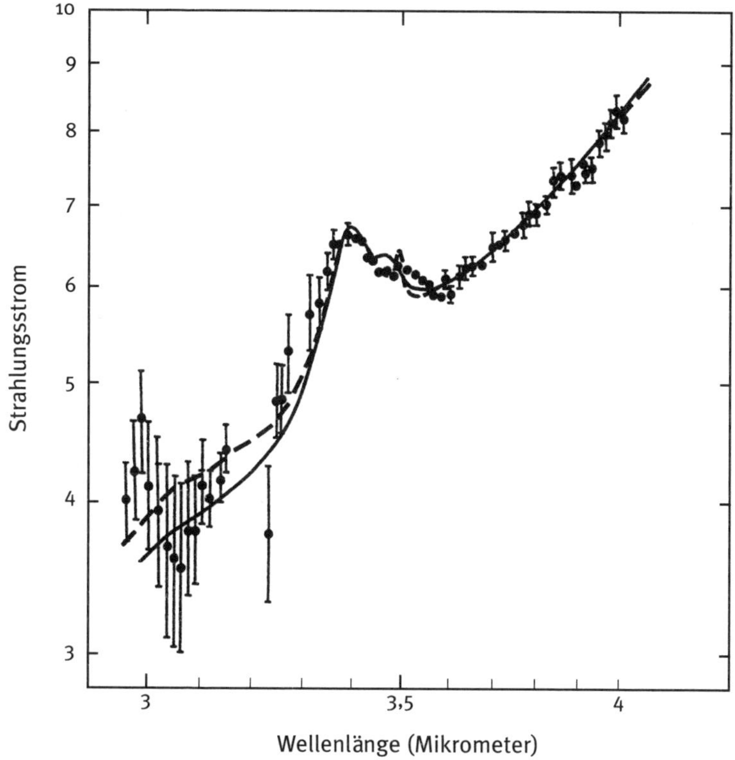

Abbildung 6: Infrarotspektrum des Kometen Halley, aufgenommen am 31. März 1986 von D. T. Wickramasinghe und D. A. Allen mit dem Anglo-Australian Telescope. Die Messwerte sind als Punkte im Rahmen einer willkürlichen Skala des Strahlungsstroms dargestellt. Die durchgezogene Kurve ist eine Voraussage für das Bakterium *E. coli* bei einer Temperatur von 47 °C, die gestrichelte Kurve eine Voraussage für ein breiteres Temperaturspektrum.

Die Infrarotstrahlung der Teilchen in der Umgebung des Kometen Halley wurde auch am 30. März und am 1. April 1986 gemessen. An beiden Tagen war die Emission deutlich schwächer als am 31. März. Daraus lässt sich schließen, dass die am 31. März beobachteten Teilchenwolken – mit einer Gesamtmasse von schätzungsweise einer Million Tonnen – in den vorangegangenen zwölf Stunden emittiert worden waren und sich am 1. April bereits weitgehend in den umgebenden Raum verflüchtigt hatten. Kometen dürften also durchaus in der Lage sein, Bakterien in einer Menge von einer Million Tonnen pro Tag freizusetzen, und das ist eine gewaltige Menge.

Noch größer war die Überraschung, als neuere Forschungen ergaben, dass Halley diesen gewaltigen Teilchenausstoß auch dann noch fortsetzte, als er sich bereits wieder jenseits der Jupiterbahn befand. Im Februar 1990 beobachtete man einen kleinen Hof um den Kometen, einen so genannten Staubhalo, und in der Zeit von Februar bis April 1991 entwickelte sich ein riesiger langgezogener Staubhalo mit einer Gesamtmasse von 100000 Tonnen. Zum Erstaunen der meisten Astronomen zeigte Halley selbst in den kalten Tiefen des Weltraums, auf halbem Weg zwischen der Saturn- und der Uranusbahn, noch heftige Aktivität. Schon allein diese Beobachtung müsste der Vorstellung eines »schmutzigen Schneeballs« den Todesstoß versetzen, denn Schneebälle explodieren nicht in den kalten Tiefen des Alls, ob nun schmutzig oder nicht.

Bevor wir dieses Kapitel beschließen, müssen wir ein wenig über Kometen im Allgemeinen sagen. Die meisten Kometen haben sehr langgezogene Umlaufbahnen. Bei jedem Umlauf gelangt ein typischer Komet nur für wenige Monate in die Nähe der Sonne. In dem hier gemeinten Sinn ist auch die Erde der Sonne »nah«. Wenn Kometen den Punkt größter Annäherung an die Sonne erreichen, der als Perihel bezeichnet wird, befinden sie sich meist zwischen den Umlaufbahnen des Merkur und des Mars. Die meisten Kometenumlaufbahnen sind derart langgezogen, dass der Punkt größter Sonnenferne, Aphel genannt, weit jenseits der Umlaufbahnen der äußersten Planeten Neptun und Pluto liegt. In diesen großen Entfernungen von der Sonne bewegen sie sich sehr langsam, so dass ihre Umlaufzeiten sehr lang sind und von mehreren hundert bis zu mehreren zehntausend Jahren reichen.

Doch wie stets, gibt es auch hier Ausnahmen. Der Komet Halley bildet insofern eine Ausnahme, als seine Umlaufbahn selten über die des Neptun hinaus reicht, während die meisten Kometen sich weit jenseits des Neptun bewegen. Dennoch ist auch die Umlaufbahn von Halley recht langgezogen, wenn auch nicht annähernd so stark wie die der meisten Kometen. Aber es gibt auch Kometen, die näher bei der Sonne bleiben als Halley. Manche Kometen halten sich sogar ständig im näheren Umkreis der Erde und der inneren Planeten auf. All diese kurzperiodischen Kometen, wie man sie nennt, stoßen bei ihrem Umlauf um die Sonne Material ab, so dass die Erde sich ständig in einer Wolke aus Materie bewegt, die von solchen kurzperiodischen Kometen stammt und den gesamten inneren Raum des Sonnensystems erfüllt. Diese Wolke entfernt sich nicht weit aus diesem Bereich und entweicht nicht in den interstellaren Raum, wie es das Schicksal der von den meisten Kometen ausgestoßenen Materie ist.

Abbildung 7 zeigt die Umlaufbahnen der innersten kurzperiodischen Kometen, auf die Ebene der Erdumlaufbahn projiziert, wobei einige der Kometenumlaufbahnen auch eine sehr starke Neigung gegenüber der Erdumlaufbahn haben. Die drei gestrichelten Linien bezeichnen die Umlaufbahnen der Erde, des Mars und des Jupiters. Das von einem Kometen ausgestoßene Material zeigt in seinen Umlaufbahnen eine Verteilung, die ein wenig variiert, im wesentlichen aber mit der Umlaufbahn des betreffenden Kometen übereinstimmt. Das von den kurzperiodischen Kometen emittierte Material bildet daher eine Wolke mit vielen verschiedenen Umlaufbahnen, wie in *Abbildung 7* dargestellt, und daraus ergibt sich eine höchst komplexe Situation.

In *Tabelle 1* sind Kometen mit Umlaufzeiten oder Perioden von weniger als 100 Jahren verzeichnet. Die für die Abstände zur Sonne benutzte Einheit ist die astronomische Einheit AE, die dem mittleren Abstand der Erde von der Sonne entspricht und etwa 150 Millionen Kilometer beträgt. *Tabelle 1* führt auch die Kometen auf, deren Umlaufbahnen in *Abbildung 7* dargestellt sind. Kometenumlaufbahnen können sich durch Gravitationsstörungen

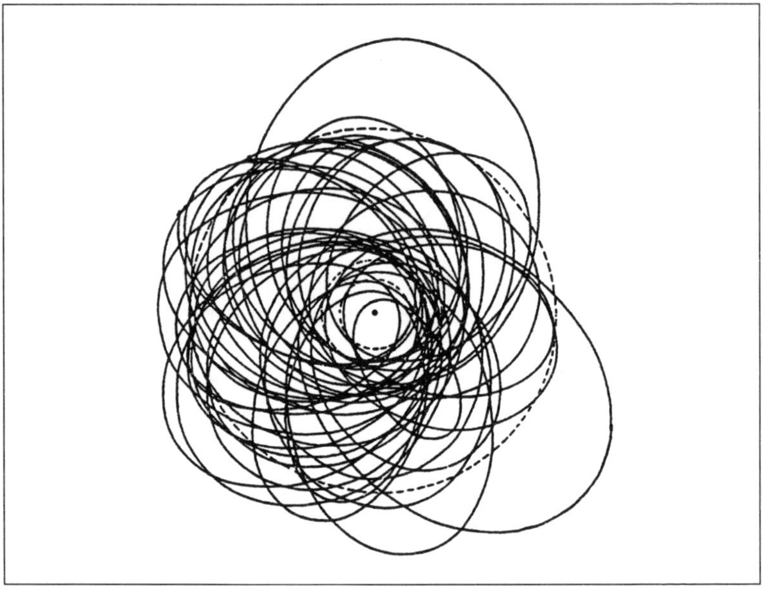

Abbildung 7: Die Umlaufbahnen der kurzperiodischen Kometen liegen hauptsächlich im Bereich zwischen Mars und Jupiter – dem so genannten »Friedhof der Kometen« (aus N. B. Richter: *The Nature of Comets*, 1963).

sehr leicht verändern. Das gilt in besonderem Maße für Kometen, deren Aphelentfernung im Bereich des mittleren Radius der Jupiterumlaufbahn liegt, das heißt bei etwa 5,2 AE. Die angegebenen Werte beziehen sich auf die Zeit um 1970. Wie man sieht, befindet der Komet Halley sich am äußersten langen Ende dieser Klasse »kurzperiodischer« Kometen.

Tabelle 1: Kometen mit Umlaufzeiten von weniger als 100 Jahren*

Name des Kometen	Periode (Jahre)	Perihel (AE)	Aphel (AE)
Encke	3,30	0,339	4,10
Grigg-Skjellerup	5,12	1,001	4,10
Honda-Mrkos-Pajdusakoá	5,22	0,559	5,46
Tempel 2	5,276	1,364	4,68

Name des Kometen	Periode (Jahre)	Perihel (AE)	Aphel (AE)
Neujmin 2	5,43	1,338	4,84
Brorsen	5,46	0,590	6,61
Tuttle-Giacobini-Kresák	5,49	1,123	5,10
Temple 1	5,50	1,497	4,73
Temple-Swift	5,68	1,153	5,22
D'Arrest	6,23	1,167	5,61
Du Toit-Neujmin-Delporte	6,31	1,677	5,15
De Vico-Swipe	6,31	1,624	5,20
Pons-Winnecke	6,34	1,247	5,61
Giacobini-Zinner	6,41	0,934	5,97
Kopff	6,42	1,567	5,34
Forbes	6,42	1,545	5,37
Schwassmann-Wachmann 2	6,52	2,147	4,83
Wolf-Harrington	6,55	1,622	5,38
Biela	6,62	0,861	6,19
Tsuchinshan 1	6,64	1,493	5,57
Wirtanen	6,65	1,612	5,46
Perrine-Mrkos	6,72	1,272	5,85
Brooks 2	6,72	1,763	5,36
Reinmuth 2	6,73	1,942	5,19
Johnson	6,77	2,200	4,96
Tsuchinshan 2	6,80	1,775	5,40
Harrington	6,80	1,582	5,60
Arend-Rigaux	6,84	1,444	5,76
Finlay	6,90	1,080	6,17
Borrelly	6,99	1,447	5,87
Holmes	7,05	2,157	5,20
Daniel	7,09	1,662	5,72
Harrington-Abell	7,19	1,773	5,68
Shajn-Schaldach	7,27	2,227	5,28
Faye	7,41	1,616	5,98
Ashbrook-Jackson	7,43	2,285	5,33
Whipple	7,47	2,480	5,16
Reinmuth 1	7,60	1,983	5,75
Arend	7,76	1,822	6,02
Oterma	7,88	3,388	4,53
Schaumasse	8,18	1,196	6,92

Name des Kometen	Periode (Jahre)	Perihel (AE)	Aphel (AE)
Jackson-Neujmin	8,39	1,428	6,83
Wolf	8,43	2,506	5,78
Comas Solá	8,55	1,769	6,59
Kearns-Kwee	9,01	2,229	6,43
Neujmin 3	10,95	2,032	7,83
Gale	10,99	1,183	8,70
Väisälä 1	11,28	1,866	8,19
Slaughter-Burnham	11,62	2,543	7,72
Van Biesbroeck	12,41	2,410	8,31
Tuttle	13,77	1,023	10,46
Schwassmann-Wachmann 1	16,10	5,538	7,21
Neujmin 1	17,93	1,543	12,16
Commelin	27,87	0,743	17,64
Tempel-Tuttle	32,91	0,982	19,56
Stephan-Oterma	38,84	1,595	21,34
Westphal	61,88	1,254	30,03
Brorsen-Metcalf	69,06	0,485	33,18
Olbers	69,47	1,179	32,62
Pons-Brooks	70,98	0,774	33,51
Halley	76,09	0,587	35,33

* Nicht alle aufgeführten Kometen sind noch intakt; einige, wie Biela, sind zerfallen, aber der Staub und Trümmerstücke könnten sich noch auf der Umlaufbahn befinden. Quelle: B. G. Marsden: *Catalogue of Cometary Orbits*, Smithsonian Astrophysical Observatory, Cambridge, Massachusetts, 1972

Das also sind die Fragen, denen wir in diesem Buch nachgehen: Wenn wirklich Material biologischen Ursprungs – Bakterien, Viren, Protozoen und vielleicht sogar noch komplexere Strukturen – von den Kometen ausgestoßen werden würde, in welche Wechselwirkung träte dieses Material dann mit der Erde? Welche Wirkung hätte es auf die irdische Evolution des Lebens? Ließen sich dadurch die diversesten Phänomene – von der Entstehung des Lebens über die Evolution bis hin zu biomedizinischen Effekten – erklären? Liegt hier möglicherweise auch eine Erklärung für das Aussterben der Dinosaurier?

5

Die außerirdischen Eigenschaften von Pflanzen und Tieren

Die Eigenschaften der Pflanzen und Tiere sind durch deren genetische Struktur bestimmt, die aus einer großen Zahl individueller Einheiten, den Genen, besteht. Relativ einfache Organismen haben einige tausend Gene, höhere Pflanzen und Tiere mehr als 100000. Es ist ganz nützlich, sich die genetische Struktur wie ein Computerprogramm und die einzelnen Gene als Unterprogramme innerhalb dieses umfassenden Programms vorzustellen, die jeweils spezielle, für das Funktionieren des Gesamtorganismus erforderliche biochemische Substanzen erzeugen.

Das große Problem der »Naturgeschichte«, wie man früher sagte, war die Frage, wie die Lebewesen um uns herum zu dem geworden sind, was sie sind. Die Biologie des 19. Jahrhunderts beantwortete diese Frage mit einem Vorgang, der in der Physik als Rückkopplung oder Feedback bezeichnet wird. Bei der Rückkopplung wirkt eine Ursache, zum Beispiel eine Eigenschaft oder ein biologisches Merkmal, auf sich selbst zurück. Jede Spezies besteht aus Individuen, die sich in bestimmten Merkmalen, zum Beispiel der Körpergröße, geringfügig voneinander unterscheiden. Die Eigenschaften, die ihren Trägern die größten Überlebens- und Fortpflanzungschancen bieten, werden sich in der betreffenden Population von Generation zu Generation anreichern, das heißt, der Anteil der Individuen, die sich durch diese Merkmale auszeichnen, wächst gegenüber dem Anteil der Individuen, bei denen diese Merkmale nicht so ausgeprägt sind. Damit verändern sich auch die relativen Anteile der ursprünglichen genetischen Varianten. Nach Ansicht der Biologie des 19. Jahrhunderts, die mit wenigen Veränderungen auch ins 20. Jahrhundert übernommen worden ist, muß die ganze Vielfalt der Pflanzen und Tiere auf diesen Prozess zurückgeführt werden. Erstmals klar formuliert wurde der Feedbackgedanke 1831 von Patrick Matthew, der dafür die Bezeichnung »natürliche Selektion« prägte, um die in der Natur selbsttätig ablaufende Selektion von der Auslese zu unterscheiden, die künstlich vom Menschen, zum Beispiel von Gärtnern und Tierzüchtern, vorgenommen wird. Patrick Matthew schrieb damals:

> »Aus der unaufhörlichen Wirkung dieses Gesetzes (der natürlichen Selektion) und der Neigung der Nachkommen, dieselben Eigenschaften zu besitzen wie die Eltern, ergibt sich eine beträchtliche Gleichförmigkeit der Gestalt, der Farbe und des Charakters, wie sie die Arten auszeichnet. So erwirbt die Art schrittweise die bestmögliche Anpassung dieser Eigenschaften an die ihr zugänglichen Lebensbedingungen, und wenn die Lebensbedingungen sich ändern, verändert sich auch ihr Charakter, soweit ihre Natur solche Veränderungen zulässt.«

Die entscheidende Frage, wie groß die von der Natur der Art zugelassenen Veränderungen sein mögen, bleibt hier allerdings offen.

Nach seinen Schriften zu urteilen, glaubte Matthew offenbar, dass in der Natur weitaus größere Veränderungen auftreten können, als Gärtner und Tierzüchter sie durch künstliche Auslese erzielten, und ein Vierteljahrhundert später zeigte Alfred Russel Wallace, dass Matthew darin Recht hatte. Allerdings boten seine Studien zunächst noch keine überzeugende Antwort auf die Frage, wie das Pflanzen- und Tierreich als Ganzes entstanden sein mochte. In einem Aufsatz aus dem Jahre 1855 beschränkte sich Wallace auf das Thema des sogenannten Sarawak-Gesetzes, das er während seines Aufenthalts in dem auf Borneo gelegenen Sarawak formuliert hatte, wo er seinen Lebensunterhalt als Pflanzen- und Tiersammler bestritt: »Jede biologische Art ist in zeitlicher und räumlicher Übereinstimmung mit einer bereits existierenden, eng mit ihr verbundenen Art entstanden.«

In einem weiteren Aufsatz vom Februar 1858 ging Wallace allerdings weiter. Jetzt konnte für ihn die natürliche Selektion nicht nur die Entstehung der einzelnen Tier- und Pflanzenarten erklären, sondern auch das Schema, mit dessen Hilfe Biologen die Lebewesen klassifizieren. Er beschrieb, wie aus Varietäten einer biologischen Art unterschiedliche Arten entstehen können, aus unterschiedlichen Arten Gattungen, aus diesen wiederum Familien oder noch höhere taxonomische Kategorien. Schon 1855 hatte Wallace zur Beschreibung dieses Prozesses das Bild des Baumes mit seinen Ästen und Zweigen herangezogen. 1858 legten seine Überlegungen den Gedanken nahe, dass die Evolution tatsächlich wie das Wachstum eines Baumes erfolgen mochte: Von einem Hauptstamm gehen wenige große Äste ab, die sich zu kleineren Ästen verzweigen, an denen sich wiederum Zweige und Triebe befinden, die die gegenwärtig äußere Schicht des Baumes bilden.

1859 veröffentlichte Charles Darwin ein umfangreiches Werk mit dem Titel *Über die Entstehung der Arten durch natürliche Zuchtwahl, oder die Erhaltung der vervollkommneten Rassen im Kampf ums Dasein*. Obwohl er in seiner Darstellung größte Vorsicht walten ließ, tat er doch sein Bestes, um den Leser davon zu überzeugen, dass alles Leben sich durch eine Kombination des von Patrick Matthew, aufgezeigten Rückkopplungsprozesses mit der von Wallace aufgezeigten Differenzierung der Varietäten zu Arten, der Arten zu Gattungen usw. erklären ließ. Darwin selbst und seine Anhänger behaupteten, er habe solche Gedanken schon viele Jahre in seinem Schreibtisch verschlossen gehalten. Das mag stimmen; überzeugende Beweise dafür gibt es jedoch nicht.

Als Erster war es Charles Lyell, der einen ernsthaften und logisch gut begründeten Einwand gegen Darwins Entstehung der Arten vorbrachte. Lyell hatte sich sein Leben lang bemüht, die Richtigkeit des geologischen Uniformitätsprinzips zu beweisen, das erstmals von James Hutton gegen Ende des 18. Jahrhunderts formuliert worden war und wonach die Prozesse, die sich heute auf der Erde und im Erdinnern abspielen, in derselben Weise bereits während der gesamten Erdgeschichte am Werk waren. Danach mochte die Umwelt sich in den letzten 500 Millionen Jahren zwar in Details verändert haben, doch in ihren wesentlichen Elementen musste sie dieselbe geblieben sein, und in diesem Zeitraum hatte das Leben sich von vergleichsweise einfachen Anfängen zu den in neurologischer Hinsicht hochkomplexen Lebensformen entwickelt, die wir heute antreffen. Wenn die Arten eine maximale Anpassung an die Umwelt erreichen, »soweit ihre Natur solche Veränderungen zulässt«, wie Matthews es ausgedrückt hatte, wie war dann angesichts einer im Wesentlichen unveränderten Umwelt eine so gewaltige Veränderung möglich gewesen? Darwin und seine Anhänger entledigten sich dieses Problems durch Nichtbeachtung. Lyells Frage zielte aber letztlich auf die Tatsache, dass in irgendeiner Weise neues genetisches Material innerhalb des Pflanzen- und Tierreichs der Erde wirksam geworden sein musste. Sonst hätten die Arten eine optimale Anpassung an die Umwelt gefunden und sich dann nur noch in vergleichsweise geringem Maße mit den Fluktuationen in ihrer Umwelt verändert. Solche Fluktuationen reichten aus, um die von Wallace 1855 mitgeteilten Beobachtungen zu erklären, nicht aber die vielfältigen Verzweigungen des biologischen Stammbaums.

Es gab auch zahlreiche Einwände eher praktischer Natur. Man musste zugeben, dass eine Evolution, die allein auf der von Matthew beschriebenen natürlichen Selektion beruht, einer Pflanze oder einem Tier niemals eine Eigenschaft verleihen kann, für die kein Bedarf besteht. Auch konnte die Eigenschaft nicht zuerst da sein und die Nutzung später folgen, weil das die Reihenfolge von Ursache und Wirkung auf den Kopf gestellt hätte. Dennoch lassen sich leicht Beispiele für beide unmöglichen Fälle anführen – unmöglich den Thesen der Entstehung der Arten zufolge. Das Auge des Menschen oder auch der Möwe zeichnet sich aus durch ausgezeichnete Korrekturmöglichkeiten für optische Abbildungsfehler wie sphärische Aberration, chromatische Aberration, Koma und Astigmatismus, so dass selbst die besten vom Menschen geschaffenen optischen Geräte kaum an die Fähigkeiten biologischer Augen heranreichen. Es verstößt nicht gegen die korrekte Reihenfolge von Ursache und Wirkung, wenn ein weniger gut korrigierendes System sich langsam zu einem besser korrigierenden System entwickelt, aber wie sollte ein Auge, bei dem ursprünglich ein Brennpunkt ganz nutzlos gewesen wäre, sich jemals Schritt für Schritt zu einem Auge mit einem brauchbaren Fokus entwickeln? Man kann sich ein Auge vorstellen, das als reiner Lichtdetektor dient. Doch wenn aus solch einem Lichtdetektor ein fokussierendes Instrument werden soll, das den sichtbaren Hintergrund in einzelne Objekte aufzulösen vermag, bedarf es dazu eines Sprungs von einem Zustand des Nichtfokussierens zu einem Zustand brauchbaren Fokussierens – also eines komplexen Übergangs, der in einem einzigen Schritt vollzogen werden müsste. Ein solcher Sprung setzt einigermaßen zwingend die Einbringung neuen genetischen Materials von außen voraus und ist kaum als Abfolge kleiner interner Veränderungen vorstellbar, deren jede allzu unbedeutend wäre, als dass sie der natürlichen Selektion die nötige Angriffsfläche bieten könnte.

Aus der Physik wissen wir, dass man leicht in die Irre gehen kann, wenn man aus der Ähnlichkeit der Erscheinungsform oder der Morphologie zweier Objekte auf einen kausalen Zusammenhang zwischen ihnen schließt, denn natürlich können ganz verschiedene Ursachen zu ähnlichen Ergebnissen führen. Sonne und Mond sind sich in ihrer scheinbaren Größe am Himmel so ähnlich, dass man in alten Zeiten an eine vollständige Gleichheit geglaubt und nach einem kausalen Zusammenhang gesucht haben dürfte, obwohl die Ähnlichkeit der scheinbaren Größe reiner Zufall ist. Die vorderen Gliedmaßen der Reptilien und der Säugetiere zeigen denselben Bauplan; sie bestehen aus einem einzelnen

Knochen, der in zwei Knochen übergeht und dann über ein »Handgelenk« in fünf Finger. Darwin und seine Anhänger behaupteten, dieser fünffingrige Bauplan verweise auf einen gemeinsamen Ursprung in der Brustflosse eines Urweltfischs. Die hinteren Gliedmaßen der Reptilien und Säugetiere stammten danach von den Beckenflossen des Urweltfischs ab. Aber wenn die hinteren Gliedmaßen nicht von denselben Flossen abstammen wie die vorderen, warum haben sie dann denselben Bauplan, der von einem einzelnen Knochen in zwei Knochen übergeht und dann über ein »Fußgelenk« in fünf Zehen endet? Man wird wohl kaum behaupten können, dieses Muster biete so gewaltige Selektionsvorteile, dass es alle anderen Möglichkeiten ausschlösse. Das Pferd sah in fünf Zehen keinen Vorteil; es fand es vorteilhafter, sich stattdessen mit einem einzigen Zeh zu begnügen. Da scheint es sinnvoller, wenn man sagt, die Gliedmaßen der Wirbeltiere haben alle denselben Bauplan, weil das von außen gelieferte genetische Material nur einen einzigen Bauplan bereitstellte, weil der irdischen Tierwelt nur ein einziges Unterprogramm für die Erzeugung von Gliedmaßen zur Verfügung stand. Alle mussten auf dasselbe Grundsystem zurückgreifen, das die einzelnen Tiergruppen später dann nur noch auf je eigene Weise modifizieren konnten. Das heißt nicht, dass unser gewohntes Bild von der Evolution falsch wäre, sondern lediglich, dass ein häufig vorgebrachtes Argument für das gewohnte Bild der Evolution ein *non sequitur* ohne jede logische Grundlage darstellt.

J.C. Willis war ein ausgezeichneter Botaniker, der zunächst in Ceylon und dann in Brasilien lebte, also fern von den Einflüssen der gelehrten Gesellschaften in London, und der sich seine eigenen Gedanken machte. Obwohl er bei seinem Studium in Cambridge zu einem überzeugten Darwinisten geworden war, stieß er sich an zahlreichen Einzelheiten, die sich nicht mit der Darwinschen Theorie vereinbaren ließen. In seinem Buch *The Course of Evolution by Divergent Mutation Rather than by Selection* (Cambridge 1940) schrieb Willis:

»Die natürliche Selektion war natürlich im Wesentlichen eine Theorie kontinuierlicher Anpassungen an Umweltbedingungen ... Im letzten Viertel des vergangenen Jahrhunderts verwandte man viel Mühe auf die Erforschung der Anpassungsprozesse, und man strapazierte die Phantasie bis an ihre Grenzen, um noch den unbedeutendsten Merkmalen von Pflanzen einen adaptiven Wert zuschreiben zu können. Zum Leidwesen der Adaptionisten und der Theorie der natürlichen Selektion hat niemand jemals zeigen können, dass die wichtigsten morphologischen Eigenschaften der Pflanzen, die auffällig genug sind, um als Unterscheidungsmerkmale für Ordnungen, Familien, Gattungen und meist auch für Arten dienen zu können, irgendeinen adaptiven Wert haben, und je höher man in der taxonomischen Ordnung hinaufstieg, desto schwieriger wurde es, solch einen Wert zu entdecken.«

Betrachtet man zum Beispiel den Stiel einer Pflanze, können die Blätter entweder alternierend (links, rechts, links, rechts...) oder paarweise angeordnet sein. Paarweise angeordnete Blätter befinden sich einander jeweils genau gegenüber. Willis fragt nun, worin der adaptive Wert dieser exakten Gegenstellung bestehen könnte. Warum stehen die Blätter nicht nur annähernd genau gegenüber? Solch eine annähernde Gegenstellung hätte dem Überleben der Pflanze doch wohl ebenso gedient wie die exakte Gegenstellung. Wenn man nun aber davon ausginge, daß den Pflanzen nur zwei Unterprogramme für die Anordnung der Blätter zur Verfügung standen, deren Auswahl mehr oder weniger zufällig erfolgte, wäre das von Willis angesprochene Problem leicht zu lösen.

Alfred Russel Wallace, der wahrscheinlich mehr als irgendjemand sonst dafür getan hat, die Vorstellung einer Evolution durch natürliche Selektion zu unterstützen, gelangte am Ende zu dem Schluss, dass eine Evolution, die auf intern ausgelösten Veränderungen basiert und im Wege der natürlichen Selektion erfolgt, lediglich bei manchen Merkmalen von Tieren und Pflanzen am Werk ist, bei anderen Merkmalen jedoch nicht. So wie für

Willis die in den Pflanzen erkennbaren mathematischen Muster von Bedeutung waren, so waren es für Wallace die mathematischen Muster im Kopf des Menschen:

> »Das Gesetz der natürlichen Selektion oder des Überlebens der lebenstüchtigsten Individuen ist, wie der Name schon sagt, ein strenges Gesetz, bei dem es für die ihm unterworfenen Individuen um Leben und Tod geht. Seinem Wesen nach vermag es nur auf nützliche oder schädliche Merkmale einzuwirken, wobei die schädlichen eliminiert und die nützlichen auf ein relativ allgemeines Niveau gehoben werden. Daraus folgt notwendig, dass die so entwickelten Merkmale in allen Individuen einer Art anzutreffen sein werden und dass sie zwar variieren, aber nicht allzu stark von einem gemeinsamen Standard abweichen dürften... In der Laufgeschwindigkeit, der Körperkraft, im geschickten Umgang mit Waffen, in der Sehschärfe oder in der Fähigkeit, einer Spur zu folgen, erreichen alle Naturvölker recht hohe Leistungen, und die Begabungsunterschiede übersteigen nicht die Grenzen der bei den Tieren üblicherweise anzutreffenden Variationen. So finden wir beim tierischen Instinkt oder bei der tierischen Intelligenz dasselbe allgemeine Entwicklungsniveau. Jeder Zaunkönig kann ziemlich gute Nester bauen; jeder Fuchs hat die durchschnittliche Klugheit seiner Rasse; und alle höheren Vögel oder Säugetiere sind mit den Affekten und Instinkten ausgestattet, die sie für den Schutz und die Aufzucht ihrer Jungen benötigen.
>
> Bei den besonderen Fähigkeiten des zivilisierten Menschen liegen die Dinge dagegen ganz anders. Man findet sie nur bei einem kleinen Teil der Individuen, und der Unterschied zwischen diesen besonders begabten Individuen und dem Durchschnittsmenschen ist gewaltig. Mathematische Fähigkeiten zum Beispiel dürften bei weniger als einem Prozent der Menschen zu finden sein. Die übergroße Mehrzahl hat keinerlei natürliche Begabung dafür und interessiert sich nicht im Geringsten für mathematische Fragen. Und wenn wir versuchten, die Variation mathematischer Fähigkeiten zu messen, etwa zwischen einem erstklassigen Mathematiker und den gewöhnlichen Menschen, die jede Art von Rechnen verwirrend und vollkommen uninteressant finden, dann wird man den Unterschied wohl mindestens auf das Hundertfache veranschlagen müssen, und wahrscheinlich wäre das Tausendfache sogar noch angemessener.

Künstlerische Fähigkeiten sind insgesamt wohl ebenso selten wie mathematische. Jungen und Mädchen, die zeichnen, was sie sehen, und nicht, was sie für die Form der Dinge halten; die von Natur aus perspektivisch zeichnen, weil sie die Dinge so sehen; die nicht nur die äußeren Umrisse, sondern auch Licht und Schatten wahrnehmen und zeichnen und die von jedem Menschen, den sie kennen, Porträtskizzen anfertigen können, auf denen man diese Menschen auch wiederzuerkennen vermag – solche Jungen und Mädchen sind ganz gewiss in der deutlichen Minderzahl gegenüber jenen, die zu alledem vollkommen unfähig sind. Aufgrund von Untersuchungen, die ich in einigen Schulen vorgenommen habe, und aufgrund eigener Beobachtungen glaube ich, dass die Zahl derer, die über solch ein natürliches künstlerisches Talent verfügen, allenfalls ein Prozent der Bevölkerung erreicht. Die Variation im Umfang solcher künstlerischen Fähigkeiten sind zweifellos sehr groß, selbst wenn wir die Extreme weglassen. Dabei sind zahlreiche Abstufungen denkbar zwischen dem gewöhnlichen Mann oder der gewöhnlichen Frau, die ›nicht zeichnen‹ und deren Versuche, irgendeinen lebendigen oder toten Gegenstand zeichnerisch darzustellen, nur lächerliche Ergebnisse zeitigen würden, und dem durchschnittlich guten Künstler, der mit wenigen Strichen eine wiedererkennbare oder sogar charakteristische Skizze einer Landschaft, einer Straße oder eines Tieres herzustellen mag. Und in quantitativer Hinsicht dürfte die Spannbreite das Fünfzig- oder sogar Hundertfache der beim normalen Menschen anzutreffenden Fähigkeiten umfassen.

Musikalische Fähigkeiten sind in ihren niederen Formen zweifellos weiter verbreitet als die mathematischen oder künstlerischen Fähigkeiten, aber auch hier lässt sich noch insofern ein wesentlicher Unterschied zu den notwendigen oder nützlichen Fähigkeiten feststellen, als die Hälfte aller zivilisierten Menschen über gar keine musikalischen Fähigkeiten verfügen dürften. Auf jeden Menschen, der zeichnet, und sei es nur instinktiv, kommen wahrscheinlich fünf oder zehn, die singen oder ein Instrument spielen, ohne einen Unterricht genossen zu haben, aus Liebe zur Musik und mit einem angeborenen Sinn für Melodie und Harmonie. Andererseits fehlt vielen Menschen offenbar jedes Verständnis für Musik. Sie haben keine Freude daran, vermögen weder Missklänge wahrzunehmen noch Melodien zu behalten und könnten auch durch noch so intensiven Unterricht nicht lernen, zu singen oder

ein Instrument zu spielen. Die Abstufungen sind hier ebenso zahlreich wie bei den mathematischen und künstlerischen Fähigkeiten, und der Abstand zum großen Komponisten dürfte das mehrere Hundert- oder sogar mehrere Tausendfache der Fähigkeiten des gewöhnlichen ›unmusikalischen‹ Menschen betragen.
Damit haben wir auf zwei verschiedenen Wegen gezeigt, dass der zivilisierte Mensch Fähigkeiten entwickelt, die sich hinsichtlich des Ursprungs, der Funktion und der Variation deutlich von jenen Eigenschaften und Fähigkeiten unterscheiden, die von wesentlicher Bedeutung für ihn sind und ihren gegenwärtigen Stand aufgrund der Erfordernisse des Lebens erreicht haben. Außer den drei genannten Fähigkeiten gibt es weitere, die offensichtlich derselben Kategorie angehören. Das gilt etwa für die metaphysische Fähigkeit, die es uns gestattet, abstrakte, von jeder praktischen Anwendung weit entfernte Vorstellungen zu entwickeln und über die letzten Ursachen der Dinge nachzudenken: Wesen und Eigenschaften der Materie, der Bewegung und der Kraft, des Raumes und der Zeit, der Ursache und der Wirkung, des Willens und des Bewusstseins. Primitiven Völkern, denen die geistigen Fähigkeiten fehlen, wesentliche Vorstellungen oder Begriffe zu erfassen, sind Spekulationen über so schwierige, abstrakte Fragen verschlossen. Sobald eine Rasse jedoch die Stufe der Zivilisation erreicht und eine Gruppe von Menschen umfasst, die entweder als Priester oder als Philosophen von der Notwendigkeit beschwerlicher Arbeit oder der Teilnahme am Krieg und der Staatsführung freigestellt sind, scheinen die metaphysischen Fähigkeiten plötzlich da zu sein, auch wenn sie wie die übrigen Fähigkeiten, von denen oben die Rede war, stets auf einen sehr kleinen Teil der Bevölkerung beschränkt bleiben.« (A. R. Wallace: *Contributions to the Theory of Natural Selection*, 1875, Kap. 10)

Mit diesen Beispielen verweist Wallace letztlich auf eine Umkehrung der erwarteten Reihenfolge zwischen Ursache und Wirkung, auf Eigenschaften, über die das menschliche Gehirn bereits verfügt, bevor sich irgendeine Möglichkeit zu ihrer Anwendung ergibt, so dass sie gar nicht durch die natürliche Selektion begünstigt werden können. Die Eigenschaften waren bereits da und warteten nur darauf, benutzt zu werden, als wären Unterprogramme zwar erworben worden, aber noch nicht allgemein im

Rahmen des Hauptprogramms zur Anwendung gelangt. Wallace trifft die wichtige Feststellung, dass solche, durch eine Umkehrung der Kausalität gekennzeichneten Fähigkeiten nur sporadisch bei einem kleinen Teil der Population auftreten, ganz so, als wäre es nur einer kleinen Minderheit gelungen, die neuen Unterprogramme in einer geeigneten Umgebung zum Laufen zu bringen. In dieser sporadisch auftretenden kleinen Minderheit können wir Mutanten erblicken, die zu nichts kommen, solange ihre außergewöhnlichen Talente für das Überleben bedeutungslos bleiben. Jede Generation enthält dann ihren kleinen Anteil an Mutanten, ohne dass die allgemeine genetische Struktur der betreffenden Art sich dadurch nachhaltig veränderte. Verändern sich die Umstände jedoch in der Weise, dass die Eigenschaft der Mutanten für das Überleben wichtig wird, sorgt die natürliche Selektion für eine relative Zunahme der betreffenden Minderheit, und die Eigenschaft, die als Ausnahme begann, wird schließlich zur Regel.

Weil die von Wallace angeführten Beispiele sämtlich dem Bereich der höheren geistigen Fähigkeiten angehören, glaubte er, dass hier eine spezifisch spirituelle Leitwirkung zum Zuge komme, ganz so, als arbeitete die Evolution auf unterer Ebene mit Zähnen und Klauen, während sie auf höheren Ebenen spirituell geleitet würde. In Wirklichkeit gelten jedoch für die gesamte Evolution dieselben Konzepte, für die von Willis angeführten Beispiele aus der Botanik ebenso wie für die von Wallace genannten Beispiele aus dem Bereich mathematischer und künstlerischer Fähigkeiten. Der Begriff der »abweichenden Mutation« (*divergent mutation*), den Willis im Titel seines Buches nennt, erhält erst dann einen Sinn, wenn er sich auf Veränderungen bezieht, die durch die von außen erfolgende Einbringung neuen genetischen Materials in eine biologische Art zustande kommen – also, in unserer modernen Analogie, durch die Einfügung eines neuen Unterprogramms.

In Kapitel 3 haben wir Eigenschaften betrachtet, für die sich keine wirkliche Ursache finden lässt, solange man annimmt, dass sie auf der Erde entstanden sein müssen, zum Beispiel die außergewöhnliche Resistenz der Mikroorganismen gegen Strahlungsdosen, die für uns äußerst schädlich wären. Die Fähigkeit der Mikroorganismen, die Umweltbedingungen in einem Kernkraftwerk oder die gewaltige Konzentration radioaktiver Americum- und Plutoniumisotope zu ertragen, lässt den Schluss zu, dass die niederen Formen des Lebens nicht auf der Erde entstanden sind, denn dort gab es keine strahlungsintensive Umwelt, weil sich schon früh in der Erdgeschichte eine Atmosphäre ausbildete. Mikroorganismen haben Eigenschaften außerirdischen Ursprungs, wie wir im nächsten Kapitel noch ausführlicher zeigen werden. Und das ist vielleicht nicht einmal so erstaunlich wie die Tatsache, dass auch Pflanzen Willis zufolge Eigenschaften haben, die sich am ehesten als außerirdische Errungenschaften verstehen lassen, während Wallace mit den oben zitierten Überlegungen sogar den Gedanken nahelegt, dass selbst die herausragenden Fähigkeiten des Menschen kaum anders erklärt werden können als durch einen außerirdischen Ursprung. Dann wird vielleicht auch die Quelle des wundervollen Adagio besser verständlich, das Beethoven im zweiten der Quartette seines Opus 59 schrieb, nachdem er lange in den nächtlichen Sternenhimmel geschaut hatte.

6

Die Anfänge der Panspermie

Unsere Gedanken zum kosmischen Charakter des Lebens gehen auf astronomische Überlegungen zurück, wie wir sie in Kapitel 3 und 4 vorgestellt haben, und nicht auf historische Erwägungen. Beide Autoren kennen zwar seit langem eine Theorie, die den etwas unschönen Namen »Panspermie« trägt, aber der ältere von uns hegte in jüngeren Jahren einige Vorurteile gegen die darin enthaltenen Ideen. Als wir zu unserer Überraschung und gegen anfängliche Vorurteile durch astronomische Tatsachen dazu gedrängt wurden, das Leben als kosmisches Phänomen zu begreifen, begannen wir uns auch für die Ideen zu interessieren, die in früheren Jahrzehnten und Jahrhunderten hinsichtlich der Panspermie geäußert worden waren.

In gewissem Sinne kann man sagen, die alten Griechen hätten so ziemlich über alles nachgedacht. Zugleich aber muß man wohl einräumen, dass sie bis zu Archimedes (ca. 285–212) eigentlich nur wenig entdeckten. Ihre Vorstellungen waren zwar gelegentlich sehr weit reichend, etwa die Atomtheorie des Demokrit (ca. 460–ca. 370 v. Chr.) oder der Gedanke einer Einheit alles Seienden bei Parmenides (ca. 540–ca. 470 v. Chr.), der wahrscheinlich den ersten bekannten und noch sehr tentativen Versuch darstellt, die Grundidee der Panspermie zu erfassen, doch an gesichertem Wissen verdanken wir ihnen nur ausgesprochen wenig. Auf eine Idee zu kommen ist nicht dasselbe wie etwas zu entdecken, selbst wenn die Idee sich später als wahr erweist. Man kann den starken Verdacht hegen, dass eine Idee wahr ist, aber solange man nicht sicher ist, muss man auch andere Möglichkeiten im Auge behalten. Und da eine Idee zur nächsten führt, wächst die Ungewissheit wie der Baum des Lebens, an den Wallace dachte, und verzweigt sich mit jedem Versuch, allein durch vernünftiges Denken voranzukommen. Die einzige vertretbare Möglichkeit, mit der wuchernden Komplexität des Baumes fertig zu werden, ist der Rückgriff auf Beobachtung und Experiment, und das Instrument des Experiments war den Griechen vor Archimedes unbekannt. Eine nicht vertretbare Möglichkeit, die wuchernden Verzweigungen unseres Denkens einzuschränken (die zu allen Zeiten in allen Gesellschaften praktiziert wird), besteht in dem Versuch, zahlreiche Zweige willkürlich wegzuschneiden, aufgrund von Konventionen, Moden oder Dogmen. Wenn der Verstand sich angesichts wachsender Komplexität überfordert fühlt, neigt er dazu, die Dinge zu vereinfachen, indem er Möglichkeiten ausschließt, die eigentlich nicht ausgeschlossen werden dürfen. Dieser Hang, sich von allzu großer Komplexität zu entlasten, ist Ausgangspunkt der meisten Irrtümer, denen Wissenschaftler und ganze Gesellschaften erliegen.

Man kann durchaus sagen, dass jede Gesellschaft rasch in die Irre gehen müsste, wenn falsche Alternativen nicht durch Beobachtung und Experiment ausgeschlossen werden könnten. Das erste vergleichsweise moderne Experiment zu unserem Problemkreis wurde 1668 von dem italienischen Arzt Francesco Redi (1626–1698) durchgeführt. Er legte diverse Arten von Fleisch in eine Reihe von Glaskolben; die einen schloss er luftdicht ab, die anderen ließ er offen. Zwar verfaulte das Fleisch in allen Fällen, doch nur in den offenen Behältern, die den Fliegen Zugang zu dem Fleisch gestatteten, fand er Maden. Seine sorgfältig kontrollierten Experimente versetzten der Theorie der Spontanzeugung einen schweren Schlag. Dieser Theorie zufolge sollte Leben unter zuträglichen Bedingungen spontan aus geeignetem anorganischen Material entstehen. So glaubte beispielsweise Aristoteles, Glühwürmchen entstünden aus einem Gemisch aus warmer Erde und Morgentau – ein Gedanke, der eine merkwürdige Ähnlichkeit mit der in Kapitel 3 behandelten Idee der anorganischen Suppe besitzt. In der zweiten Hälfte des 18. Jahrhunderts begann man den Gedanken zu diskutieren, dass viele der um uns her zu beobachtenden Prozesse wie der Zerfall pflanzlichen Materials und selbst Krankheitsepidemien durch kleine Lebenseinheiten verursacht würden, eine Vorstellung, die wohl auf die mit dem Mikroskop gemachten Beobachtungen zurückging, das die Existenz von Lebensformen bis an die Grenze des damaligen Auflösungsvermögens von etwa einem Hundertstel Millimeter zeigte. Für diese Lebensformen prägte man die Sammelbezeichnung »Keime«. Doch damals wusste noch niemand von den Viren, auf die man erst im 20. Jahrhundert stieß und deren wirkliche Erforschung nicht vor 1915 begann.

Als erster äußerte wahrscheinlich der Abbé Lazzaro Spallanzani (1729–1799) den Gedanken, dass solche Keime überall in der Luft anzutreffen sind, und auch die Bezeichnung »Panspermie« findet sich in seinen *Opuscules de Physique, animale et végétale* (1787, Bd. 1, S. 230). Heute steht der Ausdruck »Panspermie« für die kosmische Verbreitung der Mikroorganismen, während er ursprünglich nur bedeutete, dass die Keime überall auf der Erde zu finden seien. Der ursprüngliche Gedanke hat sich als zutreffend erwiesen, und wir glauben, die auf den Kosmos erweiterte Bedeutung wird sich ebenfalls als zutreffend erweisen.

Am 21. Januar 1870 hielt der Physiker John Tyndall (1820–1893) an der Royal Institution in London einen Vortrag, in dem er berichtete, dass sich überall in der Atmosphäre kleine organische Teilchen finden. Diese Erkenntnis beruhte auf Experimenten und konnte auch von denen nicht bestritten werden, die Tyndalls weiter reichende Spekulationen kritisierten, wonach die organischen Teilchen möglicherweise lebendige Keime enthielten und vielleicht sogar die Ausbreitung von Krankheitsepidemien durch das Ein- und Ausatmen solcher Keime erfolgte. Der wichtigste Kritiker war ein anonymer Autor in der damals gerade erst entstandenen wissenschaftlichen Wochenzeitschrift *Nature*. Er war offensichtlich ein entschiedener Anhänger Darwins, wie überhaupt die Zeitschrift *Nature* zumindest in ihren Anfangsjahren hauptsächlich das Ziel verfolgte, die Darwinsche Lehre zu verbreiten. Auch für heutige Biologen ist es interessant, den Aufsatz »The atmospheric-germ theory« zu lesen, der in der Ausgabe vom 3. Februar 1870 erschien, und sie werden nicht umhin können zu bemerken, wie viele katastrophale Fehler er enthält. Tyndall wird kritisiert, weil er die Keimtheorie der Krankheiten für zutreffend hält, und selbst Pasteurs Arbeit über Gärung und die Seidenraupenkrankheit wird in Zweifel gezogen: »Das war die Lehre [die weite Verbreitung von Mikroorganismen], die Herr Pasteur erstmals experimentell zu beweisen versuchte. Wie weit ihm das gelang, ist eine andere Frage.«

Wenn es außerhalb der gewöhnlichen Pflanzen und Tiere mikroskopisch kleine Lebenseinheiten gab, dann bestand, wie die Darwinisten bereits 1870 erkannten, die Möglichkeit, dass Veränderungen in Pflanzen und Tieren durch eine Invasion von außen ausgelöst worden waren. Unter diesen Umständen war die Evolution möglicherweise eher eine Sache der Invasion als der Mutation, und die von Darwin so geschätzte These, wonach die Natur keinen Sprung macht (*natura non facit saltum*), stand in Gefahr. Um ihre Dogmen zu schützen, waren die frühen Darwinisten offenbar bereit, die Bakteriologie zu verwerfen.

Noch wilder als Tyndall waren *Nature* zufolge jene vollkommen kranken Geister, die glaubten, solche Lebenseinheiten gäbe es nicht nur auf der Erde, sondern im ganzen Kosmos. Pech für *Nature*, dass sich unter diesen vollkommen kranken Geistern auch einige hochangesehene Naturwissenschaftler befanden, zum Beispiel Hermann Ludwig Ferdinand von Helmholtz (1821–1894) in Deutschland und Lord Kelvin (1824–1907) in Großbritannien. Kelvin machte die Frage des kosmischen Lebens 1881 sogar zum Hauptgegenstand seiner Präsidialansprache an die British Association. Der Widerstand gegen die bei Biologen und vor allem bei Darwinisten verbreitete Vorstellung, das Leben sei ein geschlossenes, auf die Erde beschränktes System, kann also bei Physikern bereits auf eine lange Geschichte zurückblicken. Zu den Opponenten gehörten Wissenschaftler internationalen Ranges, aber ihre Ansichten blieben ohne sonderlichen Einfluss, und es gelang den Darwinisten, das Feld zu behaupten, obwohl ihnen eine Reihe von Irrtümern unterlief, die ebenso schwerwiegend waren wie die Ablehnung der Bakteriologie und der Keimtheorie der Krankheiten. Der Erfolg der Darwinisten basierte zum kleineren Teil auf dem Umstand, dass die Gegner ihre abweichenden Vorstellungen mit intellektuellen Argumenten zu untermauern suchten, während sie selbst sich auf unablässige Propaganda und eine Infiltration des Bildungssystems verlegten. Zum größeren Teil jedoch gründete er in der naturwissenschaftlichen Methodologie. Wenn eine Theorie für Naturwissenschaftler attraktiv sein soll, muss sie ihre Laborpraxis anleiten, sie muss zeigen, was als Nächstes getan werden kann, wie man weiter verfahren soll und auf welche Weise sich Fortschritte erzielen lassen. Hier machten die Darwinisten zahlreiche Angebote, während die Vertreter der Panspermie nicht wussten, was sie tun konnten, um ihre Anschauungen zu testen und weiterzuentwickeln, weil all die in den ersten vier Kapiteln angeführten Beobachtungen und Experimente die technischen Möglichkeiten des 19. Jahrhunderts überstiegen.

Die Fossilienfunde zeigten, dass die Tiere der Vergangenheit vielfach sehr verschieden von den heutigen Tieren gewesen waren, aber sie belegten keinerlei Stammbaum, wie man ihn nach der Darwinschen Theorie eigentlich hätte erwarten sollen. Darwin erklärte diesen Fehlschlag seiner theoretischen Voraussagen durch den Hinweis, die fossilen Funde seien in erheblichem Maße unvollständig – eine Ansicht, der Adam Sedgwick, Professor für Geologie an der Universität Cambridge, entschieden widersprach. Die Debatte, die sich an dieser Frage entzündete, führte zu der praktischen Zielsetzung, in bislang unerforschten Gesteinsschichten überall auf der Erde nach Fossilien zu suchen, um ein vollständigeres und hinreichend detailliertes Bild zu erhalten, das zumindest die wichtigsten Verbindungslinien des von der Theorie vorausgesagten Stammbaums erkennen ließ.

Schon bald stieß man auf mehrere fossile Pferde aus der Zeit vor etwa 50 Millionen Jahren, die zunächst von Vladimir Kovalevsky und dann von Othniel C. Marsh ausführlich diskutiert wurden. Wie man feststellen konnte, hatte sich das Pferd von einem Tier in der Größe eines mittelgroßen Hundes zu seinen heutigen Dimensionen entwickelt, und in dieser 50 Millionen Jahre währenden Entwicklung war aus den ursprünglich vier Zehen an den vorderen und den ursprünglich drei Zehen mitsamt einem Rudimentärzeh an den hinteren Gliedmaßen jeweils ein einziger Huf geworden.

Diese Entdeckungen zeigten allerdings etwas ganz anderes, als man behauptete. Sie zeigten, dass die Pferde tatsächlich eine Evolution durchgemacht hatten, die zu beträchtlichen Veränderungen führte; aber sie erlaubten keine Rückschlüsse auf bedeutsame Verzweigungen innerhalb des Stammbaums. Sie zeigten lediglich, dass eine bestimmte Art von Lebewesen sich zu einer ähnlichen Art von Lebewesen entwickelt hatte, aber diese Entdeckung war keineswegs neu. Fossile Überreste dreizehiger Pferde kannte man bereits seit 1850. In der Öffentlichkeit stellte man die Entdeckungen dagegen als »Beweis« für die Darwinsche Theorie dar, obwohl sie die Frage der Geltung dieser Theorie kaum berührten. Denn auch nach diesen Entdeckungen war nicht ausgeschlossen, dass in der Evolution der Pferde Sprünge aufgetreten waren, während doch Darwin verlangte, dass die Entwicklung sich in unmerklichen Schritten vollzog. Zwar behauptete Marsh, solch eine Entwicklung in unmerklichen Schritten sei durch das Material bewiesen, doch diese These gilt heute als zweifelhaft.

Nach Ansicht der Darwinisten sollte jede Eigenschaft einer Pflanze oder eines Tiers sich als Anpassung an die vergangene oder gegenwärtige Umwelt erklären lassen. Der lange Hals der Giraffe ist das klassische Beispiel einer Anpassung, aber das wusste man schon lange vor Darwin; Jean Lamarck hatte sie bereits Anfang des 19. Jahrhunderts beschrieben. Willis schreibt dazu:

> »Im letzten Viertel des vergangenen Jahrhunderts verwandte man viel Mühe auf die Erforschung der Anpassungsprozesse ... Zum Leidwesen der Adaptionisten und der Theorie der natürlichen Selektion hat niemand jemals zeigen können, dass den wichtigsten morphologischen Eigenschaften der Pflanzen ... irgendein adaptiver Wert zukommt.«

Die Mühe, von der Willis spricht, sorgte immerhin dafür, dass die Botaniker beschäftigt waren, wenn auch ohne sonderlichen Nutzen; und ebenso sind die Fossilienjäger bis heute ohne jeden Erfolg auf der Suche nach dem Baum des Lebens.

Als Anfang unseres Jahrhunderts die auf der Mendelschen Vererbungslehre basierende Genetik entstand, begann eine neue Jagd. Diesmal war es eine mathematische Jagd, und mit ihrem Halali konnte man zahlreiche Menschen verwirren, die generell die Mathematik verwirrend finden. Ein paar Erläuterungen dürften hier ganz nützlich sein. Die eindeutigen Eigenschaften einer biologischen Art resultieren aus ihren überaus zahlreichen Genen. Hinreichend große Populationen vorausgesetzt, wird es in jeder Generation Individuen geben, denen ein bestimmtes Merkmal fehlt, denn der Prozess, durch den die Gene kopiert und an die nächste Generation weitergegeben werden, funktioniert nicht perfekt. Sollte ein Merkmal wichtig für das Überleben in der jeweiligen Umwelt sein, richtet sich die natürliche Selektion gegen die wenigen Individuen, die das Unglück haben, ohne das betreffende Merkmal geboren worden zu sein, und die falsch kopierte genetische Struktur kann nicht überleben. Es kann jedoch geschehen, dass eine Veränderung der Umwelt die einstmals vorteilhafte in eine nachteilige Eigenschaft verwandelt; in diesem Fall begünstigt die natürliche Selektion die wenigen Individuen, die ohne diese Eigenschaft auf die Welt kommen, und ihr Anteil an der Gesamtpopulation nimmt zu. Nach einer hinreichend großen Zahl von Generationen ist dann eine Art entstanden, der die ursprünglich positive Eigenschaft nun völlig fehlt. In dem Sinne, dass positive Merkmale eliminiert werden können, falls veränderte Umstände dies erzwingen, funktioniert »Darwins Theorie« also. Genauer: Sie funktioniert, wenn es um Zerstörung geht; das lässt sich mathematisch präzise beweisen.

Die Mitglieder einer biologischen Art, die ein zuvor positives Merkmal verloren hat – wie etwa die Menschen die Fähigkeit verloren haben, am ganzen Körper ein Fell zu entwickeln –, weisen ein oder mehrere nur geringfügig modifizierte Gene auf. Wenn nun die Umwelt sich neuerlich in der Weise veränderte, dass die verlorene Eigenschaft wieder einen Vorteil darstellen würde, könnte es dann sein, dass bei einigen der zahlreichen Mitglieder dieser Art ein neuerlicher Kopierfehler den alten Fehler korrigiert? Nehmen wir an, aufgrund einer sehr großen Population addierten sich die vielen kleinen Chancen, dass solch eine Korrektur erfolgt, zu einer ansehnlichen Gesamtwahrscheinlichkeit (so wie ein Pfennig von jedem Einwohner Deutschlands den stattlichen Betrag von 800000 DM ergäbe). Dann würde die natürliche Selektion tatsächlich dafür sorgen, dass der Anteil der Individuen mit dem neuerlich korrigierten Gen zunähme und am Ende derselbe Zustand hergestellt wäre, von dem die Entwicklung einst ihren Ausgang nahm.

Die Umwelt auf der Erde verändert sich ständig, und die zahlreichen biologischen Arten, die miteinander um Vorteile streiten – ob nun Individuum gegen Individuum, Varietät gegen Varietät oder Art gegen Art –, verändern sich ihrerseits ständig in ihrer genetischen Ausstattung, so dass sich ein buntes Kaleidoskop vielfältiger Veränderungen ergibt. Diesen Prozess beobachtete Alfred Russel Wallace auf seinen Expeditionen am Amazonas und in Niederländisch-Ostindien (dem heutigen Indonesien), und er weckte in ihm Bewunderung für die Vielfalt und den Reichtum der Natur. Über solche Beobachtungen gelangte Wallace zu den im letzten Kapitel angesprochenen Überlegungen.

»Darwins Theorie« funktioniert jedoch nicht, wenn es darum geht, ganz neue positive Eigenschaften zu erklären. Betrachten wir ein einfaches Beispiel: Angenommen, eine Pflanze hat ein Gen, das in aktivem Zustand eine blaue Farbe erzeugt und in inaktivem Zustand bloß ein undefinierbares Grau entstehen läßt. Wenn nun die Umwelt abwechselnd Grau und Blau begünstigte, könnte eine Situation entstehen, in der dieses Gen zwischen dem aktiven und dem inaktiven Zustand wechselte. Die Pflanze vermöchte jedoch allein aufgrund interner Vorgänge kein Gen hervorzubringen, das eine andere Farbe als Blau oder Grau erzeugte. Sie könnte nicht rot werden, wenn das Gen zur Erzeugung einer roten Farbe nicht bereits in ihr angelegt wäre. Weil biologische Arten aufgrund interner Prozesse keine vollkommen neuen Eigenschaften entwickeln können, vermögen sie das ursprünglich in ihnen angelegte Potential nicht zu überschreiten. Ihre mögliche Variation beschränkt sich auf ganz bestimmte Bandbreiten, über deren Umfang wir später noch sprechen werden.

Nach der üblichen Darstellung soll Darwin die ersten Grundgedanken seiner Theorie in den späten 1830er Jahren nach der Rückkehr von seiner Reise auf der Beagle gefasst und dann bis zum Erscheinen seiner *Entstehung der Arten* 1859 schrittweise weiter geklärt haben. Daher wird es manchen Leser überraschen, wenn wir hier in Erinnerung rufen, dass Edward Blyth über diese Theorie schon 1837 Folgendes geschrieben hatte:

> »Ich werde mich [im Blick auf ›Darwins Theorie‹] kurz fassen, weil fähige Autoren sich dieses Gegenstands schon oft angenommen haben ... [Hervorhebungen von uns]. Wo Selbstanpassung durch interne Veränderungen in irgendeiner Weise vorherrscht, sollten wir eigentlich vergeblich nach jenen beständigen, unveränderlichen Unterscheidungen suchen, die wir in der Natur finden. Statt dass eine Art in geringerer Zahl vorkommt, wenn ihr Lebensraum sich unmerklich verschlechtert, sollten wir eine entsprechende Abstufung in ihrer Anpassung vorfinden ... Den Eichelhäher können wir in ganz verschiedenen geographischen Breiten antreffen, aber er ist in Italien derselbe wie

in Schweden. Das wäre nicht so, wenn der Eichelhäher in der Lage wäre, sich an die geographische Breite oder das Klima anzupassen.«

Hier ergibt sich dieselbe Schlussfolgerung wie bei den mathematischen Ergebnissen der modernen Genetik. Biologische Arten vermögen sich allein durch interne Vorgänge nur innerhalb einer recht schmalen Bandbreite anzupassen, und diese Bandbreite reicht nicht aus für eine Evolution nach dem kühnen Muster des biologischen Stammbaums. Wenn Arten sich derart stark differenzieren sollen, dass Ordnungen und Klassen entstehen, müssen sie neue genetische Eigenschaften von außerhalb erwerben. So könnte eine Art ohne Fähigkeit, eine rote Farbe zu erzeugen, ein Gen zur Erzeugung eines roten Pigments von einer anderen Art übernehmen, die dieses Gen bereits aufweist. Von außen erworbene Gene dürften in der Regel eine Zeit lang latent bleiben, als DNA-Stück gespeichert und mit der übrigen genetischen Ausstattung der betreffenden Art repliziert werden. Aber sie sind stets bereit, zu einem geeigneten Zeitpunkt irgendwann einmal in eine neue Richtung auszubrechen. Wenn das geschieht, erfährt das betreffende Lebewesen eine plötzliche Veränderung, die aus Sicht der Darwinschen Theorie unerklärlich erscheint, weil ein Lebewesen hier neue Eigenschaften erwirbt, die sich nicht auf die natürliche Selektion zurückführen lassen. Die Situation ähnelt Wallace' im vorigen Kapitel zitierten Erörterung der höheren geistigen Fähigkeiten, wonach Merkmale – und sogar sehr tief greifende Merkmale – im Menschen schlummern, bevor sie benötigt werden. Mit dieser Umkehrung der von der Darwinschen Theorie vorgesehenen Reihenfolge zwischen Ursache und Wirkung werden wir uns später noch ausführlicher befassen.

Jetzt sehen wir auch, warum die frühen Darwinisten in der Panspermie eine Gefahr für ihre Position erblickten und warum der Autor des Artikels in der *Nature*-Ausgabe vom 3. Februar 1870 sogar bereit war, die neuesten Entwicklungen im Bereich der Bakteriologie zu opfern, um den Schwung des Darwinismus nicht zu gefährden. Der Darwinismus war schon bald weniger eine wissenschaftliche Theorie als vielmehr eine soziologische Bewegung. Gerade gegen diese soziologischen Aspekte des Darwinismus waren selbst herausragende Physiker wie Lord Kelvin und Hermann von Helmholtz relativ machtlos, vor allem wenn diesen soziologischen Aspekten das Glück zu Hilfe kam wie bei der Entdeckung der ganzen Sequenz fossiler Pferde oder wenn man ihnen durch falsche Darstellungen nachhalf, die in manchen Fällen schon an Betrug grenzten. Dennoch wuchs die Spannung. Wie wir im nächsten Kapitel sehen werden, hätte der Rückschlag durchaus schon zu Beginn des 20. Jahrhunderts eintreten können; und es wäre wohl auch dazu gekommen, wenn »Darwins Theorie« sich nicht so nachdrücklich im Bildungssystem durchgesetzt hätte. Stattdessen wurde die unvermeidliche Auseinandersetzung verschoben, mit Folgen, die durch die Akkumulation neuer Ideen und Tatsachen ein explosives Ausmaß erreicht haben. Einige dieser neuen Erkenntnisse haben wir bereits in früheren Kapiteln angesprochen, mit anderen werden wir uns in späteren Kapiteln noch befassen.

7

Die außerirdischen Eigenschaften der Mikroorganismen

Bei der Frage, welche Erklärung der in der Welt beobachtbaren Phänomene die wahrscheinlichste ist, sollten Wissenschaftler sich allein an die gegenwärtig bekannten Fakten halten. Aber das ist keineswegs so, nicht einmal annähernd. Ein Großteil dessen, was Wissenschaftler heute für wahr halten, hängt weniger von den Fakten ab als von der Reihenfolge, in der die Fakten entdeckt wurden. Spätere Tatsachen, die eine Theorie gar nicht erst hätten aufkommen lassen, wenn sie schon zu der Zeit bekannt gewesen wären, als diese Theorie formuliert wurde, verursachen kaum noch ein kleines Beben, wenn erst einmal die Theorie fest im Bildungssystem verankert ist. Wären die Erkenntnisse der Bakteriologie im Besonderen und der Mikrobiologie im Allgemeinen 1859 bereits bekannt gewesen, hätte niemand *Die Entstehung der Arten* ernst genommen.

Bakterien und andere Mikroorganismen sind eindeutig nicht in der Weise an ihre Umwelt angepasst, wie es die Darwinsche Theorie postuliert. Es gibt sie, sobald die Umwelt zulässt, dass es sie gibt, und alles deutet darauf hin, dass sie schon vorher in der heute beobachteten Form existierten und dass sie die Umwelt so nehmen, wie sie ist, ganz gleich, welche Bedingungen dort herrschen. Arten, die sich am besten in warmem Klima vermehren, finden sich dennoch in arktischen Gewässern und umgekehrt. Wenn Menschen ganz neuartige Umweltbedingungen schaffen, tauchen dort Mikroorganismen auf, die vorher nicht bekannt waren, als regneten beständig Lebewesen auf die Erde herab, die ein gewaltiges Spektrum möglicher Umweltbedingungen abdecken. Identische Arten einzelliger Kieselalgen, die, soweit wir wissen, in warmen Gewässern absolut nicht existieren und daher auch nicht die Äquatorialzone der Erde überwinden können, finden sich dennoch sowohl in der Arktis als auch in der Antarktis, als wären sie aus dem All auf beide Polargebiete herabgefallen. Aus der Industrie kennen wir zahlreiche Beispiele bislang unbekannter Mikrobenarten, die unter neuen, vom Menschen geschaffenen Umweltbedingungen auftauchen, zum Beispiel in den Rückstandsbecken von Bergwerken aller Art. Ein bemerkenswerter Fall war der eines Methan produzierendes Bakteriums in einem modernen Klärwerk, das in einem Gemisch aus freiem Wasserstoff und Kohlendioxid im Verhältnis 4:1, bei einer optimalen Temperatur von 65 °C und unter vollständiger Abwesenheit von Luftsauerstoff gedeiht.

Die eigentlich überraschenden Aspekte der Mikroorganismen liegen jedoch in deren außerirdischen Eigenschaften, für deren Entstehung hier auf der Erde keine Umweltbedingungen vorstellbar sind, so dass es sie nach der Darwinschen Theorie eigentlich gar nicht geben dürfte. Die erste Eigenschaft dieser Art erkannte zu Beginn des 20. Jahrhunderts der schwedische Chemiker Svente Arrhenius (1859–1927). Arrhenius betrachtete die Theorie der Panspermie nicht im terrestrischen Rahmen wie der Abbé Spallanzani, sondern im kosmischen Rahmen, wie Kelvin und Helmholtz es getan hatten. Wenn diese Theorie zuträfe, überlegte Arrhenius, dann müssten lebende Zellen in der Lage sein, sehr große Kälte zu überstehen, denn in den Tiefen des Weltraums, weitab von jedem Stern, herrschen tiefe Temperaturen, weitaus tiefere als an irgendeinem Ort auf der Erde. Hier bot sich endlich ein Ausgangspunkt, um die Theorie der Panspermie im Labor zu überprüfen, denn Anfang des 20. Jahrhunderts war es möglich geworden, sehr tiefe Temperaturen zu erzielen, was zu Zeiten John Tyndalls 30 Jahre zuvor noch ganz undenkbar gewesen war. In seinem Buch *Werden der Welten* (Leipzig 1907, S. 201) beschrieb Arrhenius, was geschah, als man das Experiment durchführte:

> »In der letzten Zeit sind am Jenner-Institut in London Versuche mit Bakteriensporen gemacht worden, die man 20 Stunden bei einer Temperatur von −252° (in flüssigem Wasserstoff) hielt. Ihre Keimfähigkeit wurde nicht zerstört.
> Noch weiter ging Prof. Macfayden in London, der zeigte, daß Mikroorganismen sechs Monate lang bei etwa −200 ° (in flüssiger Luft) erhalten werden können, ohne ihre Keimkraft zu verlieren.«

Wäre dieses Experiment 1870 durchgeführt worden, hätte es allergrößtes Aufsehen erregt. 1908 verursachte es nicht einmal ein kleines Beben, denn dank anhaltender Propaganda war »Darwins Theorie« damals bereits ebenso fester Bestandteil des Bildungssystems wie die Gesetze der Arithmetik. Ebenso wenig Aufsehen erregte 1971 der Bericht über folgende Ergebnisse: Am 19. April 1967 landete die unbemannte Mondsonde Surveyor 3 auf dem Mond, und zwar am Rand des größten »Meeres«, des *Oceanus Procellarum.* Am 20. November 1969 wurde die Fernsehkamera der Sonde von der Besatzung der Apollo-12-Mission geborgen. Während der Rückkehr zur Erde untersuchte man die Kamera unter Quarantänebedingungen und stieß dabei auf lebende Bakterien der Gattung *Streptococcus mitis.* Offenbar hatten die Bakterien zwei Jahre lang die auf dem Mond herrschenden Umweltbedingungen überlebt, die durch rasche Temperaturwechsel von beträchtlichem Ausmaß gekennzeichnet sind. Während des Mondtages erreichen die Temperaturen in der Spitze den Siedepunkt des Wassers und in der Mondnacht ein Minimum von minus 150 °C – eine Temperaturspanne, wie sie nirgendwo auf der Erde anzutreffen ist. Die Bakterien überlebten, weil sie außerirdische Eigenschaften haben, die sie nicht haben könnten, wenn sie irdischen Ursprungs wären.

Wenn ein Dogma sich erst einmal etabliert hat, vermögen Menschen, die daran glauben, selbst deutlich abweichende Tatsachen nicht zur Kenntnis zu nehmen. In solch einer Situation werden dann meist mutmaßliche Tatsachen, Phantomfakten, erfunden, die der eigenen Position den Rücken stärken sollen. Angesichts der bemerkenswerten Entdeckung, dass Mikroorganismen selbst bei extrem niedrigen Temperaturen in der Nähe des absoluten Nullpunkts noch lebensfähig bleiben, stellte man die Behauptung auf, im Weltraum könnten Mikroorganismen nicht überleben, weil die Ultraviolettstrahlung heißer Sterne sie abtöten müsse. Diese Phantomtatsache wurde allenthalben zitiert, ohne dass jemand sich die Mühe gemacht hätte, einmal in einem physikalischen Lehrbuch nachzuschlagen, denn dort hätte er erfahren, dass die Ultraviolettstrahlung sich unter allen Strahlungen noch am leichtesten abschirmen lässt. Dazu bedarf es lediglich einer dünnen Schicht aus einem abschirmenden Material zwischen der Strahlungsquelle und dem von der Strahlung gefährdeten Objekt. Und gerade der interstellare Staub bietet eine ausgezeichnete Abschirmung. Wenn der Staub, wie zu vermuten und von uns bereits dargestellt, aus Bakterien besteht, sorgen die Bakterien gleichsam selbst für eine Abschirmung. Die der Strahlungsquelle näher gelegenen Bakterien werden vielleicht inaktiviert oder sogar abgetötet, doch zugleich bieten sie den günstiger platzierten Bakterien vor allem im Innern dichter interstellarer Wolken Schutz vor der Strahlung.

Etwas anderes scheint jedoch noch wichtiger: Sieht man sich das Verhalten von Mikroorganismen, die einer Ultraviolettstrahlung ausgesetzt waren, genauer an, kommen weitere außerirdische Eigenschaften ans Licht. In den meisten Fällen tötet Ultraviolettstrahlung Mikroorganismen nicht ab, sondern inaktiviert sie durch die Verschiebung bestimmter chemischer Bindungen zwischen den in der genetischen Struktur dieser Lebewesen enthaltenen Basen. In den 1940er Jahren entdeckte man, dass diese Inaktivierung reversibel ist, weil Mikroorganismen Enzyme haben, die in Anwesenheit von sichtbarem Licht dafür sorgen, dass die chemischen Bindungen wieder an ihren ursprünglichen Ort zurück verlagert werden. Mikroorganismen sind also in der Lage, nach einer Phase zeitweiliger Inaktivierung in einen lebensfähigen Zustand zurückzukehren – auch dies eine außerirdische Fähigkeit.

Manche Mikroorganismen, zum Beispiel das Geißeltierchen *Bodo marina*, zeichnen sich aus durch eine sehr hohe Resistenz gegen eine Inaktivierung durch Ultraviolettstrahlung. Von relativ strahlungsempfindlichen Lebewesen wie dem Bakterium *Escherichia coli* unterscheiden sie sich offenbar durch ein höchst effektives, mit Enzymen arbeitendes Reparatursystem. Noch bemerkenswerter ist jedoch die Tatsache, dass auch Systeme wie *E. coli* dazu gebracht werden können, Reparatursysteme einzuschalten, die denen von scheinbar weit resistenteren Organismen wie *B. marina* kaum nachstehen. Der experimentelle Beweis dieser Erkenntnis ist zweifellos ein hervorragender Beleg für die Existenz eindeutig außerirdischer Eigenschaften. Man kann experimentell ermitteln, welche Dosis Ultraviolettstrahlung eine bestimmte Kultur von *E. coli* genau zur Hälfte inaktiviert. Setzt man dieselbe Kultur nochmals derselben Strahlendosis aus, reduziert sich die Zahl der nach der ersten Dosis noch aktiven Bakterien nochmals auf die Hälfte und so weiter, ganz wie bei der Halbwertszeit radioaktiven Materials. Anders jedoch als bei radioaktivem Material setzt sich dieser Prozess bei *E. coli* nicht endlos fort, bis kein Bakterium mehr am Leben ist. Vielmehr wird ab einem bestimmten Niveau nur noch sehr viel weniger als die Hälfte der überlebenden Individuen durch die Strahlung inaktiviert.

Wie Versuche gezeigt haben, setzen Sättigungseffekte ein, wenn der Anteil der noch lebensfähigen Bakterien auf etwa ein Tausendstel der ursprünglichen Kultur gesunken ist. Es liegt natürlich nah, daraus den Schluss zu ziehen, dass etwa ein Tausendstel der ursprünglichen Kultur einem außergewöhnlich strahlungsresistenten Stamm angehört, der anfangs nur in geringer Konzentration vorhanden war. Wenn das zutrifft, müsste man aus dem verbleibenden Rest einen sehr ultraviolettresistenten Stamm kultivieren können. Aber genau das konnte man nicht. Die Rekultivierung aus dem überlebenden Rest führte zur Wiederherstellung der ursprünglichen Situation, das heißt, die Hälfte der so herangezogenen Kultur wurde durch dieselbe Strahlendosis wie zuvor inaktiviert. Wir interpretieren dieses Ergebnis als Beweis für die Fähigkeit der Bakterien, aus Erfahrung zu lernen. Den Bakterien, die auch nach wiederholter Bestrahlung noch lebten, war es gelungen, die Leistungsfähigkeit ihres Reparatursystems so weit zu erhöhen, dass es auch mit der Dauerbelastung fertig werden konnte. Als die Belastung während der Rekultivierung ausgesetzt wurde, kehrte das Reparatursystem in seinen Normalzustand weit geringerer Leistungsfähigkeit zurück.

Die Situation hinsichtlich einer Überprüfung der nach innen gerichteten Darwinschen Theorie und der nach außen gerichteten Panspermie ist heute gegenüber 1870 genau ins Gegenteil verkehrt. Heute ist es nicht mehr schwierig, die »extrinsische« Theorie ausgeklügelten Laborversuchen zu unterziehen, und es gibt zahlreiche Tatsachen, die sich zugunsten dieser Theorie anführen lassen. Einige dieser Tatsachen haben wir in den vorangegangenen Kapiteln bereits genannt, andere werden folgen. Statt Darwins Theorie durch Tests zu erhärten, geben ihre Anhänger vor, sie bedürfe solcher Tests gar nicht mehr, weil sie hinreichend bestätigt sei. In Wirklichkeit jedoch ist man einem fossilen Beweis des phylogenetischen Stammbaums keinen Schritt näher gekommen, obwohl eine ganze Armee von Geologen Gesteinsschichten in aller Welt nach Fossilien durchsucht. Die mathematische Genetik hilft den Darwinisten auch nicht weiter. Zudem ist ein Beweis durch die Erforschung von Anpassungsprozessen und Morphologien so illusionär wie eh und je und steht die Theorie der Ursuppe auf tönerneren Füßen als bei ihrer Entstehung 1924. Das eindeutige Hervortreten außerirdischer Eigenschaften ist stattdessen als Gegenbeweis sehr viel stärker als jeder der angeblichen Beweise, die sich entweder als logisch nicht zwingend oder als Täuschung erwiesen haben.

Leider überließ Svente Arrhenius seinen Gegnern vorübergehend den Sieg, als er 1907 im Schlussabsatz seines Buchs *Werden der Welten* (Leipzig 1907, S. 208) schrieb:

> »Es besteht wenig Aussicht, daß man die Richtigkeit dieser Lehre direkt durch Untersuchung der aus der Luft niederfallenden Samen wird beweisen können. Denn die Keime, die aus andern Welten zu uns kommen, sind vermutlich äußerst gering an Zahl, vielleicht nur einige wenige im Jahr an der ganzen Erdoberfläche. Und außer-dem gleichen sie voraussichtlich sehr den einzelligen Sporen irdischen Ursprungs, die sich in großen Mengen in der Luft schwebend, von den Winden getragen, vorfinden, so daß die ›himmlische‹ Herkunft dieser Keime schwer oder unmöglich zu beweisen sein dürfte, auch wenn sie gegen alle Vermutung von den Forschern gefunden werden sollten.«

Das war kein kluger Schachzug und eher Ausdruck seiner eigenen Hoffnungslosigkeit. In der Wissenschaft hält man nicht viel von Theorien, die in nicht überprüfbarer Form dargeboten werden, so wie Arrhenius die Theorie der Panspermie präsentiert hat. Zum Glück führte jedoch die in Kapitel 3 und 4 skizzierte Theorie zu einem gänzlich anderen Bild des Eintreffens von Mikroorganismen auf der Erde. *Abbildung* 7 lässt den Schluss zu, dass die Erde ständig von einem Hof aus Material umgeben ist, das von kurzperiodischen Kometen stammt. Die Menge des von der Erdatmosphäre jährlich aufgefangenen Materials schätzt man aufgrund von Meteoritenbeobachtungen und aufgrund der beobachteten Dichte des Hofes auf etwa 1000 Tonnen. Wenn das Material weitgehend oder zu einem erheblichen Teil aus Mikroorganismen besteht, dürfte die Zahl der »Keime«, die alljährlich aus »anderen Welten« zu uns gelangen, in einer Größenordnung von 10^{21} liegen. Diese gewaltige Zahl ist für Mikroorganismen wie Bakterien und kleine Protozoen berechnet. Sollte ein erheblicher Anteil des Kometenmaterials aus Viren bestehen (und eine starke Ultraviolettkomponente in dem vom zodiakalen Halo gestreuten Sonnenlicht deutet darauf hin), könnte die Zahl der Viren noch sehr viel höher liegen, nämlich in der Größenordnung von etwa 10^{25}. Das Bild hat sich also vollkommen verändert gegenüber der von Arrhenius gezeichneten Lage. Der Grundgedanke ist derselbe geblieben, aber der *modus operandi* ist ein gänzlich anderer. Und die entscheidende Veränderung liegt in der Überprüfbarkeit. Wenn alljährlich 10^{21} Bakterien und 10^{25} Viren in die Erdatmosphäre eindringen, wird man ihren Einfluss auf die gesamte irdische Tier- und Pflanzenwelt kaum übersehen können.

8

Der Eintritt von Mikroorganismen in die Erdatmosphäre

Die Erde bewegt sich mit einer für unser Alltagsverständnis extrem hohen Geschwindigkeit durch den Hof aus Kometentrümmern, von dem sie umgeben ist. Gegenüber einem typischen Teilchen in ihrer Umgebung beträgt ihre Relativgeschwindigkeit etwa 10 Kilometer pro Sekunde oder 36000 Kilometer pro Stunde. Selbst ein sehr robustes Bakterium mit seiner starken Zellwand würde beim Aufprall auf ein festes Objekt dieser Geschwindigkeit zertrümmert, und zwar nicht in größere Teile, wie ein Insekt beim Aufprall auf die Windschutzscheibe eines fahrenden Autos, sondern in einzelne Atome und Moleküle. Beim Aufprall auf den Mond würden Mikroorganismen explodieren, doch bei der Erde liegen die Dinge anders. Einfallende Mikroorganismen werden hier nicht mit einem Schlag auf eine Geschwindigkeit von Null gebracht wie beim Aufprall auf eine feste Oberfläche, sondern beim Eintritt in die Erdatmosphäre sehr viel langsamer abgebremst, weil das Gas dort eine sehr geringe Dichte hat. Wenn sie in einer Höhe von 100 Kilometern über der Erdoberfläche langsam abgebremst werden, können Mikroorganismen tatsächlich weich landen und werden nicht zerschmettert wie Insekten an der Windschutzscheibe.

Allerdings kann die Reibungshitze, die bei der Kollision mit den Gasmolekülen entsteht, selbst in einer Atmosphäre geringer Dichte gefährlich für das Überleben solcher Mikroorganismen sein. Wir sehen jedoch sogleich, dass die Situation in zweierlei Hinsicht günstig für ein Überleben ist. Die plötzliche Erhitzung dauert nur etwa eine Sekunde und erfolgt in einem Gas so geringer Dichte, dass nicht genügend Sauerstoff für eine Verbrennung zur Verfügung steht. Dennoch lässt sich das Problem nicht ohne sorgfältige Prüfung abtun, denn auch wenn die Mikroorganismen wegen des Sauerstoffmangels nicht durch gewöhnliches Feuer vernichtet werden, können in dem erhitzen Biomaterial dennoch chemische Reaktionen ablaufen, die bei einem Bakterium oder Virus den Verlust der Lebensfähigkeit herbeiführen. Zum Beispiel könnte es zu einer übermäßigen Verkohlung kommen, wenn die Wassermoleküle aus den chemischen Verbindungen ausgetrieben werden.

Die Erhitzung hängt von der Größe des betreffenden Teilchens ab, und zwar bei gleicher Geschwindigkeit von der vierten Wurzel seiner linearen Ausdehnung. Ein Teilchen von der Größe eines Stecknadelkopfs, das mit einer Geschwindigkeit von 10 Kilometern pro Sekunde in die Erdatmosphäre einträte, würde auf eine maximale Temperatur von etwa 3000 °C erhitzt werden; dabei würde das Teilchen zu einer heißen Gasspur verdampfen, die beim Abkühlen Licht emittiert. Genau das geschieht, wenn wir einen Meteor sehen, der in einer sternklaren Nacht über den Himmel huscht. Kleine Teilchen von der Größe eines Stecknadelkopfs treten dabei von außen in die Erdatmosphäre ein und verdampfen aufgrund der Reibungshitze zu Spuren aus heißen, leuchtenden Gasen.

Zum Glück für die Theorie sind Mikroorganismen sehr viel kleiner als ein Stecknadelkopf und werden nicht annähernd so stark erhitzt. Teilchen von der Größe einer menschlichen Blutzelle würden unter den genannten Bedingungen auf etwa 1000 °C erhitzt, Viren und typische Bakterien auf etwa 500 °C. Könnten sie solch eine kurzfristige Erhitzung überleben? Diese Frage lässt sich nicht durch vernünftige Überlegung nach Art der alten Philosophen beantworten. Man muss es ausprobieren.

Das folgende Experiment wurde von Shirwan Al-Mufti am College of Cardiff der University of Wales durchgeführt. Er gab Proben einer Kultur von *Escherichia coli* in verschiedene Glasröhrchen, die er anschließend verschloss. Die in den Röhrchen verbleibende Luft entsprach etwa der Luftmenge, mit der ein Bakterium beim Eintritt in die Erdatmosphäre während der Erhitzungsphase in Berührung kommt. Die Röhrchen wurden dann in einen Ofen eingebracht, dessen Temperatur sehr präzise eingestellt werden konnte und während des Experiments zwischen 300 und 700 °C variierte. Allein die Prozedur, ein Röhrchen in den Ofen einzuführen und wieder herauszuholen, nahm etwa 20 Sekunden in Anspruch, länger als die Phase der Erhitzung eines Mikroorganismus beim Eintritt in die Erdatmosphäre, so dass die Versuchsbedingungen für das Überleben der Bakterien noch ungünstiger waren als die natürlichen Bedingungen.

Nach der Entnahme aus dem Ofen wurden die Röhrchen geöffnet und die Bakterien in eine Nährlösung gegeben. Der subjektive Eindruck nach der Inspektion der verkohlten Proben, die den höchsten Temperaturen von etwa 700 °C ausgesetzt worden waren, ließ eigentlich keine große Überlebenschance erwarten. Doch in allen Fällen, bis hin zu den höchsten Temperaturen, auf die der Ofen präzise eingestellt worden war, kam es zu einem Wachstum und schließlich zu einer Rückkehr zur Normalität. Man achtete sorgfältig darauf, die Möglichkeit einer Kontaminierung auszuschließen, obwohl solch eine Kontaminierung schon durch das Wachstumsverhalten ausgeschlossen ist. *E. coli* vermehrt sich normalerweise durch Zweiteilung, das heißt, jede Zelle teilt sich in zwei Tochterzellen. Nach der plötzlichen Erhitzung erfolgte das Wachstum dagegen in Clustern, wobei eine Bakterienzelle sich in mehr als zwei Tochterzellen teilte, zumeist in ein Cluster von vier Zellen. Diese Fähigkeit findet sich bei zahlreichen Bakterienarten, wenn sie größerer Belastung ausgesetzt worden sind, und bietet daher eine willkommene Bestätigung der Feststellung, dass die Probe vor ihrer Erholung nicht durch vagabundierende Bakterien kontaminiert worden ist.

Neben dem Beweis, dass Mikroorganismen den Eintritt in die Erdatmosphäre überleben könnten, erbrachte das Experiment noch ein weiteres bemerkenswertes Ergebnis. Je höher die Temperatur, der die Probe ausgesetzt wurde, desto langsamer erfolgte das anschließende Wachstum in der Nährlösung. Proben, die einer Temperatur von 700 °C ausgesetzt wurden, wuchsen etwa vier Mal so langsam wie die ursprüngliche Kultur. Aber eine Probe, die zunächst einer Temperatur von 300 °C und dann einer Temperatur von 700 °C ausgesetzt wurde, wuchs nur zwei Mal so langsam wie die normale Kultur. Die Vorbehandlung mit den 300 °C befähigte also die Bakterien, die nachfolgenden 700 °C deutlich besser zu überstehen als Bakterien, die dieser Vorbehandlung nicht unterzogen worden waren. So wie bei dem im vorangegangenen Kapitel dargestellten Strahlungsexperiment schienen die Bakterien aus einer geringeren Belastung zu lernen, wie sie mit der stärkeren Belastung fertig werden konnten – auch dies wieder ein Beispiel für eine außerirdische Eigenschaft. Eine plötzliche Erhitzung auf 700 °C kommt in der irdischen Umwelt so gut wie niemals vor. Wie soll solch eine Eigenschaft entstanden sein, wenn man sich an die Darwinsche Theorie hält? Wählt man dagegen einen weiteren Rahmen, kann es für die Evolution des Lebens im kosmischen Maßstab sehr wohl von entscheidender Bedeutung gewesen sein, dass Mikroorganismen trotz sehr hoher Relativgeschwindigkeiten in der Lage sind, weich auf Himmelskörpern wie Planeten und Monden zu landen, sofern diese Himmelskörper eine Atmosphäre haben.

Die Existenz nicht nur einer, sondern zahlreicher außerirdischer Eigenschaften – je mehr man sich umschaut, desto mehr findet man – verkehrt die einst gegen die Panspermie ins Feld geführten Argumente in ihr Gegenteil. Das Problem ist nun nicht mehr, wie Lebewesen im Weltall überleben sollen. Stattdessen sieht sich die konventionelle Theorie mit dem scheinbar unüberwindlichen Problem konfrontiert, wie Mikroorganismen, die angeblich nie außerhalb der Erde gewesen sind, im Rahmen der Darwinschen Prinzipien so bemerkenswerte Eigenschaften erworben haben sollen, die sich bestens für die im All herrschenden

Umweltbedingungen eignen. In logischer Hinsicht steht der Darwinismus hier vor derselben Umkehrung von Ursache und Wirkung, die Alfred Russel Wallace im Zusammenhang mit den geistigen Fähigkeiten des Menschen hervorhob (siehe Kapitel 5), vor Eigenschaften, die es nach »Darwins Theorie« eigentlich gar nicht geben dürfte. Wenn dasselbe Problem am unteren wie am oberen Ende des Komplexitätsspektrums der Lebewesen auftritt, deutet das auf einen ernsthaften Mangel der Theorie hin, einen Mangel, der noch viel schwerer wiegt, als Wallace in der oben zitierten Passage argwöhnte.

Für unsere Zwecke können wir uns die Erdatmosphäre als ein aus drei Schichten bestehendes Gebilde vorstellen: einer unteren Region, der Troposphäre; einer mittleren Region, der Stratosphäre; und einer oberen Region, der Mesosphäre. Aus dem Weltall kommende Mikroorganismen landen in der Mesosphäre in einer Höhe von etwa 120 Kilometern. Nach der Landung gelangen sie durch atmosphärische Bewegungen wahrscheinlich innerhalb weniger Tage hinab in die Stratosphäre, denn die Gase der Mesosphäre werden aufgrund der Aufheizung durch die Sonne ständig durcheinander gewirbelt. Das Ozon, das bis in den oberen Bereich der Stratosphäre reicht, bietet Schutz vor den Ultraviolettstrahlen der Sonne, während die Gase der Mesosphäre die Röntgenstrahlen abhalten. Daher können wir davon ausgehen, dass Mikroorganismen, die in lebensfähigem Zustand die Stratosphäre erreichen, sicher vor einer weiteren Schädigung durch harte Strahlung sind. Mikroorganismen, die während des Winters in einer Polarregion herabsinken, wären vollständig vor der Strahlung der Sonne geschützt, und das bereits in der Mesosphäre.

Die obere Grenze der Troposphäre variiert zwischen 18 Kilometern in den Tropen, zehn Kilometern in gemäßigten Breiten und sieben Kilometern in den Polarregionen. Kleine Teilchen, von der Größe eines Virus bis hin zur Größe von Bakterienkolonien, sinken relativ schnell von der oberen Grenze der Troposphäre bis in Bodennähe. In der Troposphäre nimmt die Temperatur mit wachsender Höhe ab; das begünstigt vertikale Luftbewegungen, die Wasserdampf aus Bodennähe in die oberen Bereiche der Troposphäre befördern. Da die Temperatur mit wachsender Höhe abnimmt, kommt es zu einer Übersättigung der Luft mit Wasserdampf, aber die Temperatur ist in der Regel nicht so niedrig, als dass der Wasserdampf spontan zu Eiskristallen kondensieren würde. Zur Bildung von Eiskristallen bedarf es kleiner Teilchen oder Keime, an denen der Wasserdampf kondensiert. Kleine Teilchen, die aus der Stratosphäre in die Troposphäre herabsinken – insbesondere auch Mikroorganismen –, bilden gute Keime, um die herum sehr viel größere Eiskristalle entstehen könnten. Da große Eiskristalle weniger von Luftwiderstand behindert werden, fallen sie sehr viel schneller als die ursprünglichen Teilchen. Wenn die Eiskristalle in wärmere Luftschichten geraten, schmelzen sie, und die daraus entstehenden Wassertröpfchen fallen entweder als Regen zu Boden oder verdunsten teilweise, so dass die verbleibenden kleineren Tröpfchen als Nebel in der Luft schweben. Dieser Prozess, der sich vielfach in mehrere Kondensations- und Verdunstungskreisläufe der Eiskristalle und Wassertröpfchen aufspaltet, sorgt bei normalen Niederschlagsraten dafür, dass kleine Teilchen innerhalb weniger Tage aus der Troposphäre ausgewaschen werden.

Oberhalb der Troposphäre fällt die Temperatur nicht weiter, sondern steigt mit zunehmender Höhe wieder an, von etwa minus 55 °C am oberen Rand der Troposphäre – dem unteren Rand der Stratosphäre – auf etwa plus 3 °C am oberen Rand der Stratosphäre, in einer Höhe von ca. 50 Kilometern. Die physikalische Ursache dieser Temperaturinversion, wie man sie nennt, liegt in dem Ozon, das in der Stratosphäre die sehr starke Ultraviolettstrahlung der Sonne absorbiert und so eine Aufheizung der Stratosphäre bewirkt. Die Temperaturinversion sorgt dafür, dass die in der Troposphäre weitgehend freie Bewegung der Luftmassen in der Stratosphäre eingeschränkt wird. Wer häufiger fliegt, kennt den deutlichen Unterschied zwischen der Klarheit der unteren Stratosphäre, in die Flugzeuge meist aufsteigen, und der turbulenten, wolkenreichen Troposphäre darunter. In der Stratosphäre beschränkt die Luftbewegung sich auf west-östliche Strömungen parallel zu den Breitengraden, deren heftigste die sogenannten *jet streams* sind. Diese von Westen nach Osten verlaufenden Strömungen sorgen in der Stratosphäre für eine weitgehende Gleichförmigkeit der Verteilung von Teilchen hinsichtlich der Breitengrade. Hätte die Erde eine glatte Oberfläche, wäre daher zu erwarten, dass aus dem Weltraum einfallende Mikroorganismen zur Durchquerung der gesamten Atmosphäre entlang eines Breitenkreises jeweils dieselbe Zeit benötigten. Und da die Dicke der Troposphäre deutlich mit der geographischen Breite variiert, ist auch zu erwarten, dass solche Mikroorganismen in verschiedenen Breiten auch unterschiedlich lange brauchen, um die gesamte Atmosphäre zu durchqueren. Da die Erdoberfläche nicht glatt ist, benötigen solche Teilchen selbst auf ein und demselben Breitenkreis unterschiedliche Zeiten, um bis zum Erdboden zu gelangen. Das gilt insbesondere für Gebiete mit hohen Gebirgen. Ein interessanter Fall ist hier der Himalaja, der sich in 30 Grad nördlicher Breite erstreckt und dessen Gipfel sich bis zur halben Höhe der Troposphäre erheben. Tatsächlich bilden diese Gipfel besonders gute Einfallstore für Teilchen, die aus dem unteren Bereich der Stratosphäre herabsinken. Daher sind für die Flanken und Ausläufer von Gebirgszügen wie dem Himalaja besonders viele Mikroorganismen zu erwarten.

Was nun die Größe der Teilchen betrifft, dürften vergleichsweise große Teilchen wie Bakterienkolonien überall auf der Erde recht schnell fallen, weil bei ihnen der Schwerkraft größere Bedeutung zukommt als dem Luftwiderstand. Einzelne Bakterien erreichen in den untersten zehn Kilometern der Stratosphäre eine Sinkgeschwindigkeit von etwa zwei Zentimetern pro Minute. Da die Stratosphäre in höheren Breiten dicker ist als in den Tropen (in den Tropen reicht die Troposphäre höher hinauf), braucht ein

Bakterium in höheren Breiten länger als in den Tropen, um bis zum Erdboden zu gelangen, und zwar etwa zwei Jahre gegenüber einem Jahr in den Tropen.

Bei Viren spielt der Luftwiderstand eine ungleich größere Rolle. Ein typisches Viralteilchen bräuchte gut 30 Jahre, um die untersten zehn Kilometer der Stratosphäre zu durchqueren, wenn es dort überhaupt keine vertikalen Luftbewegungen gäbe. Zwar sind derartige vertikale Luftbewegungen nur gering, aber es kommt doch zu einer gewissen Verwirbelung, die es den Viren ermöglicht, abzusinken. Die physikalische Ursache dieser Luftbewegungen innerhalb der Stratosphäre ist der Temperaturunterschied zwischen dem Äquator und den Polen, der eine komplexe Wärmemaschine antreibt. Diese Wärmemaschine arbeitet um so heftiger, je größer der Temperaturunterschied ausfällt, im Winter also stärker als im Sommer. Mit Hilfe von Ozonmessungen kann man diese großräumigen Luftbewegungen verfolgen: Sie verlaufen im Winter abwärts und erreichen dabei ihre stärksten Ausmaße jeweils zwischen dem 40. und dem 60. Breitengrad. Aufgrund dieser winterlichen Fallströme dürften aus dem All eintreffende Viralteilchen den Erdboden vor allem in gemäßigten Breiten erreichen, so dass eventuelle Wechselwirkungen mit irdischen Pflanzen und Tieren sich am ehesten dort zeigen müssten (wiederum unter der Annahme, dass die Erde eine glatte Oberfläche hätte). Der außergewöhnlich hohe Himalaja, der in den größeren Teil der Troposphäre hineinragt, bewirkt jedoch eine starke Störung, die den größten Teil der in die Atmosphäre einfallenden Viren in Gebiete um den 30. Breitengrad lenkt und damit vor allem auf die bevölkerungsreichen Regionen Chinas und Südostasiens.

Einen unmittelbaren Beweis für die These, dass der winterliche Fallstrom in der Stratosphäre am stärksten in den Gebieten zwischen dem 30. und dem 60. Breitengrad ist, erbrachten die Ergebnisse eines Experiments, bei dem radioaktive Rhodium-102-Isotope in einer Höhe von etwa 100 Kilometern in die Atmosphäre eingebracht und dann bei ihrem Abstieg bis zur unteren Grenze der Stratosphäre beobachtet wurden. *Abbildung 8* zeigt die dabei gewonnenen Ergebnisse für fünf geographische Breiten. Auf der Ordinate sind die Werte für die gezählten Rho-

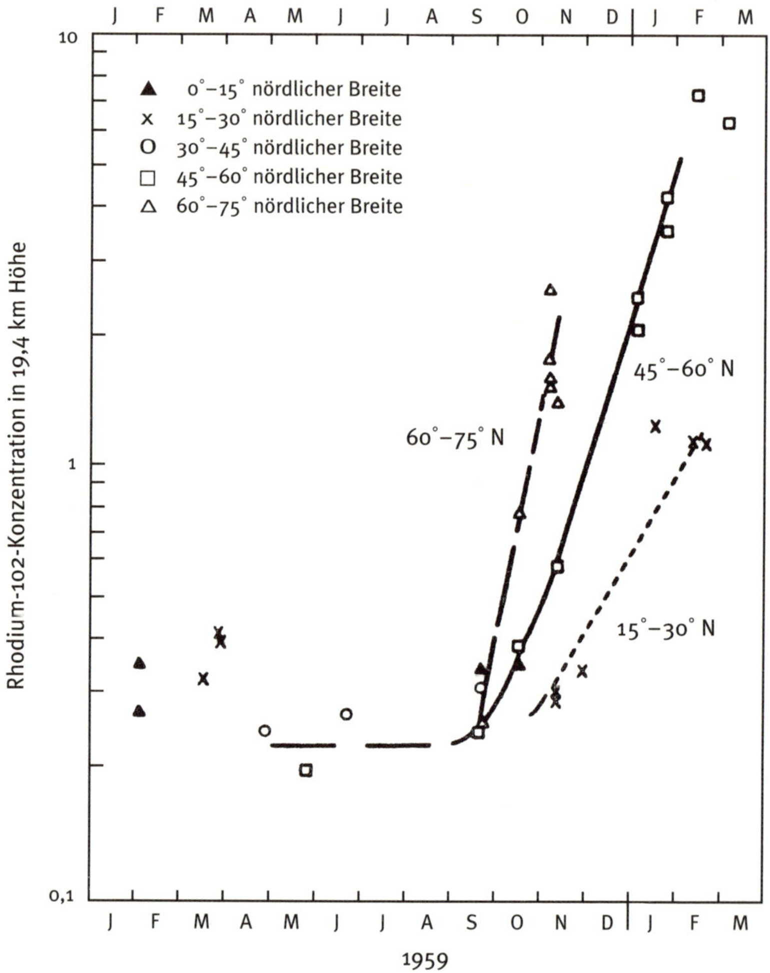

Abbildung 8: Rhodium-102-Fallout der »Hardtack«-Atombombe, die am 11. August 1958 in der Atmosphäre gezündet wurde, in verschiedenen geographischen Breiten (nach M. I. Kalkstein: *Science* 137 (1962), S. 645)

dium-102-Isotope abgetragen, wobei die Skala logarithmisch ist; die Monate, in denen die jeweilige Zählung erfolgte, sind auf der Abszisse abgetragen. Bemerkenswert sind die besonders hohen Werte zwischen Januar und März in den gemäßigten Breiten.

Wir haben gesehen, dass Mikroorganismen in Eiskristallen und Wassertropfen zum Erdboden gelangen. Über Bäche und Flüsse und über das Grundwasser können sie nahezu jeden Ort auf der Erde erreichen. Aber auf diesem Wege können sie auch in Nasen, Münder und Lungen von Tieren und Menschen gelangen. Das mag überraschen, denn wie die Erfahrung zeigt, atmen wir eigentlich keine Regentropfen durch die Nase ein oder schlucken sie mit dem Mund. Aber ein Regenschauer hört nicht deshalb auf, weil alles Wasser aus der Atmosphäre gefallen ist, sondern weil die herabfallenden Tropfen verdunsten, bevor sie den Erdboden erreichen. Tröpfchen, die unmittelbar vor unserer Nase verdunsten, setzen Viralteilchen frei, die wir dann einatmen. Dieses Ende eines Regenschauers würde dazu führen, dass wir aus dem All herabfallende Mikroorganismen aufnehmen, und in seinen Einzelheiten wäre solch ein Vorgang hochgradig lokalen und unregelmäßigen Charakters.

In der bisherigen Darstellung haben wir uns vor allem auf die Situation in den gemäßigten Zonen der nördlichen Erdhalbkugel konzentriert. In Wüstenregionen wären andere Faktoren bedeutsam. In Wüstenregionen bleiben Niederschläge entweder ganz aus, oder sie sind äußerst heftig; das trübe, neblige Wetter der nördlichen Breiten ist dort unbekannt. Viren, die aus der Atmosphäre herabfallen, erreichen den Boden nur bei den seltenen heftigen Niederschlägen. Dort bleiben sie und werden nicht von Bächen und Flüssen ins Meer verfrachtet, wohl aber vom Wind aufgewirbelt und wieder in die Atmosphäre getragen. Bei windigem Wetter oder Sandstürmen besteht daher die größte Chance, dass Mikroorganismen aus dem All in die Lungen von Menschen oder Tieren geraten. Diese Erwartung deckt sich sehr gut mit Erfahrungen hinsichtlich epidemischer Muster im Bereich der Sahelzone.

Noch auf einem anderen Wege können Mikroorganismen aus dem All in unsere Atmungsorgane gelangen. Zwar dürften die meisten Viren, die außerhalb der Wüsten den Erdboden erreichen, von Bächen und Flüssen fortgeschafft werden, doch einige Viralteilchen bleiben wohl im Oberflächenwasser und sammeln sich in Süßwasserseen an. Durch Verdunstung können die im Wasser enthaltenen Viren und Bakterien wieder in die bodennahe Atmosphäre gelangen: in geschlossenen Räumen aus dem Trinkwasser das ganze Jahr über, draußen vor allem im Frühjahr und im Sommer. Als besonders leistungsfähig bei dieser Verdunstung erweisen sich die Blätter von Bäumen, und das ist deshalb besonders interessant, weil die Menschen gerne Bäume in ihrer Nähe haben; außerdem kühlt die Luft sich in der Umgebung von Bäumen ab, weil ihr bei der Verdunstung Wärme entzogen wird. Da diese Luft im Sommer kälter ist als die Luft in der Umgebung, sinkt sie sogleich auf Bodenhöhe und lädt die Viren, die sie möglicherweise enthält, auf die Menschen ab, die sich unter den Bäumen aufhalten, um dort vielleicht ein Picknick zu veranstalten.

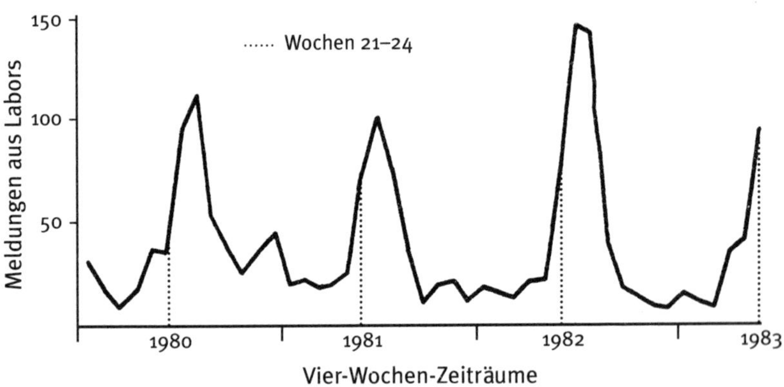

Abbildung 9: Gemeldete Fälle von Parainfluenza Typ 3 (aus *Communicable Disease Report* 83/24, Communicable Disease Surveillance Center, London 1983)

Das biologische System des Baums filtert wahrscheinlich die meisten Viren heraus, aber ein kleiner Teil könnte sehr wohl über Bäume und Pflanzen aller Art in die Atmosphäre gelangen, wo sie von Menschen und Tieren eingeatmet werden. *Abbildung 9* zeigt das Auftreten der Sommergrippe, die zwar auch von Viren verursacht wird, aber nicht mit der eigentlichen Grippe identisch ist. Jahr für Jahr steigt die Zahl der Erkrankten in Großbritannien Ende April steil an, erreicht ihr Maximum in Juni und geht schließlich im September fast auf Null zurück, dies alles in Übereinstimmung mit dem jährlichen Wachstumszyklus der Pflanzen. Man kann sich kaum einen anderen Zyklus vorstellen, der so regelmäßig und zeitlich so genau wiederkehrt.

Natürlich haben wir damit immer noch nicht bewiesen, dass der Erreger aus dem All kommt. Solch ein Beweis erfordert eine weiter ausgreifende Diskussion, mit der wir uns in den nächsten beiden Kapiteln befassen werden.

9

Ist unsere Theorie in sich stimmig?

Mikroorganismen, die von Kometen stammen, fallen gewiß nicht nur auf der Erde, sondern auch auf anderen Himmelskörpern des Sonnensystems ein, so dass wir uns auch dort nach Belegen für die Richtigkeit der Theorie umsehen können.

Wir wissen sehr viel über die Oberfläche des Mondes, doch leider können dort Mikroorganismen nicht ohne Schaden landen, weil der Mond keine Atmosphäre hat und eine weiche Landung daher unmöglich ist. Mikroorganismen dürften beim Aufschlag auf die Mondoberfläche explodieren und dabei in einzelne Atome und relativ einfache Moleküle zerlegt werden. Der einzig denkbare Test der Theorie, den man sich im Fall des Mondes erhoffen darf, kann sich daher nur auf die relative Häufigkeit bestimmter chemischer Elemente oder die Anwesenheit relativ einfacher Moleküle organischen Charakters im Mondboden stützen, die den mit sehr großer Geschwindigkeit erfolgten Aufprall ihrer Mutterorganismen überstanden haben – Mutterorganismen aus dem Hof organischen, von Kometen stammenden Materials, durch den sich der Mond geradeso bewegt wie die Erde.

Was die organischen Moleküle betrifft, hat man in Proben des Mondbodens durchgängig kleine Mengen von Aminosäuren gefunden, und unter den verschiedenen Elementen dürften die des Kohlenstoffs am interessantesten sein. Der Mondboden besteht ganz überwiegend aus den Elementen Sauerstoff, Magnesium, Aluminium, Silizium und Kalzium, die auch die Hauptbestandteile irdischer Gesteine bilden. Auf dem Mond handelt es sich im Wesentlichen um zerriebenes Gestein oder um kleine, steinartige Partikel, die niemals verfestigt worden sind. Daher ist es seltsam, dass Kohlenstoff, der nicht zu den Bestandteilen typischer Gesteine gehört, in einer Konzentration von 1:10000 im Mondboden anzutreffen ist. Von der Sonne her weht beständig ein diffuser Wind aus Materieteilchen, zu denen auch Kohlenstoff gehört, und man hat die Vermutung geäußert, der Kohlenstoff könne aus diesem solaren Materiestrom stammen und sich über sehr lange Zeit im Mondboden angesammelt haben. Wenn das zuträfe, bräuchte man keinen von den Kometen stammenden Bakterienregen, um die Anwesenheit des Kohlenstoffs zu erklären. Die entscheidende Frage ist, wieviel Zeit dem Sonnenwind zugestanden wird, um die Akkumulation des Kohlenstoffs in den oberen Schichten des Mondbodens zu bewirken. Nur bei geringer Schichtdicke könnte der Sonnenwind genügend Kohlenstoff herangeweht haben. Bohrungen von mehr als einem Meter Tiefe haben jedoch gezeigt, dass der Kohlenstoff auch dort in ähnlichen Konzentrationen vorkommt. Also ist die kohlenstoffhaltige Schicht jedenfalls nicht extrem dünn. Dadurch scheidet der Sonnenwind als Quelle des Kohlenstoffs mit einiger Sicherheit aus, es sei denn, man nimmt an, die obere, etwa ein Meter dicke Schicht liege dort unverändert seit mehr als einer Milliarde Jahren, und das erscheint angesichts der folgenden, bei der Mondlandung von Apollo 16 gewonnenen Forschungsergebnisse eher zweifelhaft.

Die zwei Krater in der Umgebung des Landeplatzes im Hochland um den Krater Descartes, die von den Astronauten North Ray Crater und South Ray Crater getauft wurden, sind mehrere Meter tief und haben einen Durchmesser von etwa hundert Metern. Die Krater waren durch den Einschlag von Objekten entstanden, die etwa einen Meter groß gewesen sein dürften. Einige der dabei ausgeworfenen Trümmerstücke sammelte man ein und nahm sie mit auf die Erde zurück. Eine Untersuchung der Trümmerstücke ergab, dass beide Krater vor etwa 10 Millionen Jahren entstanden sind, also für Ereignisse auf dem Mond in relativ junger Vergangenheit. Die meisten Krater ähnlicher Größe, die in der früheren Mondgeschichte entstanden sein müssen, sind inzwischen weitgehend verschwunden, wahrscheinlich aufgrund einer allgemeinen Umschichtung des Mondbodens. Diese Umschichtung muss stark genug sein, um Bodensenken von mehreren Metern Tiefe aufzufüllen, und das mit einer Geschwindigkeit, die weit höher liegt, als es den Mondwissenschaftlern gefällt, aber unseres Erachtens kaum zu leugnen ist. Jedenfalls dürfte die Umschichtungsgeschwindigkeit so hoch sein, dass der Solarwind als Quelle des Kohlenstoffs im Mondboden mit einiger Wahrscheinlichkeit ausscheidet.

Gehen wir dagegen davon aus, dass der Kohlenstoff in den oberen Metern des Mondbodens sich innerhalb der letzten 10 Millionen Jahre angesammelt hat, wie es zum Alter und zur Größe des North und des South Ray Crater passen würde, dann entspräche die Akkumulationsrate dem Kohlenstoff, der in den mehreren zehn Millionen Bakterien enthalten ist, von denen wir annehmen, daß sie alljährlich auf jeden Quadratmeter Mondboden niedergehen. Und diese Rate entspräche ihrerseits den in Kapitel 7 vorgenommen Schätzungen für die gesamte Erde.

1976 schickte die NASA die Raumsonden Viking 1 und 2 zum Mars. An Bord befanden sich Instrumente, mit denen geprüft werden sollte, ob im Marsboden Mikroorganismen enthalten sind. Die Marsatmosphäre ist dicht genug, um Mikroorganismen eine weiche Landung zu ermöglichen, so dass nach unserer Theorie positive Ergebnisse zu erwarten waren. Allerdings hätten die Instrumente in der Lage sein müssen, Mikroorganismen in derart geringen Konzentrationen aufzuspüren, wie man sie auf der Erde in vergleichsweise armen Böden antrifft, etwa in den Trockentälern der Antarktis, deren physikalische Bedingungen den auf den Mars herrschenden noch am nächsten kommen. Die NASA hatte die Experimente an Bord der Marssonden jedoch offenbar nicht im Voraus an Böden in der Antarktis geeicht, und daraus ergab sich eine unglückliche Geschichte.

In einem Experiment setzte man einen Gaschromatographen und ein Massenspektrometer (GC/MS) ein, um organisches Material der Art aufzuspüren, wie man es gewöhnlich in Verbindung mit Lebewesen antrifft, während ein zweiter Versuch, das C-14-Experiment, nach biologischen Aktivitäten suchen sollte, wie sie auftreten, wenn Mikroorganismen sich vermehren. Bei dem C-14-Experiment versetzte man eine Marsbodenprobe mit einer Nährlösung, die das radioaktive Kohlenstoffisotop ^{14}C enthielt. Mit Hilfe dieser radioaktiven Markierung suchte man dann nach Gas, das möglicherweise von der Probe infolge biologischer Aktivitäten freigesetzt wurde. Zur Kontrolle untersuchte man in gleicher Weise eine zweite Bodenprobe, die man zuvor sterilisiert hatte; dabei griff man auf ein Verfahren zurück, mit dem man im Labor auf der Erde bereits Bodenproben, wie man sie etwa in den Trockentälern der Antarktis findet, erfolgreich sterilisiert hatte.

In allen Fällen ergab das C-14-Experiment positive Ergebnisse bei den unsterilisierten Bodenproben und negative Ergebnisse bei den sterilisierten Proben. Die Ergebnisse des GC/MS-Experiments stufte man dagegen sämtlich als negativ ein, und auf dieser Grundlage – einem positiven und einem negativen Ergebnis – berichtete die NASA der Welt, dass man an den betreffenden Stellen auf dem Mars kein Leben gefunden hatte, und die Kommentatoren erweiterten diese Mitteilung zu der sehr viel stärkeren Aussage, dass es auf dem Mars kein Leben gebe. Die positiven Ergebnisse des C-14-Experiments führte man auf die Anwesenheit eines unerwartet starken Oxidationsmittels im Marsboden zurück, bei dem es sich möglicherweise um Wasserstoffperoxid handle. Dann überließ man es Gilbert V. Levin und Patricia A. Straat, die das C-14-Experiment entworfen hatten, die Stücke aufzulesen, so gut sie eben konnten.

Levin und Straat begannen nach einem simulierten Marsboden zu suchen, der zum Beispiel Wasserstoffperoxid enthalten und auf nichtbiologischem Wege dieselben Effekte hervorbringen sollte, die man auf dem Mars beobachtet hatte. In nahezu zehn

Jahren Forschung fanden sie keinen derartigen Boden. Inzwischen überprüfte man verspätet das GC/MS-Experiment anhand von Bodenproben aus antarktischen Trockentälern, von denen man mit Sicherheit wusste, dass sie organisches Material biologischen Ursprungs enthielten. Die Ergebnisse waren negativ. Wie die verspäteten Tests zeigten, war das GC/MS-Experiment nur von geringer Empfindlichkeit. Solange die Anzahl der Mikroorganismen in der Bodenprobe nicht 100 Millionen pro Gramm Boden überstieg, ließen sie sich mit dem GC/MS-Experiment gar nicht feststellen, während das C-14-Experiment nach Schätzungen aufgrund der im Labor vorgenommenen Eichung noch auf die sehr viel geringere Konzentration von 10000 Mikroorganismen pro Gramm Marsboden ansprach. Mit anderen Worten: Das C-14-Experiment war offenbar viele tausend Mal empfindlicher als das GC/MS-Experiment. Als diese Fakten bekannt wurden, versuchten Levin und Straat, die ursprüngliche falsche Erklärung der NASA zu korrigieren. Unter vollständiger Dokumentation der Versuche erklärten sie, bei den Viking-Missionen sei tatsächlich Leben auf dem Mars entdeckt worden, und stimmten damit Robert Jastrow zu, der diese positive Aussage schon früher getroffen hatte.

Handelte es sich hier um Schlamperei oder um einen wissentlichen Fehler? Wir sind so viel emotionalem Widerstand gegen die Vorstellung eines Lebens außerhalb der Erde begegnet, vor allem bei den Gegnern des Kreationismus in den Vereinigten Staaten, dass wir letzteres annehmen müssen – auch wenn wir wissen, dass Schlamperei in der Wissenschaft weiter verbreitet ist als Betrug. Jedenfalls haben wir den Verdacht, dass die für die ursprüngliche Erklärung der NASA Verantwortlichen über deren Inhalt keineswegs unglücklich waren.

Die Gase in den Atmosphären der Planeten bestehen aus Myriaden kleiner Teilchen, die eine ähnliche Größe haben wie die darin schwebenden Bakterien. Die Teilchen bilden Wolken und Dunsterscheinungen, aus denen sich einige ihrer Eigenschaften erschließen lassen, insbesondere ihre Brechungsindizes. Vor einigen Jahren haben wir eine Tabelle erstellt – hier wiedergegeben als *Tabelle 2* –, in der verschiedene astronomische und biologische Brechungsindizes miteinander verglichen werden.

Tabelle 2: Astronomische und biologische Brechungsindizes

Aufenthaltsort astronomischer Teilchen	**Brechungsindex astronomischer Teilchen**	**biologische Teilchen**	**Brechungsindex biologischer Teilchen**
interstellarer Raum	1,16	Bakterien (trocken)	1,17
Atmosphäre der Venus	1,44 ± 0,02	bakterielle Sporen (feucht)	1,44
Atmosphäre des Jupiter	1,38	Bakterien (feucht)	1,39

Quelle: F. Hoyle/N. C. Wickramasinghe: *Memoires of the Institute of Fundamental Studies*, Sri Lanka 1982, Nr. 1

Kleine Teilchen innerhalb des Sonnensystems lassen sich am spektakulärsten in den Saturnringen beobachten. Die Astronomen waren erstaunt, als die Voyager-Missionen zeigten, wie groß die Zahl der Ringe ist. Mit einigen hatte man gerechnet, aber nicht mit vielen hundert. Zwischen den Ringabschnitten stieß man auf kleine Satelliten, die bis dahin unbekannt waren und denen man die Bezeichnung »Wächtersatelliten« gab, weil diese kleinen Begleiter des Saturn durch ihre Gravitationseffekte offenbar die feine Ringstruktur stabilisieren. Man glaubt, daß sich die ursprünglich gleichförmige Scheibe aus kleinen Teilchen, die den Saturn umkreisen, in zahlreiche Ringe aufteilte, als der Saturn diese Wächtersatelliten einfing. Wir halten diesen Gedanken in seinen Grundzügen für zutreffend, glauben aber, dass noch mehr dahinter steckt. Die Wächtersatelliten haben sehr große Ähnlichkeit mit Kometenkernen, aus denen die kleinen Teilchen der Saturnringe auf ähnliche Weise ausgestoßen worden sein könnten, wie man es kürzlich beim Kometen Halley beobachtet hat. Der Saturn kann vorbeiziehende Kometen jedoch nicht einfach eingefangen haben. Allenfalls scheint vorstellbar, dass ein vorbei ziehender Komet in mehrere Teile zerbrach und der Saturn einige dieser Teile einfing, so dass die Wächtersatelliten daraus wurden. Ähnliche Überlegungen lassen sich auch für die Ringe des Jupiter, des Uranus und des Neptun anstellen, die erst in den letzten Jahren entdeckt worden sind.

Einer von uns erinnert sich an eine Geschichte von Bergsteigern in den Rocky Mountains, die bei der Rückkehr in ihr Lager an einem nahegelegenen Bach einen toten Bären fanden. Bemerkenswert war die Art, wie der Bär zu Tode gekommen war. Denn er war explodiert, wie eine große Wunde rund um seine Hüfte zeigte. Der Bär hatte offenbar das Lager der Bergsteiger nach Nahrung durchsucht und war dabei auf eine große Packung getrockneter Apfelringe gestoßen, die er mit Vergnügen verzehrte. Da er Durst bekam, ging er an den Bach und trank. Als das Wasser auf die Apfelringe traf, dehnten sie sich sehr schnell aus, und der Druck, der sich dadurch jählings aufbaute, besorgte den Rest. Selbst festes Material wie Stein vermag dem plötzlichen inneren Druck nicht standzuhalten, der sich durch chemische Reaktionen aufbauen kann, vor allem wenn bei diesen Reaktionen Gase freigesetzt werden: Der ganze Stein bricht auf wie der Bauch des Bären. Darin sehen wir zum Beispiel die Ursache für die Risse, mit denen der Jupitermond Europa überzogen ist.

Bakterien können sowohl hohen als auch extrem niedrigen Druck ertragen. Shirwan Al-Mufti hat mit Kaliumbromid vermischte Bakterien einem Druck von 1000 Tonnen pro Quadratzentimeter ausgesetzt. Dazu benutzte er eine einfache Presse, wie man sie in der Infrarotspektroskopie zur Herstellung der scheibenförmigen Proben einsetzt. Anschließend löste er das Kaliumbromid heraus und fand, dass er die Bakterien immer noch erfolgreich kultivieren konnte. Damit bewies er, dass Bakterien dem Druck standzuhalten vermögen, der tief im Innern des Mondes und anderer Satelliten in unserem Sonnensystem herrscht. Sowohl das Innere von Himmelskörpern als auch deren Oberfläche und deren Atmosphäre sind also mögliche Lebensräume für Bakterien. Eine ganz unmittelbare und dramatische Bestätigung fand diese Auffassung, als man kürzlich bei Tiefbohrungen in der Erdkruste in Tiefen von mehr als sieben Kilometern Bakterien entdeckte.

Es gibt eine große Gruppe von Bakterien, die als autotroph bezeichnet werden. Ihr Leben hängt von chemischen Reaktionen unterschiedlichster Art ab, die aber zwei Dinge gemeinsam haben: Sie setzen eine gewisse Energie frei und laufen unter rein anorganischen Bedingungen nur sehr langsam ab. Aufgrund dieser Bakterien erreicht die Materie bei den auf Planeten herrschenden typischen Temperaturen ihren niedrigsten Energiezustand. Wenn wir sehen, dass der niedrigste Energiezustand unter Bedingungen erreicht wird, die eigentlich zu träge dafür sind, dürfen wir die Vermutung wagen, dass Bakterien im Spiel sind. So könnte ein anorganisches Gemisch aus Wasserstoff und Kohlendioxid bei Zimmertemperatur tendenziell endlos gelagert werden, ohne dass sich darin Methan bildete. Ein sorgsam hergestellter Kobaltkatalysator könnte solch ein Gemisch in Methan und andere Kohlenwasserstoffe umwandeln, aber derartige Katalysatoren würden durch Gase wie die unter astronomischen Bedingungen überall anzutreffenden Schwefelverbindungen sehr schnell zerstört werden. Selbst unter den kontrollierten Bedingungen industrieller Produktionsverfahren kann die mit Metallkatalysatoren arbeitende Herstellung von Kohlenwasserstoffen nicht mit dem Erdöl konkurrieren, wenn der Barrelpreis unter 20 Dollar liegt. Biologische Katalysatoren sind dagegen ohne weiteres in der Lage, Wasserstoff und Kohlendioxid oder Kohlenmonoxid in Methan umzuwandeln. Es gibt sogar eine ganze Gruppe einfacher Bakterien, deren Kennzeichen diese Fähigkeit ist und die daher als »Methanogene« bezeichnet werden. Nun wissen wir aber, dass in der Atmosphäre der vier großen äußeren Planeten Jupiter, Saturn, Uranus und Neptun Methan in großen Mengen vorkommt, und das deutet auf eine umfangreiche bakterielle Aktivität hin. Man kann sogar noch weiter gehen: Wenn andere Möglichkeiten bestünden, durch die die Materie bei den auf unseren Planeten anzutreffenden Temperaturen ihren niedrigsten Energiezustand erreichen könnte, dann wäre den autotrophen Bakterien einschließlich der Methan erzeugenden die Lebensgrundlage entzogen – es gäbe sie gar nicht.

Wir wollen überhaupt nicht behaupten, dass einer der in diesem Kapitel dargestellten Zusammenhänge für sich allein genommen mehr als ein bloßer Hinweis auf die mögliche Existenz von Mikroorganismen außerhalb der Erde wäre. Aber da sie alle in dieselbe Richtung weisen, können sie zusammengenommen durchaus als fairer Test der Theorie gelten. Die Möglichkeit, die Theorie auf fernen Himmelskörpern im Sonnensystem zu überprüfen, die wir allenfalls nur kurz besuchen und nur sehr unvollständig untersuchen können, spielt jedoch nur eine untergeordnete Rolle gegenüber der Möglichkeit, das hier auf der Erde zu tun. Wenn jedes Jahr 10^{21} Bakterien und vielleicht noch einmal zehntausend Mal so viele Viralteilchen auf die Erde herab regnen, haben wir hier zu Hause viele Möglichkeiten, die Theorie zu überprüfen.

Für den Leser mag es auf der Hand liegen, dass man die Theorie auf ganz direktem Wege überprüfen könnte, indem man die obere Atmosphäre der Erde nach den hereinkommenden Bakterien durchsucht. Vor solch einem Test muss allerdings Einigkeit darüber bestehen, welches Ergebnis als Bestätigung der Theorie angesehen werden soll. Wenn in großer Höhe, in der Stratosphäre oder in der Mesosphäre, lebensfähige Bakterien gefunden werden, aber die Kritiker dann einwenden, die Mikroorganismen könnten auch vom Erdboden dorthin aufgestiegen sein, kann von einem eindeutigen Ergebnis keine Rede sein. Also muss man wohl akzeptieren, dass die Theorie auf diesem Wege allenfalls widerlegt, nicht aber bewiesen werden kann. Wie wir in Kapitel 8 gesehen haben, gibt es in der Stratosphäre nur äußerst schwache vertikale Luftbewegungen, so dass eine nach oben gerichtete und daher gegen die Schwerkraft erfolgende Diffusion kleiner Teilchen von der Größe der Bakterien allenfalls bis zum unteren Rand der Stratosphäre zu erwarten sein dürfte. Da Kritiker jedoch vorbringen können, was ihnen gefällt, kann man keinen positiven Beweis erwarten, sondern allenfalls hoffen, die Theorie weiter zu erhärten.

Anfang der 60er Jahre hat man mit Ballons Luftproben aus Höhen von bis zu 40 Kilometern geholt, aus denen sich mit relativ einfachen Mitteln Mikroorganismen kultivieren ließen. Die Ausrüstung wurde vor dem Abflug sterilisiert, ein Teil der Behälter erst in der festgelegten Höhe der dortigen Luft ausgesetzt, ein anderer Teil blieb zur Gegenprobe verschlossen. Da man aus den Kontrollbehältern keine Mikroorganismen anzüchten konnte, dürften die Mikroorganismen in den geöffneten Behältern tatsächlich aus der Luft in der betreffenden Höhe stammen.

Das auf diese Weise festgestellte Vorkommen von Mikroorganismen betrug 0,01 bis 0,1 lebensfähige Bakterien pro Kubikmeter. Es schien verwirrend, dass der größere Wert von 0,1 pro Kubikmeter für die höhere Stratosphäre ermittelt wurde und der niedrigere von 0,01 pro Kubikmeter für die untere Stratosphäre – genau das Gegenteil dessen, was man erwarten müsste, wenn die Bakterien vom Erdboden nach oben diffundierten. Die NASA, die diese Ballonflüge und die Experimente finanziert hatte, reagierte auf die rätselhaften Ergebnisse, indem sie die Finanzierung weiterer Flüge ablehnte. Es gibt tatsächlich eine einfache Erklärung, warum Bakterien, die von außen in die Erdatmosphäre eindringen, im unteren Bereich der Stratosphäre nur noch eine geringere Dichte aufweisen als im oberen Bereich. In den unteren Schichten der Stratosphäre konzentrieren sich Schwefelgase, die von Vulkanen ausgestoßen werden, und wahrscheinlich werden viele Bakterien getötet oder inaktiviert, weil sich Schwefelsäure auf ihnen absetzt.

Wenn wir den Wert von 0,1 lebensfähigen Bakterien pro Kubikmeter als repräsentativ für die gesamte Stratosphäre nehmen, dann lässt sich leicht berechnen, dass die Gesamtzahl der zu jeder Zeit in der Stratosphäre anzutreffenden Bakterien bei etwa 10^{18} liegt, und da Bakterien etwa ein Jahr benötigen, um von der Stratosphäre auf den Erdboden zu gelangen, dürfte der jährliche Einfall lebensfähiger, mit einfachen Mitteln kultivierbarer Bakterien in Bodennähe gleichfalls 10^{18} betragen. Berücksichtigt man auch solche Bakterien, die mit anderen Mitteln kultiviert werden müssen, zum Beispiel Methan erzeugende Bakterien, die Wasserstoff und Kohlendioxid als Nährstoffe benötigen, und berücksichtigt man außerdem auch die Bakterien, die tot oder inaktiv sind, so stimmt diese Zahl mit der in Kapitel 8 ermittelten überein.

Wie wir dort gesehen haben, sinken Bakterien in der über der Stratosphäre gelegenen Mesosphäre unter dem Einfluss der Schwerkraft sehr schnell, so dass ihre Dichte dort um mehrere Größenordnungen geringer sein müsste als in der Stratosphäre. Dennoch hat man in den 70er Jahren auch in der Mesosphäre lebensfähige Bakterien eingesammelt, und zwar nicht mit Ballons, sondern mit Raketen. Die Raketen stiegen auf eine Höhe von etwa 80 Kilometern, dort setzten sie zwei verschlossene Behälter aus, die dann an Fallschirmen niedergingen. Wie bei den Ballons öffnete sich während des Abstiegs nur einer der Behälter; der andere blieb verschlossen und diente zur Kontrolle. In zwei kurzen Serien gewann man etwa 30 Kulturen aus Behältern, die in Höhen zwischen 50 und 80 Kilometern geöffnet worden waren, während aus den Kontrollbehältern keine einzige Kultur gewonnen werden konnte. Die kultivierten Bakterien sollen sämtlich stark pigmentiert gewesen sein, woraus man den Schluss zog, dass die Pigmentierung dem Schutz vor der Ultraviolettstrahlung der Sonne diente. Diese Experimente wurden in der Sowjetunion durchgeführt. Als wir unser Interesse bekundeten, vor allem im Hinblick auf die Möglichkeit, dass die Bakterien extraterrestrischen Ursprungs sein mochten, reagierte man genau auf dieselbe Weise wie zuvor die NASA: Man ließ das Ganze fallen wie eine heiße Kartoffel.

Ein letzter Konsistenztest! Von Experten auf dem Gebiet des Impfens von Wolken und der künstlichen Auslösung von Regen wissen wir, dass Bakterien weitaus wirksamere Kondensationskeime darstellen als irgendein anorganisches Teilchen – weit wirksamer zum Beispiel als Silberjodid. Die Konzentration der so genannten Eiskeime wird für die obere Troposphäre und die untere Stratosphäre gewöhnlich mit 100 Keimen pro Kubikmeter angegeben. Wenn jeder dieser Keime sich um ein Bakterium bildet, läge die Gesamtzahl für die gesamte Atmosphäre, die ein Volumen von 10^{19} Kubikmetern hat, bei 10^{21}. Das wäre auch die Größenordnung der jährlich in Bodennähe eintreffenden Bakterien und entspräche außerdem der in Kapitel 8 vorgestellten Schätzung. Interessant ist auch die Tatsache, dass die Zahl der jährlich auf der ganzen Erde niedergehenden Regentropfen sich gleichfalls in derselben Größenordnung bewegt.

10

Krankheitserreger als Prüfstein unserer Theorie

Wenn ein Bakterium sich repliziert (aus einem werden zwei, aus zwei vier usw.), gleicht das rasche Wachstum seiner Nachkommenschaft dem, was in einem Geigerzähler geschieht, wenn er ein Klicken hören lässt. Und wenn ein Virus in einen Wirt eindringt, gleicht seine Vermehrung ebenfalls einer raschen Serie solcher Klickgeräusche. In allen drei Fällen haben wir einen einzelnen Auslöser, der sich kaum wahrnehmen lässt, aber eine Kaskade auslöst, die insgesamt leicht zu beobachten ist. Nach der in den vorangegangenen Kapiteln vorgestellten Theorie fällt alljährlich eine gewaltige Zahl von Bakterien und Viren aller Art aus dem Weltall auf Pflanzen und Tiere herab, die wir uns als Nährmedium für die einfallenden Mikroorganismen vorstellen können. Wenn einige dieser Mikroorganismen stark miteinander interagieren und Kulturen bilden, ähnelt die Situation dem Aufspüren hochenergetischer Teilchen, nur dass in diesem Falle Pflanzen und Tiere als Detektoren dienen, weil sie eine starke Vermehrung ermöglichen, deren Ergebnis sehr viel leichter beobachtet werden kann als die ursprünglichen Mikroorganismen. Hier bietet sich uns eine sehr viel direktere und billigere Methode zur Überprüfung der Theorie als mit Ballons, Raketen und Satelliten.

Der Gedanke, dass bestimmte menschliche Krankheiten durch Ansteckung von einem an den anderen weitergegeben werden, ist so alt wie die Geschichte der Medizin, denn wer sich mit der Pflege von Kranken befasste, konnte aus unmittelbarer Erfahrung erkennen, dass sich die Tatsachen bei manchen Krankheiten nicht anders erklären ließen. Über die Pest, die Athen 430 v. Chr. heimsuchte, schrieb Thukydides:

> »Eine Zeit lang griffen die Ärzte wahllos nach jedem Hilfsmittel, doch es war vergebens, und sie selbst wurden als erste dahingerafft, weil sie am häufigsten mit der Krankheit in Berührung kamen. Keine andere menschliche Kunst vermochte zu helfen; auch Gebete in den Tempeln, die Befragung von Orakeln und dergleichen halfen nichts; am Ende wurden die Menschen von der Krankheit überwältigt und gingen zugrunde.«

Ganz ähnlich war es während der Großen Pest von 1348–1350. Die Menschen beteten in den Kirchen, aber es half nichts. Tatsächlich lag die Sterberate ausgerechnet in den Ordensgemeinschaften am höchsten, weil die Flöhe (die eigentlichen Überträger der Pest) dort am häufigsten einen Wirtswechsel vornehmen konnten. Die Menschen, die das Trauma des Schwarzen Todes durchlebten, müssen sehr verwirrt gewesen sein angesichts dessen, was sie erlitten. Die Idee der Ansteckung legte den Gedanken nahe, dass die Menschen, denen die unglückliche Aufgabe zufiel, die Leichen einzusammeln und zu begraben, das größte Risiko eingingen, und so versuchte man durch hohe Bezahlung Freiwillige zu finden, die diese Aufgabe übernahmen. Doch es zeigte sich, dass ihr Risiko keineswegs größer war und die Totengräber nicht von besonders hoher Sterblichkeit betroffen waren. Der Grund lag in der Tatsache, dass die Flöhe ihre menschlichen Wirte unmittelbar nach deren Tod verließen. Statistiken weisen aus, dass es den Totengräbern, die sich meist im Freien aufhielten, weitaus besser erging als den Mönchen und Nonnen, die die meiste Zeit mit gemeinsamem Beten verbrachten.

Dennoch glaubte man damals weithin, dass der Schwarze Tod – die von einem Bakterium verursachte Beulenpest – von außen, vom Himmel her kam. Auch diese alternative Erklärung findet sich in der gesamten Medizingeschichte, und wenn man den einschlägigen Berichten glaubt, erkennt man auch den Grund. Nach einem Bericht von Pedro Carbonell nahm die Große Pest von 1348, soweit es Spanien betrifft, ihren Ausgang in Aragon (Carbonell war dort Hofarchivar), und zwar in Teruel. Da Teruel ein Binnenstädtchen ist, fragte er sich, wie die Krankheit von Italien, wo sie schon vorher ausgebrochen war, dorthin gelangen konnte. Per Schiff erschien ihm unwahrscheinlich, durch die Luft schon wahrscheinlicher. Auch Thukydides fragte sich, woher die Pest nach Athen gekommen war: »Es heißt, sie habe vorher in zahlreichen Orten gewütet, vor allem auf Lemnos; aber es gibt keine Berichte, dass jemals irgendwo eine so große Pestilenz geherrscht hätte, mit so vielen Opfern unter den Menschen.« Die Frage nach dem Ausgangspunkt ansteckender Krankheiten beschäftigt Ärzte und Beobachter seit vielen Jahrhunderten, doch noch niemand hat eine überzeugende, auf die Erde beschränkte Antwort darauf geben können.

Die Beulenpest ist keine primär menschliche Erkrankung. Das Bakterium *Pasteurella pestis* greift zahlreiche Nagetierarten an; sie sind ihr erstes Ziel. Da die Ratte in enger Nachbarschaft mit den Menschen lebte und ihre Nester in den Wänden der Häuser baute, war der körperliche Abstand zwischen Mensch und Ratte nur gering und konnte von Flöhen leicht überbrückt werden, die das Bakterium aus dem Blut der Ratten in das Blut der Menschen übertrugen. Diese Übertragung gehörte keineswegs zu den Präferenzen der Flöhe. Sie blieben lieber bei den Ratten und verließen ihre Wirtstiere erst, wenn diese an der Krankheit zugrunde gegangen waren. Der Übertragungsweg Mensch-Floh-Mensch spielte wahrscheinlich auch eine gewisse Rolle, aber er dürfte zu schwach gewesen sein, um die Krankheit aufrecht zu erhalten, denn die verebbte gemeinhin, wenn es nicht mehr genug Ratten gab.

Die Beulenpest trat in plötzlichen Ausbrüchen auf, zwischen denen mehrere Jahrhunderte lagen, und man kann nur spekulieren, wo *P. pestis* sich in diesen langen Zwischenzeiten verkroch.

Ein etwas mehrdeutiger Hinweis findet sich im Alten Testament. Dort heißt es, die Philister seien (nach christlicher Zeitrechnung etwa um 1200 v. Chr.) von Beulen in der Schamgegend heimgesucht worden, als Strafe Gottes für einen Angriff auf die Hebräer. Ein klarer Hinweis auf die Pest findet sich in einer medizinischen Abhandlung, die im 5. Jahrhundert v. Chr. in Indien entstanden ist. Dort wird den Menschen geraten, ihre Häuser zu verlassen, »wenn Ratten von den Dächern fallen, umherspringen und sterben«.

Im 1. Jahrhundert gab es möglicherweise eine Pestepidemie, deren Zentren in Syrien und Nordafrika lagen, doch zwischen dem 1. und dem 5. Jahrhundert sind keine Ausbrüche bekannt. Im Jahr 540 kam es zu einer großen Pandemie, der im Nahen Osten, in Nordafrika und in Südeuropa nahezu 100 Millionen Menschen zum Opfer fielen – allein in Konstantinopel starben damals jeden Tag mehr als 5000 Menschen – und die nach dem damaligen römischen Kaiser als die Justinianische Pest bezeichnet wird.

Danach verschwand die Beulenpest offenbar für acht Jahrhunderte von unserem Planeten, bis sie 1348–1350 in Gestalt des Schwarzen Todes mit verheerenden menschlichen und sozialen Folgen zurückkehrte. Bis in die Mitte des 17. Jahrhunderts folgten noch einige kleinere Ausbrüche, dann schien sie zwei Jahrhunderte lang ausgestorben. Doch 1894 tauchte sie plötzlich in China auf, und unmittelbar nach dem Ersten Weltkrieg raffte sie in Indien mehr als 13 Millionen Menschen dahin.

Auf der Grundlage historischer Berichte über die ersten Ausbrüche der Pest in verschiedenen Bevölkerungszentren hat E. Carpentier die Ausbreitung der Großen Pest von 1348 rekonstruiert (siehe *Abbildung 10*). Die Linien markieren in groben Zügen die Grenzen der Ausbreitung zu dem jeweils angegebenen Zeitpunkt. Die Linie vom 31. Dezember 1347 scheint allerdings eher der Stützung einer bestimmten Theorie zu dienen als auf dokumentierten Tatsachen zu beruhen. Dieser Theorie zufolge wurde die

Pest von den Tataren nach Europa gebracht, als sie Caffa, einen Stützpunkt der Genueser auf der Krim, belagerten. Die Linie vom 31. Dezember 1347 soll folglich die Route markieren, auf der die Schiffe der Genueser nach Italien zurückkehrten. An dieser Theorie sind allerdings Zweifel angebracht, denn die weitaus besser dokumentierte Linie vom Dezember 1348 würde in der Verlängerung die vom Dezember 1347 im Bereich der Donaumündung schneiden, und angesichts der Form der Linien – der ersten Ausbrüche an den verschiedenen Orten – wäre das eine unmögliche Situation.

Anhänger orthodoxer Vorstellungen haben die Linien in *Abbildung 10* als Vormarsch einer infizierten Armee von Ratten interpretiert. Menschen, die von der Beulenpest infiziert wurden, brachen auf der Stelle zusammen. Wir meinen jedoch, den Ratten wird es kaum anders ergangen sein. Der Gedanke, infizierte Ratten hätten sich auf einen Weg gemacht, der sie in sechs Monaten von Südfrankreich nicht nur nach Nordfrankreich, sondern auch über die Alpen führte, grenzt ans Lächerliche.

Ebenso lächerlich erscheint der Gedanke, die vorrückende Armee infizierter Ratten hätte den Ärmelkanal durchschwommen, und so heißt es denn auch gewöhnlich, der Schwarze Tod sei auf Schiffen nach England gelangt. Aber die Linien in *Abbildung 10* sind nicht mit der Vorstellung vereinbar, dass Schiffe eine bedeutende Rolle bei der Ausbreitung der Pest gespielt hätten. Wenn *P. pestis* mit Schiffen transportiert worden wäre, müsste die früheste Linie entlang der Küste vom Mittelmeer nach Nordeuropa verlaufen, während erst die späteren Linien weiter ins Innere des Kontinents vordrängen. Außerdem hätte dann auch die portugiesische Küste stark betroffen gewesen sein müssen. Aber die Quellen belegen, dass Kastilien, Galicien und Portugal weitgehend verschont geblieben sind.

Es gibt zahlreiche Berichte über Dörfer und Städte, die sich von der Außenwelt abschlossen, und viele solcher Berichte stammen aus englischen Dörfern. Aber es nützte nichts. Der Schwarze

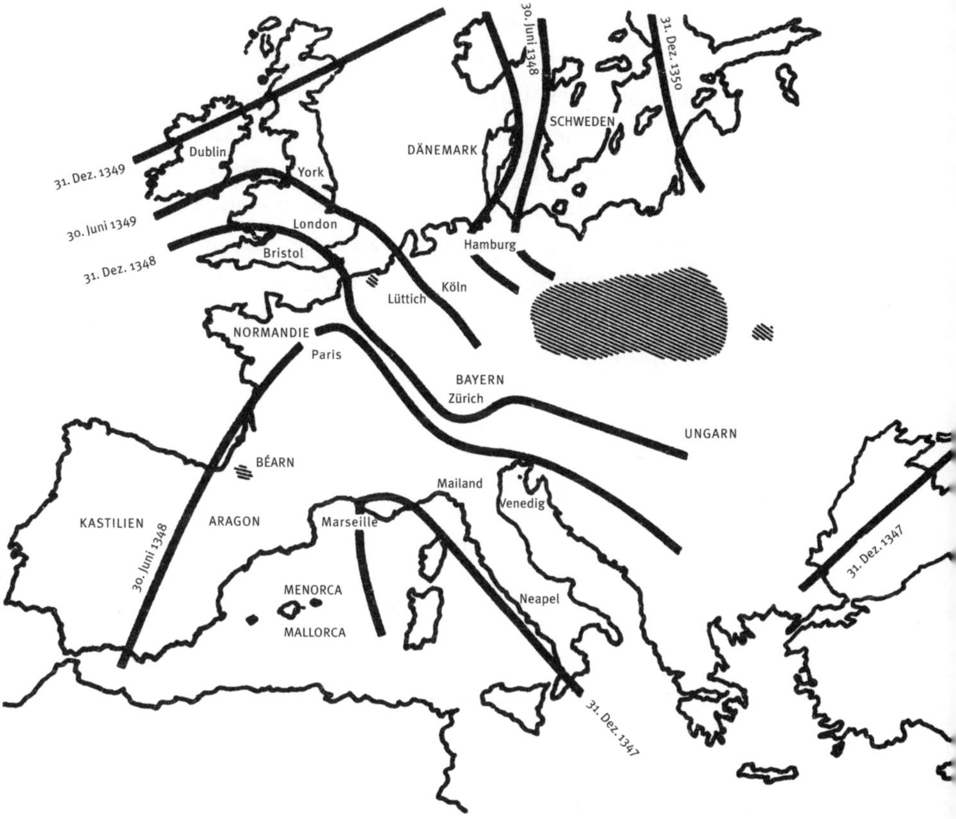

Abbildung 10: Die Ausbreitung der Beulenpest in Europa 1347–1350 (nach E. Carpentier). Die Linien markieren die Grenzen der Ausbreitung zu den angegebenen Zeitpunkten, die schraffierten Flächen Gebiete, in denen die Pest nicht oder nur in geringem Umfang auftrat.

Tod schlug trotzdem zu, und nach wenigen Tagen waren diese Dörfer ebenso von der Pest verseucht wie alle anderen.

Es muss sich um wahrhaft bemerkenswerte Ratten gehandelt haben, die da angeblich übers Meer kamen und entlegene englische Dörfer heimsuchten, aber einen Bogen um Städte wie Mailand, Lüttich oder Nürnberg machten, die in jeden Winkel vordrangen und dennoch die in *Abbildung 10* schraffiert dargestellten Regionen verschonten, vor allem große Gebiete in Böhmen und Südpolen. Der erstaunliche Grund, der für dieses Verhalten angeführt wird, ist kennzeichnend für den Geisteszustand, den die orthodoxe Theorie hervorgebracht hat. Die Ratten, heißt es, hätten das Nahrungsangebot in diesen Regionen nicht gemocht.

Wie oben angemerkt, kannten indische Ärzte schon im 5. Jahrhundert v. Chr. den Zusammenhang zwischen der Pest und den Ratten. Die Ärzte des Mittelalters wussten nichts davon. Sie glaubten in ihrer übergroßen Mehrheit, die Krankheit habe ihre Ursache in »vergifteter Luft«. Es ist Mode, diese Anschauung als haltlosen Aberglauben abzutun, obwohl das technische Verständnis im 14. Jahrhundert größer war als jemals zuvor in der menschlichen Geschichte. Wer nicht den Vorurteilen modernen Aberglaubens verfallen ist, der muss in den Linien der *Abbildung 10* einen deutlichen Hinweis darauf erkennen, dass *P. pestis* aus der Luft zuschlug. Es gab keine vorrückende Armee pestbefallener Ratten. Die Ratten starben dort, wo sie infiziert wurden, geradeso wie die Menschen. Da der Erreger der Pest aus der Luft kam, konnte er ohne weiteres die Alpen und den Ärmelkanal überqueren. Entlegene englische Dörfer wurden betroffen, so entschlossen man sich auch von der Außenwelt abzuschirmen versuchte, weil die Pestbazillen von oben herabfielen – und gegen einen Angriff aus der Luft waren alle Schutzmaßnahmen vergebens. Mailand, Lüttich und Nürnberg kamen vergleichsweise ungeschoren davon, weil es im Wesen der Abstiegsprozesse in der Atmosphäre liegt, dass an manchen Stellen keine Keime niedergehen. So entgingen auch Böhmen und Südpolen der Katastrophe, obwohl man dort ebenso schmackhaftes Rattenfutter anbaute wie anderswo.

Die Entwicklung menschlichen Wissens kennt drei Phasen: Die erste ist durch Demut gekennzeichnet, die zweite durch Vorurteile und die dritte durch Gewissheit. In der ersten Phase wissen die Menschen, dass sie die Antwort auf bestimmte Fragen nicht kennen. Sie begnügen sich mit der vergleichsweise leichten

Aufgabe, das Geschehen möglichst genau zu beschreiben, so dass aus historischer Perspektive das in der ersten Phase Gesagte meist verlässlich ist. In der zweiten Phase neigen die Menschen zu Entstellungen: Weil sie ein wenig, aber längst nicht genug wissen, entstellen sie ihre Berichte und Darstellungen, um sie ihren Vorurteilen anzupassen. In der dritten Phase ist das Wissen im Wesentlichen vollständig, wie es für einige Teile der Physik gilt: Emotionen und Interessen kommen nicht mehr ins Spiel, das sichere Wissen ist nur noch ein Werkzeug, das man benutzt, aber kein Thema mehr, über das man streitet.

Soweit es die Ursachen von Krankheiten betraf, lebten die Menschen des Mittelalters in der ersten Phase, während wir heute in der zweiten Phase leben, in der Fakten vielfach verzerrt oder ignoriert werden. Wie wir in Kapitel 6 gesehen haben, war der Autor eines am 3. Februar 1870 in der Zeitschrift *Nature* erschienenen Artikels mit dem Titel »The atmospheric-germ theory« bereit, die Fakten der Bakteriologie zu ignorieren, um an dem Vorurteil festzuhalten, dass »Keime« nicht durch die Atmosphäre kommen. Das Erscheinungsjahr dieses Artikels fällt in der Medizingeschichte mit dem Übergang von der ersten zur zweiten Phase zusammen, der weitgehend durch die öffentliche Aufmerksamkeit für »Darwins geozentrische Theorie« und ein wachsendes Bedürfnis geprägt war, die Achtung vor den Tatsachen dem Glauben an diese Theorie unterzuordnen.

Noch ein halbes Jahrhundert zuvor hatten die Ärzte sich damit begnügt, vor allem das zu glauben, was sie mit eigenen Augen beobachteten. 1813 schrieb Robert Thomas in seinem Buch *The Modern Practice of Physic*: »Manche Ärzte glaubten, die Grippe sei ansteckend, andere, sie sei es nicht; tatsächlich weckte ihre rasche, weite Ausbreitung bei vielen den Verdacht, dass sie mit einer allgemeiner verbreiteten Ursache in der Atmosphäre zusammenhänge.« Hätten die Ärzte die Grippe auch weiterhin mit eigenen Augen beobachtet, wären gewiss noch vor dem Ende des Jahrhunderts korrekte Antworten gefunden worden, Antworten, wie wir sie im nächsten Kapitel vorstellen werden. Aber die intellektuelle Infektion, die von »Darwins Theorie« ausging, verschloss die Köpfe der nachfolgenden Generationen zunehmend. Zu Beginn des 20. Jahrhunderts war aufgrund von Prozessen, wie wir sie in Kapitel 1 angesprochen haben, eine Gesellschaft entstanden, die sich nahezu unbegrenzt von den Tatsachen zu entfernen und selbst eindeutige Gegenbeweise gegen Ansteckung als Ursache für die rasche Ausbreitung der Grippe zu ignorieren vermochte, etwa den in folgendem Zitat gegebenen Hinweis: »Die Tage sind kurz, das Wetter ist schlecht und kalt, und man schafft allenfalls 20 oder 30 Meilen in unwegsamem Gelände. Die Lage ist so, wie sie es noch nie zuvor in der Geschichte des Territoriums gewesen ist.« Das sagte ein Herr Riggs, seines Zeichens damaliger Gouverneur von Alaska, am 16. Januar 1919 vor dem Senate Committee of Appropriations aus. Der Gouverneur berichtete über die Grippe, die sich in den letzten Monaten des Jahres 1918 sehr schnell über die gewaltigen Weiten Alaskas ausgebreitet hatte, und das unter Bedingungen, unter denen die Menschen allenfalls kurze Distanzen zurückzulegen vermochten.

Der Hinweis auf die große Kälte legt den Verdacht nahe, dass es zu einer Umwälzung der Luftschichten in der Atmosphäre kam, durch die extrem kalte Luft aus der oberen Atmosphäre in Bodennähe gelangte. Über dieselbe weltweite, tödliche Grippewelle des Jahres 1918 schrieb Louis Weinstein in der Ausgabe des *New England Journal of Medicine* vom Mai 1976:

> »Die Grippe-Pandemie von 1918 bestand aus drei Wellen. Die erste trat im Winter und Frühjahr 1917/18 auf ... Sie war durch einen hohen Durchseuchungsgrad (50 % der Weltbevölkerung waren infiziert), aber sehr geringe Sterblichkeit gekennzeichnet. Die zweite Welle, die am 12. September 1918 in Fort Devens in Ayer, Massachusetts, ihren Ausgang nahm, erfasste in sehr kurzer Zeit nahezu die gesamte Welt. Ihr epidemiologisches Verhalten war höchst ungewöhnlich. Obwohl im lokalen Bereich Ansteckung von Mensch zu Mensch beobachtet wer-

den konnte, tauchte die Krankheit einerseits am selben Tag in weit voneinander entfernten Weltgegenden auf und benötigte andererseits Tage oder Wochen, um relativ kurze Distanzen zu überbrücken. So entdeckte man sie in Boston und in Bombay am selben Tag, aber erst drei Wochen später erreichte sie New York, obwohl es zwischen beiden Städten erheblichen Verkehr gab.«

Wenn 1918 die Seereise von Boston nach Bombay oder umgekehrt viele Wochen dauerte, wie konnte die zweite Welle dann gleichzeitig in diesen beiden Städten auftreten? Und wenn der Grippevirus sich fast mit Lichtgeschwindigkeit fortbewegen konnte, warum benötigte er dann drei Wochen, um von Boston nach New York zu gelangen? Ein weiteres Beispiel findet sich in einem Bericht über eine Grippewelle auf Sardinien Ende der 1940er Jahre:

»Wir konnten die Grippe ... bei Hirten feststellen, die lange Zeit allein und fern von jeder menschlichen Siedlung gelebt hatten; und sie erkrankten genau zur selben Zeit wie die ersten Menschen in den nächstgelegenen Ansiedlungen.« (F. Magrassi in: *Minerva Medica Torino* 40 (1949), S. 565)

Wenn eine Krankheit sich epidemisch ausbreiten soll, müssen dieselben mathematischen Bedingungen erfüllt sein, wie sie auch für die Explosion einer Atombombe gelten: Die Spaltung jedes Atomkerns muss zur Spaltung von mehr als einem weiteren Atomkern führen, sonst kommt die Kettenreaktion nicht in Gang. Jedes Opfer einer Ansteckungskrankheit muss die Krankheit auf mehr als ein weiteres Opfer übertragen. Bei Krankheiten mit kurzer Inkubationszeit (bei der Grippe sind es etwa drei Tage) ist die Differenz zwischen der kritischen Grenze und einer äußerst raschen Ausbreitung sehr klein. Wenn jeder Infizierte im Durchschnitt bloß 0,95 andere Opfer infiziert, kommt die Epidemie nicht in Gang. Infiziert jedes Opfer dagegen doppelt so viele, nämlich im Durchschnitt 1,9 andere Opfer, könnte es innerhalb von drei Monaten zu einer weltweiten Pandemie kommen. Ein

Unterschied um den Faktor 2 ist jedoch sehr gering im Verhältnis zu Unterschieden um den Faktor 100 und mehr, wie sie für die Bevölkerungsdichte in Großstädten und entlegenen ländlichen Regionen gelten, und daraus müssten sich in der Übertragungsrate eigentlich Unterschiede ergeben, die weit über dem Faktor 2 liegen. Man sollte daher erwarten, dass Epidemien sich in Regionen mit sehr hoher Bevölkerungsdichte sehr schnell ausbreiten und zu den Rändern hin langsamer werden oder beim Übergang zum flachen Land ganz zum Stillstand kommen. Dieses Muster findet sich denn auch bei echten Infektionskrankheiten wie den Pocken, nicht aber bei vielen Atemwegserkrankungen wie der Grippe, von denen Stadt und Land im wesentlichen gleichzeitig und im gleichen Maße betroffen sind, wie das Zitat von F. Magrassi über die Grippewelle auf Sardinien belegt, einer Insel, auf der es 1948 noch keine schnellen Verbindungen zwischen den verschiedenen Regionen gab.

Wenn wir klären wollen, ob eine Ansteckung vorliegt oder die Ursache in Mikroben zu suchen ist, die aus der Atmosphäre niedergehen, brauchen wir nur zu vergleichen, welches Risiko für Menschen auf dem flachen Land und für Menschen in dicht besiedelten Städten besteht, sich bestimmte Krankheiten zuzuziehen. Pat Jenkins vom Gesundheitsamt der Stadt Cardiff hat Daten für den dicht besiedelten Großraum Cardiff in South Wales und für das in weiten Teilen noch sehr ländliche Vale of Glamorgan gesammelt. Auf Vierteljahresbasis (drei Monate) standen Daten für drei Krankheiten zur Verfügung: Masern (Virus), infektiöse Gelbsucht (Virus) und Keuchhusten (Bazillus). Da die Zahl der Fälle zwischen Quartalen mit gelegentlichem Auftreten und solchen mit häufigem Auftreten deutlich variierte, erschien es uns sinnvoll, beide zu trennen und zunächst die Quartale mit niedrigen Fallzahlen darzustellen. Auf diese Weise erhielten wir das Korrelationsdiagramm in *Abbildung 11*, wobei die Zahl der Fälle auf jeweils 100000 Einwohner umgerechnet wurde. Jenseits der statistischen Streuung war kein Unterschied zwischen Stadt

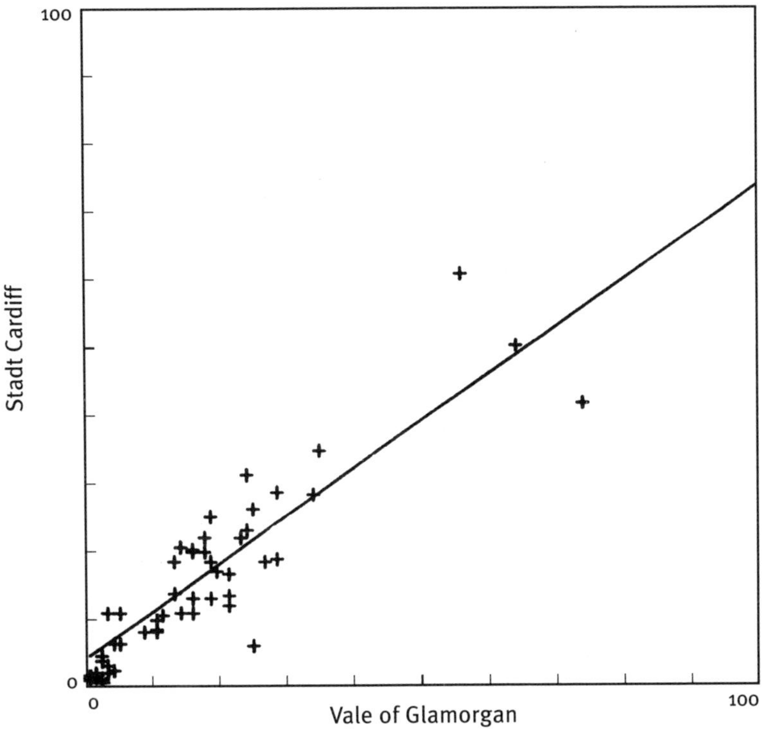

Abbildung 11: Fälle von Keuchhusten, Masern und infektiöser Gelbsucht in der Stadt Cardiff und im Vale of Glamorgan 1979–1983 für Quartale mit geringen Fallzahlen. Die Werte wurden auf 100 000 Einwohner umgerechnet.

und Land festzustellen – ein Ergebnis, das offensichtlich die These eines allgemeinen atmosphärischen Ursprungs stützt, nicht aber die einer Ansteckung von Mensch zu Mensch.

Abbildung 12 ist, abgesehen von einem Wechsel des Maßstabs, ebenso aufgebaut wie *Abbildung 11* und umfasst solche Quartale des Jahres, in denen die Zahl der Fälle in dem von Pat Jenkins zur Verfügung gestellten Datenmaterial besonders hoch war. Besonders eindrucksvoll erscheint uns, dass die Korrelationslinie für die Quartale mit hohen Fallzahlen dieselbe Steigung aufweist wie für Quartale mit niedrigen Fallzahlen. Es gibt offensichtlich keinen Hinweis auf eine stärkere Gefährdung der Stadt-

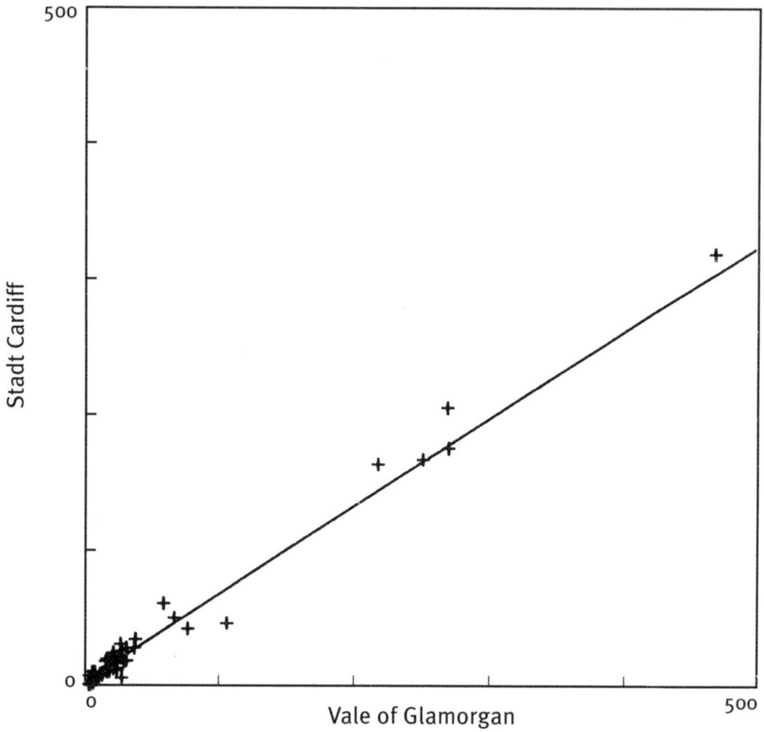

Abbildung 12: Fälle von Keuchhusten, Masern und infektiöser Gelbsucht in der Stadt Cardiff und im Vale of Glamorgan 1979–1983 für Quartale mit hohen Fallzahlen. Die Werte wurden auf 100000 Einwohner umgerechnet.

bevölkerung, wie man es bei einer Ansteckungskrankheit eigentlich erwarten müsste. Es ist vielmehr so, als regneten die für die betreffenden Krankheiten (Masern, Gelbsucht, Keuchhusten) verantwortlichen Erreger mehr oder weniger gleichmäßig auf die Menschen in Stadt und Land herab, wobei, wenn überhaupt, eine leichte Verschiebung zum Nachteil des offenen Landes festzustellen ist, das Gegenteil dessen, was aufgrund der Ansteckungstheorie zu erwarten wäre.

11

Die entscheidenden Tests

Wir lassen ständig zahllose Informationen ungenutzt, während Bakterien und Viren aus dem All mit Pflanzen und Tieren in Wechselwirkung treten. Nur wenn wir selbst betroffen sind, weil wir selbst oder unser Vieh oder unsere Nutzpflanzen erkranken, schenken wir dem Geschehen unsere Aufmerksamkeit, und auch dann gehen die meisten Informationen verloren. Glücklicherweise kommen ständig neue Informationen hinzu. Obwohl fast alles, was 1999 geschah, verloren gegangen ist, wird in diesem Jahr ein weiterer Strom von Daten zur Verfügung stehen, und ebenso im Jahr 2001 ... Was geschieht, kann nicht wirklich verloren gehen.

Wir waren erstaunt, wieviel man schon um den Preis einiger Briefmarken in Erfahrung bringen kann. Das lernten wir von dem holländischen Arzt J. J. van Loghem, dessen Geschichte Sir Christopher Andrewes in seinem Buch *The Common Cold* (London 1965) erzählt:

»Van Loghem führte 1925 und 1926 eine postalische Befragung von etwa 7000 Menschen in verschiedenen Teilen der Niederlande durch, die den Zeitraum von September bis Juni abdeckte. Er wollte erfahren, wie das Auftreten von Erkältungen sich in zeitlicher und räumlicher Hinsicht verteilt. Er analysierte die Ergebnisse seiner Befragung und fasste sie zu Kurven zusammen. Im zeitlichen Verlauf zeigten die Kurven ein recht kompliziertes Bild. Erstaunlich war jedoch, dass die komplizierten Kurven aus den verschiedenen Teilen Hollands in ihrem Verlauf bemerkenswerte Übereinstimmungen zeigten. Daraus ergaben sich zwei Erkenntnisse: Anstieg und Rückgang der Erkältungen erfolgten überall zu etwa denselben Zeiten, und das Ausmaß des Anstiegs war gleichfalls dasselbe. Van Loghem bemerkte mit durchaus guten Gründen, dass all dies nicht zu dem Gedanken einer schrittweisen Ausbreitung von Mensch zu Mensch passte. Und hier handelt es sich keineswegs um einen isolierten Befund. Auch aus den Vereinigten Staaten liegen ähnliche Untersuchungen mit ähnlichen Ergebnissen vor.«

Der einzige vernünftige Zweifel, den man an Loghems Bericht hegen kann, betrifft die Frage, ob er seine Kurven korrekt eingetragen hat, doch als andere zu ähnlichen Ergebnissen gelangten, waren diese Zweifel ausgeräumt, und es zeichnete sich ein klares Bild ab. Da die Welt nicht in sich selbst widersprüchlich ist, war diese Frage nun geklärt: Die gewöhnliche Erkältung hatte eine Ursache, die ein ganzes Land im Wesentlichen gleichzeitig traf, und an dieser Tatsache ließ sich absolut nicht rütteln. Es bedurfte keines weiteren Beweises. Soweit es die gewöhnliche Erkältung betraf, war die Ansteckungstheorie tot, und das schon seit 1926.

Praktische Ärzte in den gemäßigten Breiten der nördlichen Hemisphäre machen alljährlich die Erfahrung, dass ihre Praxen im Februar und März von Patienten überquellen, also genau zu der Zeit im Jahr, zu der eine gewaltige Zahl kleiner Teilchen aus der Stratosphäre herabsinkt, wie *Abbildung 8* in Kapitel 8 demonstriert. *Abbildung 13* zeigt die mit der Regelmäßigkeit einer Uhr wiederkehrende Zu- und Abnahme der dadurch bedingten spätwinterlichen Erkrankungen.

Wenn wir davon ausgehen, dass die in *Abbildung 13* beobachtbare Regelmäßigkeit auf eine vertikale Bewegung in der Stratosphäre zurückgeht, die den betreffenden Erreger in Bodennähe bringt, dann folgt daraus notwendig, dass auf der Südhalbkugel ein ähnlicher Effekt auftreten muss, nur dass Sommer und Winter vertauscht sind, also den auf der Nordhalbkugel schwierigen Monaten Januar bis März auf der Südhalbkugel die Monate Juli bis September entsprechen. Wir haben keine verlässlichen Daten über die Häufigkeit von Viralen Atemwegsinfektionen auf der Südhalbkugel, aber es gibt einige Daten zur Influenza A, die gleichfalls zu den verbreiteten winterlichen Erkrankungen auf der Nordhalbkugel gehört. Der erwartete Wechsel zwischen Sommer und Winter ist in *Abbildung 14* leicht zu erkennen, während sich in den Tropen (Sri Lanka) solch ein Wechsel nicht beobachten lässt.

Wir haben uns entschlossen, statt der britischen die schwedischen Daten anzuführen, nicht weil hier irgendein bedeutsamer Unterschied zwischen Schweden und Großbritannien bestünde, sondern um zu zeigen, dass die bloße Kälte keinen relevanten Faktor darstellt. Schweden hat sehr kalte Winter, Australien dagegen sehr milde, die kaum kälter sind als der schwedische Sommer. Wenn die Kälte allein ein wichtiger Faktor wäre, hätte man das unter kontrollierten Laborbedingungen beweisen können, aber das ist nicht geschehen.

Wenn die Erde eine glatte Oberfläche aufwiese, dürfte man erwarten, wie in Kapitel 8 gezeigt, dass Bakterien und Viren in gleichen geographischen Breiten etwa zur selben Zeit den Boden erreichen. Sieht man von den Rocky Mountains in Nordamerika ab, gibt es zwischen 45° und 60° nördlicher Breite einen Gürtel

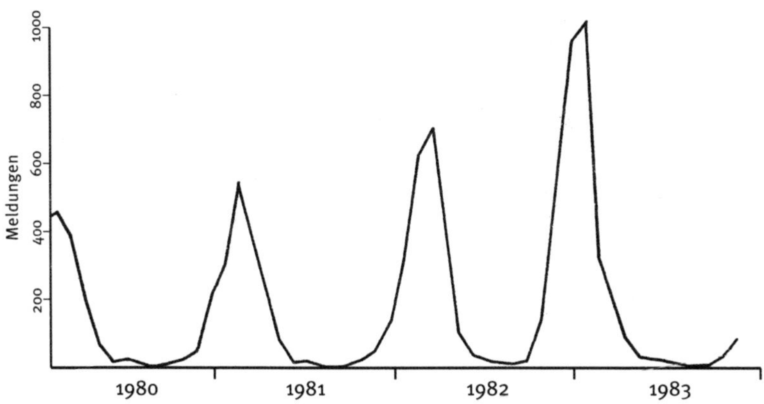

Abbildung 13: Häufigkeit von Viralen Atemwegsinfektionen in England und Wales (*Communicable Disease Report* 83/49, Communicable Disease Surveillance Center, London 1983)

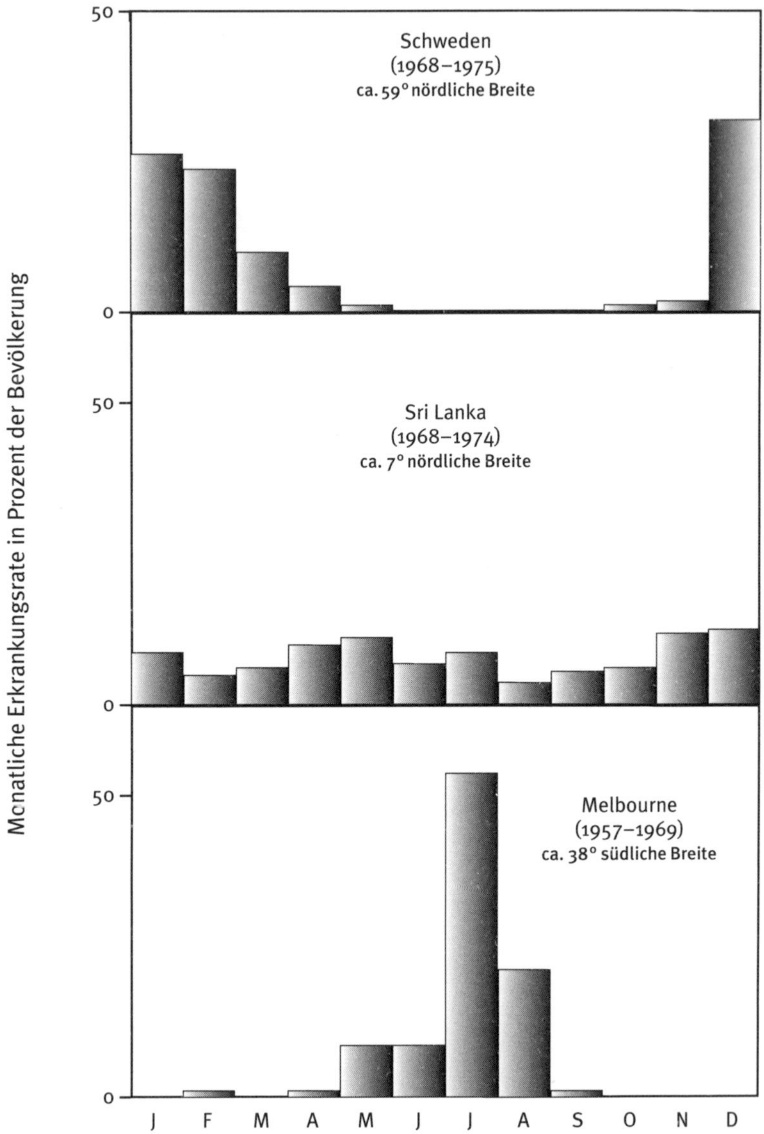

Abbildung 14: Häufigkeit von Influenza A in drei verschiedenen Ländern

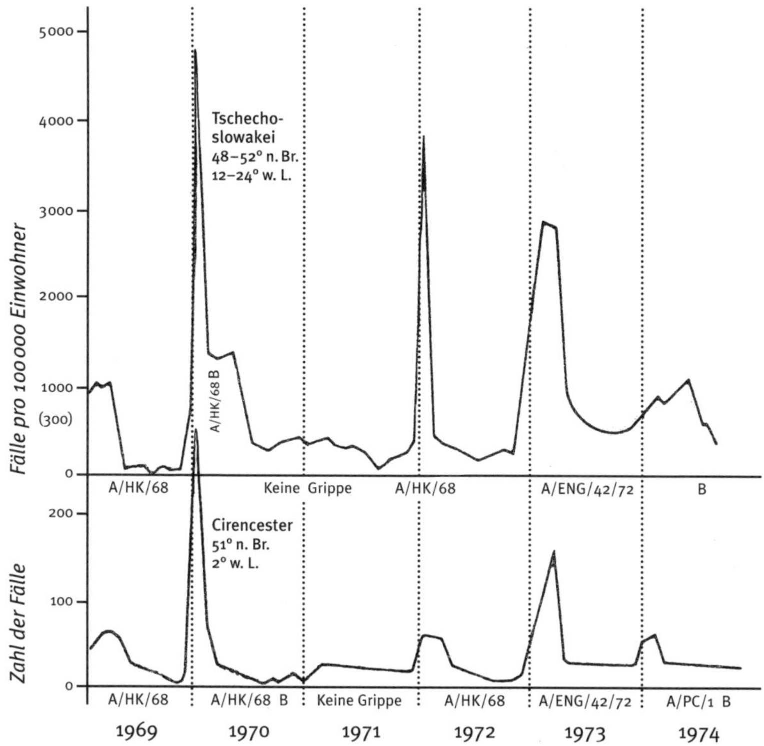

Abbildung 15: Grippehäufigkeit in Prag und Cirencester, England (nach E. Hope-Simpson)

um die Erde, in dem das Land nur geringfügig über dem Meeresspiegel liegt, so dass dort für gleiche Breitengrade die Regel eines nahezu gleichzeitigen Eintreffens weitgehend erfüllt sein dürfte. Edgar Hope-Simpson ist die bemerkenswerte Ähnlichkeit aufgefallen, die zwischen seinen Daten für die Influenzahäufigkeit im Bezirk Cirencester in England und den Daten für Prag besteht (siehe *Abbildung 15*).

Hope-Simpson hat in der neueren Diskussion um die Geltung der Ansteckungstheorie eine herausragende Rolle gespielt, insbesondere im Blick auf die Grippe und die gewöhnliche Erkältung. Als praktischer Arzt hatte er Gelegenheit, die Ansteckungstheorie einem entscheidenden Test zu unterziehen. In den beiden ausgeprägten Grippejahren 1968/69 und 1969/70 beobachtete er eine hinreichend große Zahl von Haushalten, in denen es wenigstens zu einem Grippefall kam. Er zeichnete dann weitere Fälle auf, die nach dem ersten Fall im selben Haushalt auftraten. Da die Mitglieder ein und desselben Haushalts, insbesondere Eheleute, gemeinhin in engem Kontakt stehen, müsste die Ansteckkung, sofern sie überhaupt von Bedeutung ist, in den betroffenen Haushalten innerhalb der üblichen Inkubationszeit von drei Tagen nach dem Auftreten des ersten Falls zu einem signifikant höheren Auftreten weiterer Erkrankungen führen. Aber wie *Abbildung 16* zeigt, war das keineswegs der Fall. Die Neuerkrankungen gipfelten nicht am zweiten oder dritten Tag nach dem Auftreten des ersten Falls; die späteren Fälle verteilten sich mehr oder weniger gleichmäßig über viele Tage, und insgesamt lag die Infektionshäufigkeit nicht über dem Vergleichswert der Gesamtbevölkerung. Wie Loghems Ergebnisse später von anderen Forschern reproduziert wurden, so wurden auch Hope-Simpsons

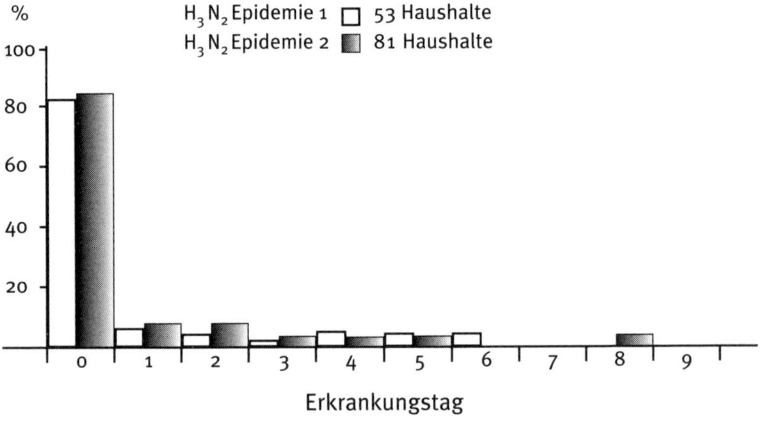

Abbildung 16: Anteil weiterer Grippeerkrankungen in Haushalten, in denen bei den Epidemien 1968/69 und 1969/70 im englischen Cirencester bereits (am Tag 0) ein Mitglied erkrankt war (nach Daten von E. Hope-Simpson)

Ergebnisse 1981 von Wissenschaftlern des britischen Gesundheitsdienstes verifiziert.

Wie in Kapitel 8 dargestellt, gelangen Viren aus der Stratosphäre entweder in Regentropfen oder in Eiskristallen (Schneeflocken) in Bodennähe. Wenn sie in unmittelbarer Bodennähe in der Luft zirkulieren sollen, müssen die Regentropfen vor Erreichen des Bodens verdunsten. Das führt zu Unregelmäßigkeiten in der Verteilung der Viren, und zwar sowohl in räumlicher als auch in zeitlicher Hinsicht. Da es nur dann schneit, wenn die untere Luftschicht kalt ist, besteht bei Schneewetter wie im Januar und Februar 1985 in England nur eine geringe Chance, dass Viren in die untere Atmosphäre freigesetzt werden. Die Verdunstung ist dann zu gering, als dass sich Schneeflocken, die Viren enthalten, vor dem Erreichen des Bodens auflösen könnten. Deshalb gilt sehr kaltes Winterwetter als gesund, wärmeres, feuchtes und vor allem dunstiges oder nebeliges Winterwetter dagegen als ungesund – auch dies ein Zeichen dafür, dass die winterliche Kälte allein keinen relevanten Faktor darstellt. So wird außerdem verständlich, warum Orte, an denen häufig Wind auftritt, der dort eventuell freigesetzte Viren rasch fortweht, als besonders gesund gelten, zum Beispiel Orte an der Küste.

Im Winter 1984/85 wurden überall auf der Erde bis Mitte Februar nur sehr wenige Grippefälle bekannt, eine ungewöhnliche Situation, die es unserem Kollegen John Watkins gestattete, andere akute Erkrankungen der oberen Atemwege in derselben Weise zu untersuchen, wie Edgar Hope-Simpson es mit der Grippe getan hatte. Seine Ergebnisse für insgesamt 80 Haushalte sind in *Abbildung 17* wiedergegeben. Auch sie beweisen, dass Ansteckung keine Rolle spielt, nur gelten diese Ergebnisse generell für akute Erkrankungen der oberen Atemwege.

John Watkins fand auch noch eine weitere Möglichkeit, die generelle Bedeutungslosigkeit der Ansteckung für die Ausbreitung von Erkrankungen der oberen Atemwege zu beweisen. Er suchte aus den Akten seiner Praxis 16 Zwillingspaare im Alter

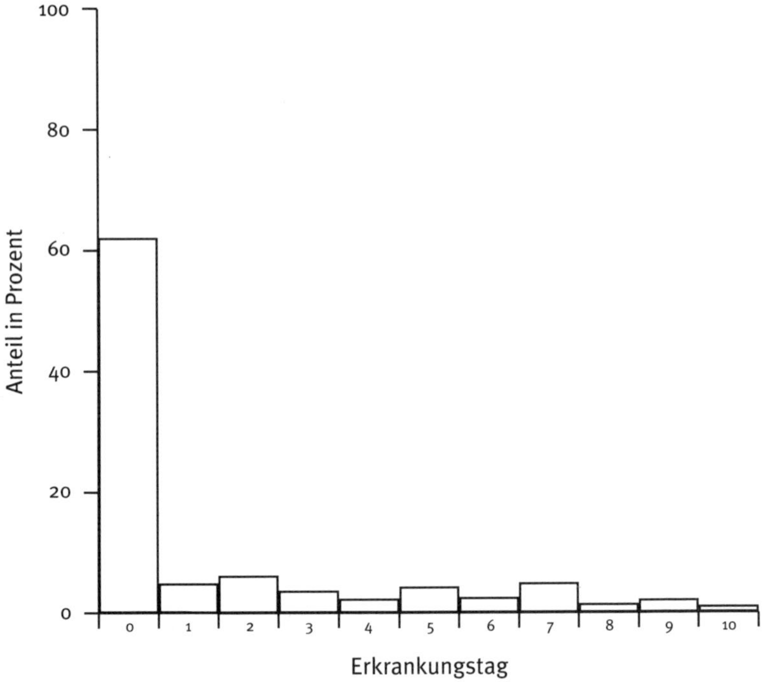

Abbildung 17: Anteil weiterer akuter Infektionen der oberen Atemwege in Haushalten, in denen bereits (am Tag 0) ein Mitglied an solch einer Infektion erkrankt war (nach Daten von John Watkins aus dem Jahr 1984/1985)

zwischen sechs Monaten und 14 Jahren heraus. Bei den 118 Fällen, in denen er jeweils einen der Zwillinge wegen akuter Infektionen der oberen Atemwege behandelt hatte, kam es nur in 28 Fällen bei dem jeweils anderen zu einer ähnlichen Infektion, und das unterscheidet sich kaum von den Verhältnissen, die man in der Gesamtbevölkerung erwarten darf. Obwohl Zwillinge dieses Alters die meiste Zeit zusammen sind und damit einer Ansteckung die besten Chancen bieten sollten, gibt es dafür kaum Belege. Selbst wenn man alle 28 Fälle auf Ansteckung zurückführte, betrüge die Wahrscheinlichkeit einer Ansteckung zwischen Zwillingen lediglich 28/118 = 0,24, und bei einer so niedrigen Übertragungswahrscheinlichkeit käme jede Epidemie rasch zum Stillstand.

Angesichts all dieser eindeutigen Belege, die gegen eine von Mensch zu Mensch erfolgende Übertragung der Viruserkrankungen der oberen Atemwege sprechen, mögen Leserinnen und Leser sich fragen, wie denn überhaupt das Phänomen der Ansteckung seinen prominenten theoretischen Stellenwert erlangen konnte. Ein Grund liegt in der Tatsache, dass einige Krankheiten, zum Beispiel die Pocken, tatsächlich ansteckend zu sein scheinen. Ein anderer Grund liegt im Einfluss zweifelhafter »Fakten«, die weithin geglaubt werden, weil unser Bildungssystem uns dazu führt, den Lehrern zu glauben, was sie sagen. Als die beiden Autoren sich in den späten 70er Jahren erstmals mit diesem Gegenstand befassten, lasen sie in Lehrbüchern, die von Mensch zu Mensch erfolgende Ansteckung der Grippe sei durch die sehr hohe Zahl von Krankheitsfällen in Kasernen oder Grundschulen bewiesen. Da wir keine Prüfungen bestehen mussten, waren wir entschlossen, dieser Behauptung nachzugehen, und im Winter 1977/78 bot sich uns auch gleich eine Gelegenheit dazu. In diesem Winter kehrte eine Unterart des Grippevirus (H_1N_1) zurück, die seit den 50er Jahren nicht mehr beobachtet worden war und gegen die daher kein Kind im schulpflichtigen Alter Immunität erworben hatte. Nach dem Vorbild van Loghems führten wir eine briefliche Befragung in etlichen Schulen mit insgesamt mehr als 20000 Schülern durch. Die Zahl der Grippefälle wurde mit 8880 angegeben, das entsprach einer durchschnittlichen Infektionsrate von 30 Prozent. Sämtliche Diagnosen waren vom schulmedizinischen Personal vor unserer Befragung erstellt worden, daher bestand keine vorgängige Korrelation zwischen den Daten und unseren Fragen (solch eine vorgängige Korrelation zwischen den Daten und der Fragestellung gehört zu den schlimmsten Sünden vieler epidemiologischer Forschungen).

In *Abbildung 18* sind die Erkrankungsraten gegen die Zahl der Schulen abgetragen. Nur drei von mehr als 100 Schulen am

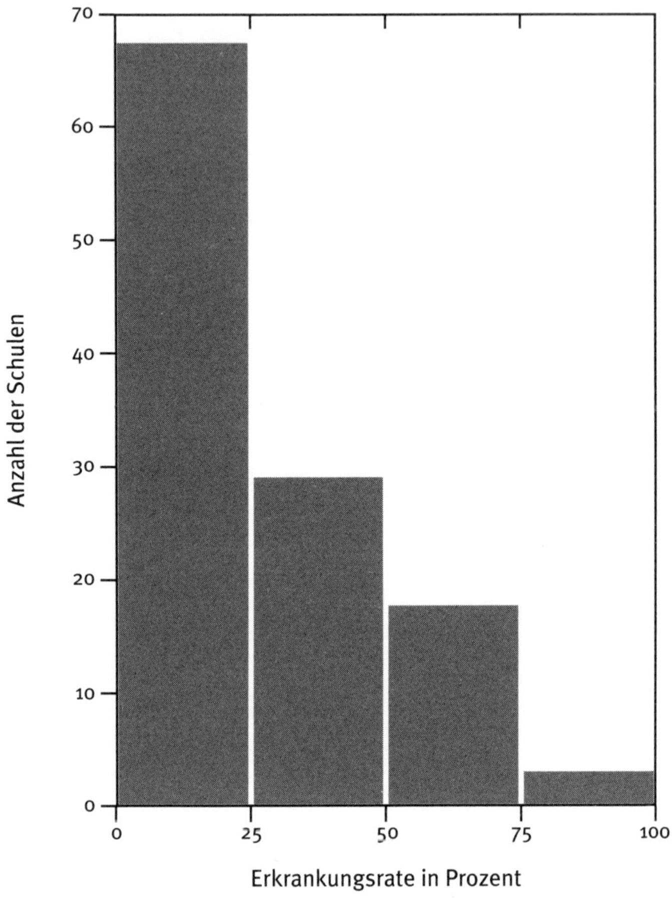

Abbildung 18: Verteilung der Grippeerkrankungen an verschiedenen Schulen in England und Wales während der Grippepandemie 1977/78

oberen Ende einer steil abfallenden Verteilung meldeten die hohe Erkrankungsrate, die angeblich die Norm sein sollte. Warum war diese Behauptung dann überhaupt jemals aufgestellt worden? Der in Kapitel 6 angeführte Aufsatz mit dem Titel »The atmospheric-germ theory«, der am 3. Februar 1870 in der Zeitschrift *Nature* erschien, verriet eine Geisteshaltung, der alles recht war und die selbst die Geltung des Pasteurschen Werkes in Frage stellte, um die von der Bakteriologie ermittelten Fakten nicht zur Kenntnis nehmen zu müssen. Hier haben wir ein Beispiel für ein Phänomen, das mit den Jahren immer stärker angewachsen ist und heute in der Wissenschaft endemische Ausmaße erreicht hat. Die Bereitschaft, Dogmen auch mit falschen Behauptungen zu stützen, kennt keine Grenzen, sofern die Betreffenden nicht mit Widerstand rechnen müssen. Wenn man an den Grenzen der Wissenschaft arbeitet, gehört es zu den härtesten Aspekten, dass man entscheiden muss, was wirklich von Bedeutung und was bloß arglistige Täuschung ist. Und wenn es viel Zeit, Mühe und Geld kostet, jemanden einer Täuschung zu überführen, ist man letztlich sogar gezwungen, aufgrund von Urteilen über dessen Persönlichkeit herauszufinden, was wahr und was falsch ist.

Unsere briefliche Befragung ergab noch eine Reihe weiterer Ergebnisse, auf die wir hier nicht eingehen können, doch einige Details seien noch erwähnt. *Abbildung 19* vergleicht die Erkrankungsraten bei Internats- und externen Schülern für solche Schulen, die beide Möglichkeiten anboten. Jeder Punkt steht für eine Schule, und die Erkrankungsraten der beiden Schülertypen sind auf den entsprechend gekennzeichneten Achsen abzulesen. Obwohl behauptet wird, Internatsschüler seien wegen der gemeinsamen Schlafsäle einer stärkeren Infektionsgefahr ausgesetzt, lassen sich dafür kaum Anhaltspunkte finden. Zwar haben wir es eher mit einer 40°-Linie als mit einer exakten 45°-Linie zu tun, aber dieser Unterschied bleibt innerhalb der erwarteten statistischen Streuung. Es gibt sogar viele Fälle, in denen die externen Schüler eine höhere Erkrankungsrate aufweisen als die Internatsschüler. Das lässt sich schwerlich durch eine Ansteckung von Mensch zu Mensch erklären, denn das würde voraussetzen, dass die externen Schüler nach dem Verlassen der Schule mehr infizierende Kontakte gehabt hätten als in der Schule selbst, und zwar systematisch, so dass die hohe Erkrankungsrate von 70 Prozent zu-

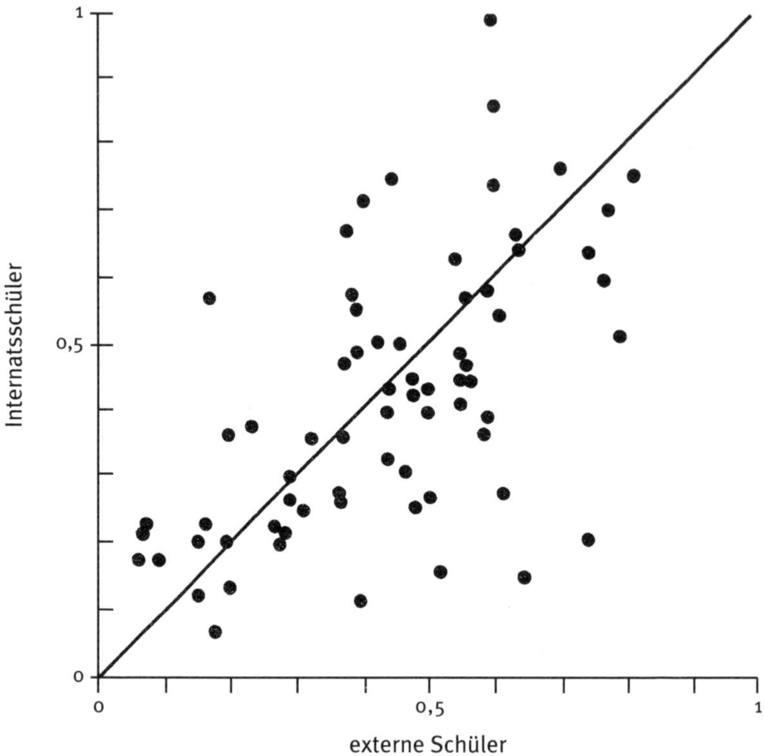

Abbildung 19: Korrelation zwischen den Erkrankungsraten von Internats- und externen Schülern an jeweils denselben Schulen in England und Wales während der Grippepandemie 1977/78

stande kommen konnte, die wir bei den externen Schülern einiger Schulen fanden.

Es stellte sich heraus, dass Erkrankungsraten um 30 Prozent sich am besten für die Untersuchung der Variationen innerhalb einzelner Schulkomplexe eigneten, da sehr hohe Raten naturgemäß so gut wie keine Abweichungen erwarten lassen, während sehr niedrigen Raten zuwenig statistisches Gewicht zukommt. Am Eton College waren von 1248 Schülern 441 an Grippe erkrankt, das entspricht einer Erkrankungsrate von 35 Prozent, die wegen der hohen Schülerzahl auch von hohem statistischen

Gewicht sind. Glücklicherweise hatte der Schularzt in Eton, Dr. J. Bristoe, schon seit langem herauszufinden versucht, wie sich seine Beobachtungen mit der Ansteckungstheorie erklären ließen. Er hatte umfangreiches Datenmaterial über die Verteilung der Erkrankten auf etwa 25 Wohneinheiten gesammelt. Zu jeder Wohneinheit gehörten etwa 50 Schüler, so dass man jeweils mit 17 Erkrankten rechnen durfte, wenn die Verteilung dem Zufall folgte. Aus solchen Zahlen ließen sich gut Standardabweichungen (eine statistische Maßzahl für die Abweichung vom Zufall) berechnen; die Ergebnisse sind in *Abbildung 20* dargestellt. Zwei Wohnein-

Abbildung 20: Standardabweichungen (in Sigma) der Grippeerkrankungsraten von der Durchschnittsrate in den 25 Wohneinheiten des Eton College während der Grippepandemie 1977/78. Die Abweichungen von der Standardabweichung wurden für jede Wohneinheit gesondert berechnet.

heiten weisen deutliche Abweichungen nach oben in Höhe von vier Punkten auf, bei einer findet sich die bemerkenswerte Abweichung von sechs Punkten nach unten. Da die Schüler der verschiedenen Wohneinheiten beim Unterricht und bei ihren Freizeitaktivitäten zusammenkamen, lassen sich die beträchtlichen Abweichungen gegenüber der Zufallserwartung unmöglich durch eine von Mensch zu Mensch erfolgende Übertragung erklären. Die Ergebnisse legen vielmehr den Schluss nahe, dass das Eton College auf vertikalem Wege von dem Grippevirus getroffen wurde, und zwar in den Nachtstunden oder möglicherweise auch

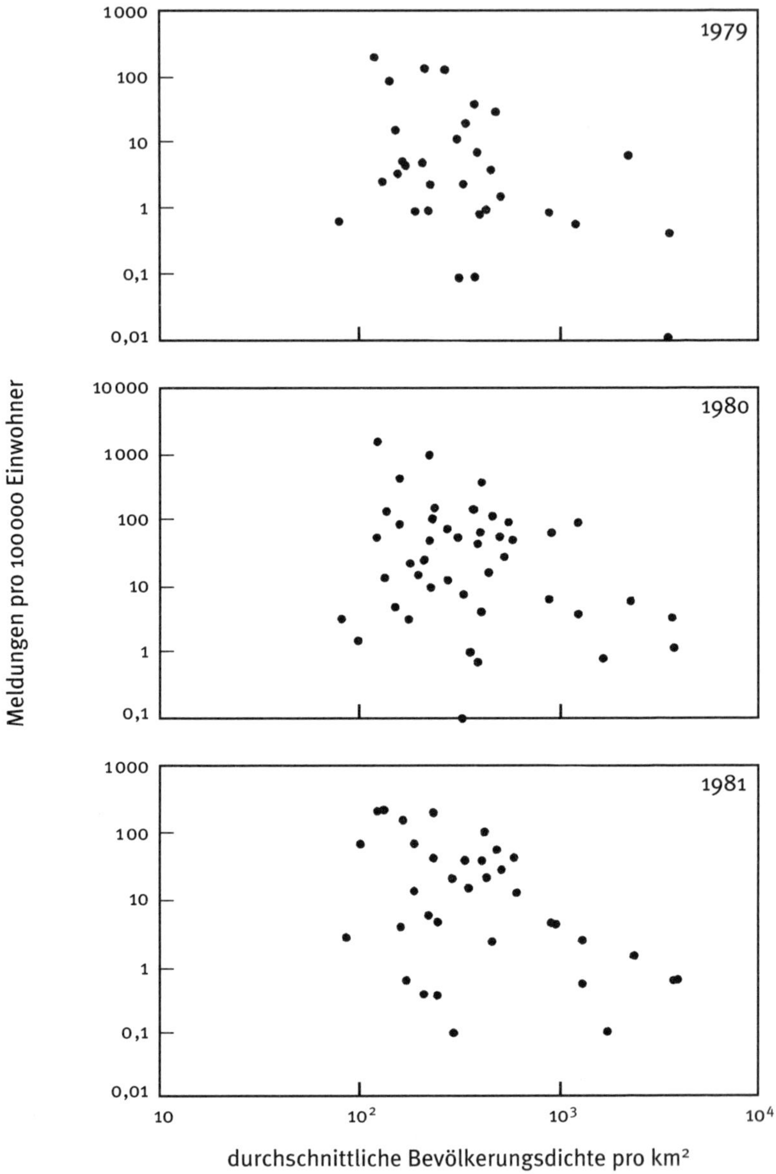

Abbildung 21: Gemeldete Fälle von Influenza A in den japanischen Präfekturen im Verhältnis zur jeweiligen Bevölkerungsdichte

am Wochenende, und dass der vertikale Einfall räumlich nicht gleichmäßig erfolgte, so dass manche Wohneinheiten stärker betroffen waren als andere. Dr. Bristoe teilte uns mit, dass es bei anderen Grippewellen ähnliche Unterschiede gegeben hatte, die jedoch nicht dieselben Wohneinheiten betrafen. Eine ungleichmäßige Verteilung der einfallenden Grippeviren in Bodennähe, die aus kleinen Unterschieden in der Verdunstung der Wassertropfen resultiert, muss sich natürlich nicht von einer Grippewelle zur nächsten in derselben Form wiederholen.

Weitere Belege, die gegen die gängige Lehre der Grippeübertragung sprechen, stammen aus japanischen Untersuchungen. In manchen japanischen Präfekturen (Verwaltungsbezirken) gibt es eine Bevölkerungsdichte von mehr als 2000 Einwohnern pro Quadratkilometer, während andere nicht einmal eine von 200 Einwohnern pro Quadratkilometer erreichen. In *Abbildung 21* sind für mehrere Jahre die Infektionsraten der verschiedenen Präfekturen nach der jeweiligen Bevölkerungsdichte dargestellt. Wenn die gängige Theorie zuträfe, müssten die Erkrankungsraten mit der Bevölkerungsdichte deutlich anwachsen. Solch ein Effekt ist jedoch nicht zu beobachten. In *Tabelle 3* ist die Zahl der Erkrankungen in einer Reihe von Präfekturen für fünf verschiedene Jahre aufgeführt. Die ausgeprägte Uneinheitlichkeit stützt gleichfalls den Gedanken, dass der Viruseinfall von meteorologischen Bedingungen abhängt. Die Ergebnisse in *Abbildung 20* und *Tabelle 3* sind mit einem Ansteckungsmodell nicht zu vereinbaren und zeigen, dass die Erkrankungsraten von der Lage der Schule oder der Region innerhalb des Einfallsmusters bestimmt sind, und dieses Einfallsmuster zeigt Unregelmäßigkeiten, die sich in Größenordnungen von 100 Metern bis zu 100 Kilometern bewegen.

Tabelle 3: Gemeldete Grippefälle pro 100 000 Einwohner in elf japanischen Präfekturen

Präfekturnummer	durchschnittliche Bevölkerungsdichte pro km²	1970	1977	1979	1980	1981
8	423	6,6	61,4	1,0	16,8	2,5
11	1 580	114,4	1,4	–	0,8	0,1
12	869	37,4	5,5	–	6,4	4,2
13	3600	63,4	2,8	0,4	1,1	0,6
14	2197	51,7	20,5	6,7	5,7	1,4
15	205	113,3	2,0	5,4	25,2	6,3
16	225	67,5	312,1	2,5	101,6	4,9
17	217	399,7	95,9	139,1	10,8	0,4
18	117	375,5	2 750,4	–	57,1	264,4
19	189	126,0	19,1	1,0	16,5	0,4
20	165	5,6	49,7	5,9	3,5	–

Quelle: Jahresdaten japanischer Gesundheitsbehörden

Im Allgemeinen ist es leichter, die Theorie der aus dem Weltall einfallenden Bakterien und Viren an Daten über Viruserkrankungen zu testen, doch zumindest in einem Fall scheint auch eine bakterielle Erkrankung sehr aussagekräftig zu sein, vor allem weil es Hinweise gibt, die darauf hindeuten, dass die betreffenden Bakterien von einem ganz bestimmten Kometen stammen. Seit langem ist bekannt, dass der Keuchhusten in einem Zyklus von 3,4–3,5 Jahren auftritt, und man erklärt diesen Zyklus mit der Dichte der anfälligen Personen. Wenn der Kreis der anfälligen Kinder sich durch eine Keuchhustenepidemie weitgehend erschöpft hat, dauert es nach dieser Vorstellung dreieinhalb Jahre, bis genügend Kinder nachgewachsen sind, um eine neue Epidemie zu ermöglichen. Dieser Theorie zufolge müßte eigentlich ein Zusammenhang zwischen der Periodenlänge und der Bevölkerungsdichte bestehen, wobei innerstädtische Bereiche mit hoher Bevölkerungsdichte die kürzesten Perioden und dünn besiedelte Gebiete entweder längere Perioden oder gar keine Periodizität aufzuweisen hätten. Aber zumindest in Großbritannien zeigte sich überall, in Stadt und Land, genau dieselbe Periodizität, im scharfen Gegensatz zu dieser Theorie – die eigentlich sofort hätte aufgegeben werden müssen. Statt dessen lehrt man sie seit fast einem Jahrhundert.

Abbildung 22 zeigt die Zahl der in Großbritannien gemeldeten Keuchhustenfälle für die Zeit von 1940 bis 1982. Wäre die Theorie korrekt, hätte die plötzliche Verringerung der Dichte anfälliger Kinder durch die Einführung einer wirksamen Schutzimpfung in den 50er Jahren eigentlich zu einer deutlichen Störung der Periodizität oder zu deren vollständigem Verschwinden führen müssen. Doch die Periodizität besteht unverändert fort, nur dass die Zahl der Fälle sich deutlich verringert hat. Die Daten in *Abbildung 22* sprechen deutlich für eine von außen erzwungene Periodizität, wie sie aufträte, wenn das Bakterium *Bordetella pertussis* (das den Keuchhusten verursacht) in regelmäßigen Abständen auf der Erde einträfe. Denkt man dabei an einen Kometen, kann der Übeltäter

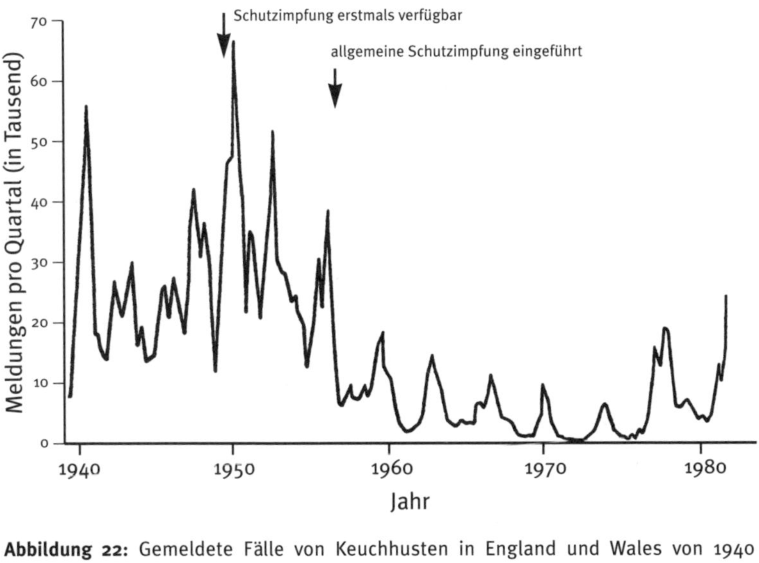

Abbildung 22: Gemeldete Fälle von Keuchhusten in England und Wales von 1940 bis 1982

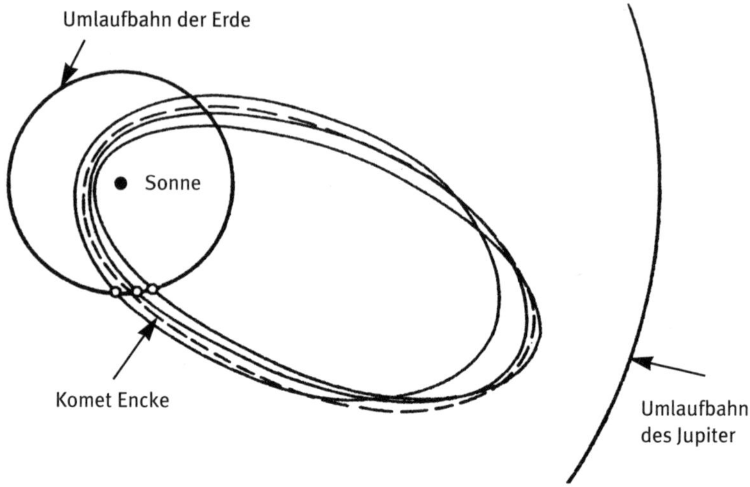

Abbildung 23: Umlaufbahnen der Überreste dreier großer Bruchstücke des Kometen Encke, die die Umlaufbahn der Erde an den markierten Punkten kreuzen. Aufgrund störender Einflüsse des Jupiters haben die Umlaufbahnen der Trümmer sich von der des Kometen (gestrichelte Linie) entfernt, die Umlaufzeiten haben sich entsprechend verändert.

nur der Komet Encke sein. Es ist bekannt, dass kleine Teilchen, die vom Kometen Encke stammen, in die Erdatmosphäre gelangen. Die Teilchen haben eine Größe, die sich in der Größenordnung von etwa einem Millimeter bewegt. Sie verglühen beim Eintritt in die Erdatmosphäre und bilden zwei getrennte Meteoritenschauer: die Beta-Tauriden vom 23. Juni bis zum 7. Juli und die Alpha-Tauriden vom 20. Oktober bis zum 25. November. In diesen Zeiträumen durchquert die Erde jeweils den Strom der von Encke hinterlassenen Trümmer. In *Abbildung 23* sind diese Ströme als Projektion auf die Ebene der Erdumlaufbahn dargestellt.

Der Komet Encke ist unter den Kometen insofern ungewöhnlich, als seine gesamte Umlaufbahn innerhalb der Umlaufbahn des Jupiter liegt. Das verweist auf eine ebenso ungewöhnliche Geschichte, zu der eine nahe Begegnung mit einem der inneren

Planeten wie auch mit Jupiter und möglicherweise mit Neptun gehören dürfte. Angesichts solch einer Geschichte ist Encke wahrscheinlich nur noch ein Bruchstück des ursprünglichen Kometen, und tatsächlich bestehen die in *Abbildung 23* dargestellten Tauridenströme aus weiteren kleinen Bruchstücken. Victor Cube, Bill Napier und andere haben den Gedanken geäußert, dass der ursprüngliche Komet außergewöhnlich groß gewesen sein müsse und dass viele der Trümmer nicht kleiner waren als der Komet Encke selbst. Ein Bruchstück des Kometen hat möglicherweise vor gar nicht langer Zeit die Erde getroffen, wie wir in Kapitel 13 noch sehen werden.

Wenn ein größerer Himmelskörper in mehrere Teile zerbricht, bewegen sich die Trümmerstücke zunächst im Wesentlichen auf derselben Umlaufbahn. Da die Annäherung an Jupiter jedoch zu leicht unterschiedlichen Zeiten und unter leicht veränderten Konstellationen stattfindet, driften ihre Umlaufbahnen mit der Zeit immer stärker auseinander. *Abbildung 23* zeigt, wie stark die Umlaufbahnen dreier Trümmerstücke in der Projektion auf die Erdumlaufbahn inzwischen voneinander abweichen. Die Umlaufbahn des ursprünglichen Kometen hat vermutlich die Erdumlaufbahn gar nicht gekreuzt, aber einige seiner Bruchstücke tun das mittlerweile aufgrund der von Jupiter ausgehenden Störungen sehr wohl.

Die größte Wahrscheinlichkeit, dass solche Abweichungen zu Umlaufbahnen führen, die die der Erde kreuzen, besteht dann, wenn die Umlaufperiode eines derartigen Kometenfragments einen genauen Bruchteil der 11,86 Jahre dauernden Umlaufzeit des Jupiter beträgt. So könnten Bruchstücke mit einer Umlaufzeit von beispielsweise zwei Siebteln der Umlaufperiode des Jupiter dazu führen, dass eine ursprüngliche Umlaufbahn in beträchtlichem Abstand zu jener der Erde, wie es bei Encke der Fall ist, sich so verändert, daß sie unsere Umlaufbahn kreuzt. Zwei Siebtel von 11,86 Jahren sind aber 3,39 Jahre – und dieser Wert kommt nun wiederum der Periodizität des Keuchhustens sehr nahe (zumal man bedenken muss, dass der Zeitraum, den Bakterien benötigen, um die Erdatmosphäre zu durchqueren, eine Streuung von etwa einem Jahr umfaßt). Wir halten diese Zusammenhänge für bedenkenswert.

Wenn diese Überlegungen zutreffen, gäbe es sehr gute Gründe, eine Raumsonde zum Kometen Encke zu schicken. Der Komet ist für uns jederzeit erreichbar. Selbst im Aphel, dem Punkt seiner größten Sonnenferne, ist er uns näher als Jupiter. Im Aphel ist außerdem seine Geschwindigkeit nur gering, sie beträgt nur ein Zehntel derjenigen, die der Komet Halley bei der letzten Begegnung 1985/86 hatte. Deshalb und weil Encke nicht soviel Staub ausstößt wie Halley, dürfte es weder sonderlich schwierig noch gefährlich sein, in seiner näheren Umgebung Proben zu sammeln. Wahrscheinlich bedürfte es nicht einmal sonderlicher technischer Fortschritte, um auf Encke zu landen, Materialproben zu sammeln und zur Erde zurückzubringen. (Es gibt sogar Pläne dafür, darunter auch ein Projekt der Europäischen Raumfahrtagentur ESA mit der Bezeichnung Rosetta, aber ob sie auch realisiert werden, muss sich noch zeigen.) Falls der Erreger des Keuchhustens wirklich vom Kometen Encke stammt, dürfte er auch für weitere Erreger verantwortlich sein, darunter auch Viren. Im Perihel, also relativ nah zur Erde, befand sich Encke unter anderem 1918, 1947, 1957, 1967 und 1977, sämtlich Jahre, in denen der Grippevirus sich besonders stark bemerkbar machte.

Wenn es möglich wäre, Krankheitserreger an ihrer Quelle oder an ihren Quellen einzusammeln, und zwar bevor sie die Erde erreichen, böten sich ganz neue Möglichkeiten zur frühzeitigen Entwicklung von Impfstoffen. Die gesamte Präventionsmedizin würde dadurch revolutioniert.

Abgesehen von den düsteren militärischen Anwendungen bestand die Raumfahrt bislang nur aus einer Reihe von Projekten, die öffentliche Aufmerksamkeit erregen sollten. Der entscheidende Faktor bei den Mondlandungen war nicht die Forschung, sondern die Frage, wie lange das Publikum sein Interesse bewahren würde, und als das Publikum zu gähnen begann, stellte man die Mondflüge ein. Seither haben wir unbemannte Landungen auf Venus und Mars erlebt sowie Vorbeiflüge an den Planeten Jupiter, Saturn, Uranus und Neptun. Nichts davon hatte seine eigene Schwungkraft, im Unterschied zu den militärischen Anwendungen. Doch wenn die oben vorgestellten Überlegungen zutreffen – und die Belege in den *Abbildungen 21* bis *23* lassen erkennen, dass gute Chancen dafür bestehen –, dann gäbe es ein starkes und nachhaltiges Motiv für die Raumfahrt, eine positive Zielsetzung, die der negativen militärischen weit überlegen wäre. Zum ersten Mal in der Geschichte der Menschheit hätten wir die Möglichkeit, uns vor solchen Krankheiten zu schützen. Statt passiv abzuwarten, bis sie zuschlagen, und dann nach Mitteln zu suchen, mit denen sich ihre Wirkung abmildern lässt, könnten wir sie direkt an ihrer Quelle angreifen.

12

Wieviel Evolution hat es wirklich gegeben?

Es ist ein Unglück, dass die wirklich schwierige Frage nach dem Ursprung und der Evolution der Lebewesen im 19. Jahrhundert zum Gegenstand eines Kulturkampfes wurde, der als rein menschliche Angelegenheit ganz und gar nichts mit der objektiven wissenschaftlichen Realität zu tun hatte. Darwins Buch *Über die Entstehung der Arten* wurde nicht deshalb berühmt, weil es irgendetwas Neues enthalten hätte, sondern weil es als Kriegserklärung einer neuen Kultur an die alte jüdisch-christliche Kultur empfunden wurde, die sich durch Naturwissenschaft, Industriegesellschaft und sozialistische Gesellschaftsmodelle bedroht fühlte. Darwin griff in seinem Buch weitestgehend auf bereits veröffentlichte Arbeiten anderer Autoren zurück, sein Ruhm gründete weit mehr auf liberalistischem Gedankengut als auf originären wissenschaftlichen Aussagen. Aus Thomas Henry Huxleys *Life and Letters* wissen wir, dass er die große Aufgabe der letzten Jahrzehnte des 19. Jahrhunderts darin erblickte, das herrschende jüdisch-christliche Dogma durch neue Ideen zu ersetzen. Die Kontrahenten im erbitterten Streit zwischen Kirche und Wissenschaft machten sich kaum die Mühe, relevante wissenschaftliche Fragen und Probleme eingehend zu prüfen. Bei jeder wissenschaftlichen Frage hieß es, das stehe alles »bei Darwin« – ein wissenschaftlicher Fundamentalismus, der sich in seinem Denken kaum vom religiösen Fundamentalismus unserer Zeit unterschied. Jede Hoffnung auf ein besseres Verständnis des Ursprungs und der Evolution der Lebewesen wurde dadurch zunichte, und wahrscheinlich wird es noch eine Weile so bleiben, weil der Darwinismus so tiefe Wurzeln in unserem Bildungssystem geschlagen hat.

Schon lange vor Darwin hatten Naturforscher, die sich um die Klassifikation der Pflanzen und Tiere nach ihren strukturellen Formen bemühten, ausgeprägte Ähnlichkeiten bemerkt, so unter anderem im Knochenbau der Gliedmaßen von Tieren, die eindeutig auf Verbindungen zwischen weit voneinander entfernten Klassen hindeuten, zum Beispiel zwischen Reptilien und Säugetieren. Die Frage war, wie man diese Verbindungen erklären sollte. Eine Möglichkeit war die Evolution aus einem gemeinsamen Ursprung, so dass die Nachkommen zumindest einige Merkmale ihrer entfernten Vorfahren gemein hatten, so unterschiedlich sie sich ansonsten entwickelt haben mochten. Eine andere, absolut denkbare Möglichkeit besteht darin, dass die Konstruktion der Pflanzen und Tiere von einer Reihe genetischer Unterprogramme gesteuert wird. In diesem Fall würden morphologische Ähnlichkeiten lediglich auf die Verwendung und Anpassung derselben Unterprogramme hinweisen, ohne dass dafür eine evolutionäre Verbindung erforderlich wäre. Was für eine Evolution dann stattgefunden hat, bliebe eine offene Frage.

Ohne Kenntnis der modernen Genetik war es im 19. Jahrhundert unmöglich, diese zweite Möglichkeit wissenschaftlich zu formulieren, das heißt in einer Weise, die durch Beobachtung und Experiment überprüft werden konnte. Die zweite Möglichkeit musste daher religiös formuliert werden, denn eine Religion gestattet es, Gedanken auszudrücken und anzuwenden, bevor ihre Zeit gekommen ist. Man sagte, Gott habe die biologischen Arten geschaffen. Wenn es ihm gefallen hatte, Pflanzen und Tiere mit morphologisch ähnlichen Merkmalen zu erschaffen, zum Beispiel mit Gliedmaßen, die einen ähnlichen Knochenbau aufweisen, wie es bei Reptilien und Säugetieren der Fall ist, dann war das eben so – Amen –, und es gab nichts weiter darüber zu sagen. »Amen«, die Devise, wonach Gott so allmächtig ist, dass alle weiteren Fragen sich von selbst verbieten, funktionierte viele Jahrhunderte lang, doch in der zweiten Hälfte des 19. Jahrhunderts war das nicht länger möglich. In ganz Europa schwand die Macht der Monarchen dahin, und der Gedanke der Allmacht verlor seine Glaubwürdigkeit, ein Prozess, der heute seinen Abschluss gefunden hat – und zwar dank eines der erstaunlichsten Phänomene in der Geschichte der Gesellschaft: des Fernsehinterviews, bei dem Staatsoberhäupter tagtäglich vor den Interviewern zittern. Man hat das Gefühl, selbst die römischen Kaiser wären in solchen Interviews auf menschliches Maß geschrumpft. Ersetzt man nun Gott durch genetische Unterprogramme, die von außen auf die Erde gelangen, wird die zweite Möglichkeit logisch ebenso akzeptabel wie die erste, evolutionäre Möglichkeit. Das Problem besteht nun darin, das rechte Verhältnis zwischen ihnen zu finden, wobei sich durchaus zeigen mag, dass sie sich wechselseitig keineswegs ausschließen, wie man nach dem im 19. Jahrhundert geführten Kulturkampf meinen könnte.

Als man die zweifellos vorhandenen strukturellen Ähnlichkeiten zwischen Pflanzen und Tieren im Sinne des Evolutionsgedankens interpretiert hatte, wurden die Klassifikationsschemata, die von Naturforschern auf empirischer Grundlage entwickelt worden waren, in ein evolutionäres Schema übersetzt, das seine bildhafte Darstellung in dem vielfach verzweigten Baum des Lebens fand. Der Urstamm des Baums wurzelte Darwin zufolge in einem kleinen Teich mit Phosphorsalzen aller Art, ein Gedanke, der im 20. Jahrhundert in die in Kapitel 3 behandelte Idee einer »Ursuppe« übersetzt wurde. Der Urstamm verzweigte sich dann vorgeblich in eine Reihe von Hauptästen, die von den Klassifikatoren als Reiche bezeichnet wurden. Die Hauptäste verzweigten sich in Nebenäste oder Abteilungen, diese wiederum in feinere Nebenäste oder Klassen und diese Nebenäste ihrerseits in Hauptzweige oder Ordnungen. Die Hauptzweige gabelten sich schließlich in Nebenzweige oder Gattungen auf und diese schließlich in kleine Zweiglein, die Spezies oder Arten.

Man mag sich wundern, warum in der Biologie soviel Aufhebens von den Arten gemacht wird. Warum heißt Darwins Buch *Über die Entstehung der Arten*, wenn die Arten in diesem Klassifikationsschema doch nur Äste siebten Grades darstellen? Warum nicht *Über die Entstehung der Ordnungen* oder *Über die Entstehung der Klassen?* Ein Grund liegt darin, dass die deutlichsten Belege für die Evolution auf der Ebene der biologischen Arten zu finden sind, in den letzten Sprossen des Baumes. Ein anderer Grund liegt in der Tatsache, dass die Arten weitestgehend die Ebene des Klassifikationsschemas definieren, auf der eine Kreuzung von Lebewesen möglich ist.

Grob gesagt können Lebewesen sich auf vier verschiedene Weisen fortpflanzen. Eingeschlechtliche einzellige Lebewesen vermehren sich durch Teilung oder Sprossung, durch »Klonen«, wie wir heute sagen würden. Lebewesen mit zwei verschiedenen Gensätzen, zwei Geschlechtern, haben ihrerseits drei Möglichkeiten: Sie können sich ebenfalls parthenogenetisch durch Klonen vermehren, wobei jeweils eines der Geschlechter sich selbst repliziert. Wenn es sich um Hermaphroditen handelt, enthält jedes Individuum beide Geschlechter gleichzeitig. Bei den höheren Tieren schließlich sind die Geschlechter getrennt, und die Fortpflanzung erfolgt über die Kombination zweier Gensätze, eines männlichen und eines weiblichen. Die Fortpflanzung über mehrere Generationen hinweg hängt dann entscheidend davon ab, dass die Gensätze einander sehr ähnlich sind. Gensätze, die nur bescheidene Ähnlichkeiten aufweisen, funktionieren nicht. Auf der Ebene der biologischen Art, der Äste siebter Ordnung, entscheidet sich, ob die Ähnlichkeit der Genausstattung für solch eine geschlechtliche Fortpflanzung ausreicht – und deshalb sind die Arten von so großer Bedeutung für die Biologie.

Es lässt sich mathematisch zeigen, dass dem System geschlechtlicher Fortpflanzung, bei dem der Genaustausch die Notwendigkeit einer ähnlichen Genausstattung begründet, wesentliche Bedeutung zukommt, wenn Lebewesen mit zahlreichen Genen nicht von Generation zu Generation einer ernsthaften Degeneration ausgesetzt sein sollen. Tatsächlich kann man beweisen, dass die Zahl unserer Gene sich genau in der Größenordnung bewegt, die sich mit Hilfe solch eines geschlechtlichen Fortpflanzungssystems vor einer Degeneration bewahren lässt. Das ist der Grund, weshalb auch Lebewesen, die sich gewöhnlich parthenogenetisch oder hermaphroditisch vermehren, gelegentlich eine Phase geschlechtlicher Fortpflanzung einschieben, so dass sich auch bei ihnen eine deutliche Trennung in Arten herausbildet.

Die Artenteilung schien deutlich für die Kreationisten zu sprechen. Sie argumentierten, Gott habe das so eingerichtet und dadurch jedem seiner Geschöpfe eine eigene Identität gegeben. Auf die Frage, warum Gott so viele Arten geschaffen habe, zwischen denen kaum Unterschiede bestehen, gab es natürlich keine Antwort, weil es nach den Geboten der Religion verboten ist, nach den göttlichen Motiven zu fragen. Indem die Kreationisten durchaus sinnvolle Fragen abwehrten, brachten sie sich selbst in Schwierigkeiten. Es ist völlig richtig, in der Wissenschaft auch auf nebensächliche Beweise zu achten, sofern man nur jede denkbare vernünftige Frage stellt und sofern diese nebensächlichen Beweise in dieselbe Richtung weisen. Aber wer sich heraussucht, was ihm gerade passt, und alles Übrige abwehrt, der gerät unweigerlich in Schwierigkeiten, und genauso erging es den Kreationisten, denn seitdem es die Genetik gibt, haben wir eine klare und rationale Erklärung dafür, warum es verschiedene Arten gibt.

Die Darwinisten dagegen machten den Fehler zu glauben, sie hätten ihre Theorie bewiesen, wenn sie nur die Kreationisten aus dem Feld schlügen, als ob die Wissenschaft ein Wettkampf wäre wie eine Sportveranstaltung. Wenn man die Wissenschaft schon als Wettkampf begreifen will, dann als einen gegen das Universum und nicht gegen andere Menschen. Wenn man zeigen kann, dass die Ansichten anderer falsch sind, hat man damit noch längst nicht bewiesen, dass die eigenen Ansichten richtig sind. Diese Lektion haben die Darwinisten nie gelernt.

Aus der Artenteilung schien zu folgen, dass die Evolution nur in sehr kleinen Schritten erfolgen kann, denn wenn es so ist, dass große Sprünge spontaner Mutationen in jeder Generation extrem unwahrscheinlich sind, dann vermag ein verändertes Individuum bei geschlechtlicher Fortpflanzung keinen Partner zu finden, mit dem es sich fortpflanzen könnte. Daher kamen nur Veränderungen innerhalb der Artgrenzen in Frage, nur neue Varietäten konnten entstehen, winzige Triebe achter Ordnung am Baum des Lebens. Wenn aus diesen Trieben Zweige siebter und Äste sechster Ordnung und so weiter werden sollten, mussten zahlreiche andere Zweige und Äste abfallen: Viele Arten, Gattungen, Familien mussten aussterben, so dass der gesamte Prozess nur extrem langsam vorankommen konnte. *Natura non facit saltum*, sagte Darwin stets: »Die Natur macht keinen Sprung.« Aber so müsste es auch genügend Zeit gegeben haben, um diesen Prozess sich in den Fossilienfunden niederschlagen zu lassen. Die Geschichte des in steter Veränderung begriffenen Baumes müsste getreulich aufgezeichnet worden sein von den Sedimentgesteinen, in denen bei der Ablagerung gelegentlich auch Lebewesen eingeschlossen wurden.

Die entlang der Küsten abgelagerten Sedimente waren in nahezu allen geologischen Zeitaltern von gigantischen Ausmaßen. In den meisten Fällen erreichen sie eine Dicke von mehreren Kilometern, wie wir in Gebirgen oder tief eingeschnittenen Flusstälern wie dem Grand Canyon beobachten können. Die Menge der Sedimentgesteine auf der ganzen Erde und aus allen geologischen Zeitaltern bis hin zu den Anfängen des Lebens vor etwa 600 Millionen Jahren, die an vielen Stellen zutage treten, ist in der Tat riesengroß, und man sollte eigentlich erwarten, dass es möglich wäre, die Evolution des biologischen Stammbaums oder zumindest jenes Teils, der aus Meeresbewohnern besteht, durch fossile Funde in all seinen Einzelheiten nachzuzeichnen. Doch das ist nicht der Fall, wie Kritiker unter den Geologen schon 1860, unmittelbar nach der Veröffentlichung der *Entstehung der Arten*, einwandten. Die Darwinisten taten damals solche Einwände mit dem Hinweis ab, trotz der Bemühungen der Geologen sei das Bild eben noch sehr unvollständig. Sie brachten das Kunststück fertig, den Kuchen aufzuessen und ihn trotzdem zu behalten. Die Evolution sollte langsam genug sein, um die biologischen Anforderungen zu erfüllen, aber nicht langsam genug, um ihren vollständigen Niederschlag in den abgelagerten Fossilien zu finden. Wie die Erfahrung zeigt, ist diese Art zu denken gefährlich, weil sie allzu leicht zu Irrtümern führt. Indem die Darwinisten ebenso dachten wie die Kreationisten, die sie doch so sehr verachteten, konnten sie sich ein reines Gewissen bewahren. Für den Darwinismus war die Evolution eine korrekte Vorstellung, die schlechterdings nicht in Frage gestellt werden konnte – sie wurde zum Hauptaxiom des biologischen Denkens. Alles, was für die Stimmigkeit des geozentrischen Darwinismus erforderlich schien, musste gleichfalls korrekt sein, zum Beispiel die Unvollständigkeit der fossilen Ablagerungen. Die fossilen Funde konnten nur unvollständig sein, weil sonst der Darwinismus falsch gewesen wäre, und das war unvorstellbar, denn wenn Darwin Unrecht hatte, was blieb dann noch übrig? Nichts. Darum mussten die darwinistischen Ansichten einfach wahr sein. Dieses unsaubere Denken beherrscht die biologischen Wissenschaften seit mehr als einem Jahrhundert, mit erwartbaren Folgen, wie wir sie oben angesprochen haben.

Hypothetisch wäre auch vorstellbar, dass man nach der Veröffentlichung der *Entstehung der Arten* die Dinge noch eine Weile offen gelassen und abgewartet hätte, wie sie sich mit wachsendem geologischen Wissen entwickelten. In Kapitel 7 haben wir auf die Serie fossiler Pferde hingewiesen, die als deutlicher Beleg für die Evolutionstheorie gewertet wurde. Aber wie man so sagt: Eine Schwalbe macht noch keinen Sommer. In der Wissenschaft gibt die Schwungkraft einer Entdeckung stets noch den besten

Hinweis auf die Richtigkeit oder Falschheit einer Theorie. Fossile Pferde waren bereits ein Jahrzehnt vor dem Erscheinen der *Entstehung der Arten* bekannt, so dass die Situation, die sich in den 1870er Jahren entwickelte, keineswegs neu war. Und nach der Formulierung einer neuen Theorie zählt letztlich nur wirklich Neues. Es ist nicht schwer, Theorien so auszuformulieren, dass sie zu den bekannten Tatsachen passen und die Tatsachen am Ende die vorgefassten Vorstellungen der Theorie zu bestätigen scheinen. Solche Übereinstimmungen sind keineswegs eindrucksvoll. Erst wenn man ein Ergebnis nicht im Voraus kennt, wie bei den in Kapitel 7 dargestellten Infrarotmessungen, verdient eine Theorie Beachtung.

Wie also hat die Situation sich entwickelt, nachdem eine ganze Armee von Geologen Gesteinsschichten in aller Welt nach fossilen Funden durchsucht hat? Sie hat sich gar nicht entwickelt, sondern ist immer noch dieselbe wie zu der Zeit, als Darwins *Entstehung der Arten* erschien. Man hat nicht nur vergeblich nach den Wurzeln des Urstamms in einem »kleinen Teich« voller Phosphorsalze unterschiedlichster Art gesucht, auch den Urstamm selbst gibt es nicht. Man hat keinerlei Verbindungen gefunden zwischen den Ästen erster Ordnung (den Reichen) und den Ästen zweiter Ordnung (den Abteilungen). Ebenso wenig hat man irgendwelche Verbindungen zwischen Ästen zweiter Ordnung und Ästen dritter Ordnung (den Klassen) oder vierter Ordnung (den Ordnungen) gefunden. Lediglich zwischen Ästen vierter Ordnung und solchen fünfter Ordnung (den Familien) bestehen möglicherweise Verbindungen, auch wenn der Botaniker J.C. Willis sie für alle derzeit existierenden Pflanzen ausschließt. Nach Willis scheinen solche Verbindungen erst zwischen der sechsten und der siebten Ebene, zwischen Familien und Gattungen, zu bestehen. Aber selbst dieser kleine Erfolg der Evolutionstheorie wird noch durch die Tatsache geschmälert, dass diese Verbindungen keine graduellen Abstufungen zeigen, wie es nach der Theorie sein sollte: *Natura facit saltus* – die Natur macht sehr wohl Sprünge. Die Verzweigungen

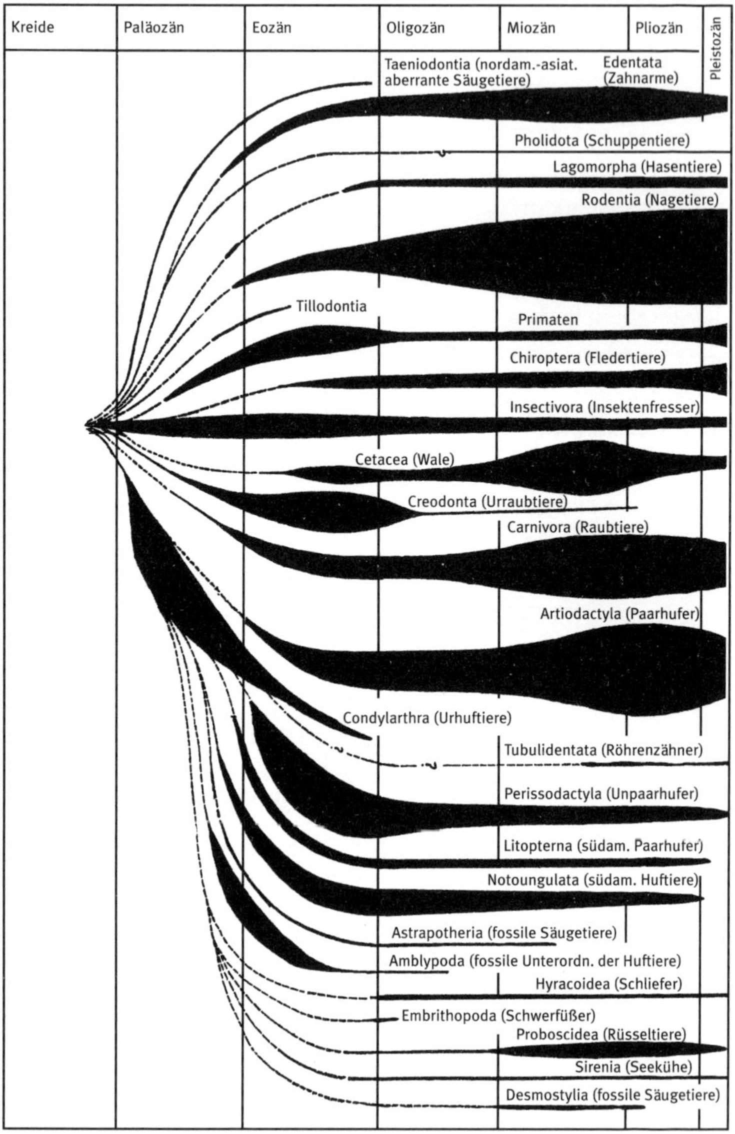

Abbildung 24: Ordnungen der Säugetiere nach den fossilen Funden (schwarze Flächen) und den vermuteten Verbindungen (gestrichelte Linien). Die Flächenbreite steht für die wechselnde Zahl der Arten innerhalb der betreffenden Ordnung.

erfolgen ganz plötzlich, wie aus *Abbildung 24* hervorgeht, in der die evolutionäre Folge der Ordnungen innerhalb der Klasse der Säugetiere dargestellt sind. Zahlreiche Säugetierordnungen sollen von einem alten Stamm abgezweigt sein, der sich vor dem bemerkenswerten Artensterben vor etwa 65 Millionen Jahren entwickelt hatte. Damals, gegen Ende der Kreidezeit, soll mehr als die Hälfte aller Tiergattungen ausgestorben sein, darunter auch die meisten Dinosaurier. Der Urstamm der Säugetiere überlebte dieses traumatische Geschehen und begann dann wenig später, sich in die zahlreichen Ordnungen aufzuspalten, die in *Abbildung 24* dargestellt sind. Die gestrichelten Linien sollen anzeigen, dass diese Aussagen auf Vermutungen basieren und nicht durch konkrete fossile Funde belegt sind.

Das Problem des Darwinismus lässt sich gut verdeutlichen, wenn wir zwei der in *Abbildung 24* gezeigten Ordnungen mit jeweils einer dazugehörigen Familie betrachten: Bären (Familie *Ursidae* in der Ordnung *Carnivora*) und Pferde (Familie *Equidae* in der Ordnung *Perissodactyla*). Es ist sicher vernünftig anzunehmen, dass mehr Evolutionsschritte erforderlich sind, um die Unterschiede zwischen Bären und Pferden hervorzubringen, als dazu, die vergleichsweise geringfügigen Unterschiede zwischen den Pferden, die man in den 1870er Jahren so sehr hervorhob, oder zwischen den Bären entstehen zu lassen. Wenn in der Evolution alles in kleinen Schritten geschieht, wie Darwin behauptete, dann sollte die Differenzierung verschiedener Ordnungen, zum Beispiel eben Bären und Pferde, eigentlich sehr viel mehr Zeit in Anspruch genommen haben als die daran anschließende geringfügige Veränderung innerhalb der Ordnungen. Wenn wir eine Stichprobe fossiler Funde für mehr oder weniger zufällige Zeitpunkte der Evolution zögen, sollten wir darin eigentlich mehr Belege für die großen als für die kleinen Veränderungen finden. Aber in Wirklichkeit ist es genau umgekehrt, und zwar nicht nur bei den Säugetieren, sondern in allen Klassen des Tierreichs: Die kleinen Veränderungen sind repräsentiert, die großen nicht. Wir finden keine Lebewesen, die teils Bär, teils Pferd wären. Selbst innerhalb ein und derselben Ordnung bleiben die Familien hartnäckig getrennt. So umfasst die Ordnung der *Carnivora* Katzen und Hunde, aber es gibt keinerlei Funde von Lebewesen, die teils Katze, teils Hund wären. Bären sind stets hartnäckig Bären und Pferde stets hartnäckig Pferde. Wenn das in *Abbildung 24* gezeichnete Bild der Evolution zuträfe, müsste der große Schritt der Aufspaltung des Urstamms in zahlreiche Ordnungen nach geologischen Maßstäben so schnell erfolgt sein, dass gar keine Zeit für eine quantitativ ins Gewicht fallende Ablagerung fossiler Belege geblieben wäre. Wenn man die Evolutionstheorie akzeptiert, dann folgt daraus, dass der Baum des Lebens in gewaltigen Schüben gewachsen sein muss. Dieser Schluss wirft die Frage auf, wie solche Sprünge möglich sein konnten angesichts der Notwendigkeit, dass die männlichen und die weiblichen genetischen Strukturen einander sehr ähnlich sein müssen. Wie konnten solche großen Sprünge, die ganz gewiss sehr unwahrscheinlich sind, auch noch gleichzeitig in derselben Form bei männlichen und weiblichen Exemplaren auftreten?

Damit ist die Liste der Probleme jedoch noch keineswegs erschöpft. Für viele Arten, insbesondere unter den Wirbellosen, finden sich gar keine Vorfahren. Es hat dann den Anschein, dass sie nur eine sehr geringe Evolution durchgemacht hätten. Schon vor 500 Millionen Jahren finden sich winzige fossile Krabben, die im Wesentlichen identisch mit den heutigen Krabben sind. Für Eintagsfliegen und Libellen gilt dasselbe, sie scheinen seit 250 Millionen Jahren unverändert – ebenso zahlreiche andere Insekten, darunter die Bienen (deren fossile Belege jedoch nur 25 Millionen Jahre zurück reichen). Und dabei handelt es sich keineswegs um eine kleine Minderheit. Da die Zahl der Arten bei den Wirbellosen vergleichsweise groß ist, kann man sagen, dass für die große Mehrzahl der an Land lebenden Tiere kaum Funde vorliegen, aus denen hervorginge, dass sie jemals eine beachtenswerte Evolution durchgemacht hätten. Die meisten Arten erscheinen unter den Fossilien ganz unvermittelt und verändern sich dann bis heute im Wesentlichen nicht mehr. Arten, bei denen wir deutliche Veränderungen erkennen können, etwa vom Fisch über die Amphibie zum Reptil oder zum Säugetier, sind in Wirklichkeit die Minderheit.

Winzige einzellige Algen, die so genannten Kieselalgen, sind unseres Erachtens eindeutige Beweise gegen die herkömmliche Evolutionstheorie. Die Membranen der Kieselalgen bestehen, worauf die Bezeichnung schon hinweist, aus kieselartigem Material, das oft in sehr schönen farbigen Mustern angeordnet ist und nur unter dem Mikroskop richtig zur Geltung kommt. Da dieses Material sehr dauerhaft ist (deshalb dürften die Kieselalgen es verwenden) und da die Kieselalgen in gewaltigen Massen vorkommen (etwa ein Viertel des Sauerstoffs in der Erdatmosphäre geht auf ihre Aktivität zurück), finden sie sich sehr zahlreich in fossilen Ablagerungen. Daher sollten die Kieselalgen sich eigentlich bestens zur Überprüfung der herkömmlichen Evolutionstheorie eignen, und man sollte erwarten, dass ihre Evolution sich in den Funden in zahlreichen deutlichen Schritten abzeichnet. Doch auch hier suchen wir vergebens. Ähnlich wie Krabben, Eintagsfliegen, Libellen, Schaben, Skorpione und Bienen tauchten die Kieselalgen vor etwa 100 Millionen Jahren unvermittelt auf, und zwar sogleich in ihrer heutigen Formen- und Farbenvielfalt. Wir sehen keine Möglichkeit, diese und die anderen oben beschriebenen Tatsachen mit der geozentrischen Darwinschen Theorie in Einklang zu bringen, deren Anhänger Tatsachen schlichtweg ignorieren, obwohl sie genau dies den Kreationisten vorwerfen, wenn es um das Alter der Erde geht.

Nur in einer Hinsicht kommen die Fossilien den Darwinisten entgegen, und zwar im Bereich der Äste sechster und siebter Ordnung, also der Gattungen und Arten. Das ist natürlich genau der Bereich, von dem die Theorie ihren Ausgang nahm. Wenn eine Theorie aufgestellt wird, um bestimmte bekannte Tatsachen zu erklären, hat die Übereinstimmung mit diesen Tatsachen etwas

Künstliches, das nicht sonderlich zu überzeugen vermag. Erst die Übereinstimmung mit weiteren, bislang unbekannten Tatsachen, nach denen man sucht, vermag ihr ein gewisses Gewicht zu verleihen. Falls keine Tatsachen dieser Art gefunden werden oder falls gar später bekannt werdende Tatsachen der Theorie widersprechen, sollte man sie eigentlich aufgeben.

Aus dem Kapitel 6 wissen wir, warum die Darwinsche Theorie in den äußersten Verzweigungen des evolutionären Stammbaums funktioniert: weil Gene durch intern verursachte Fehler bei der Weitergabe der artspezifischen genetischen Struktur von den Eltern an die Nachkommen außer Funktion gesetzt werden können. Außerdem können Gene, die gerade außer Funktion gesetzt worden sind, auch spontan wiederhergestellt werden. Diese Fähigkeit, Merkmale nach den veränderten Anforderungen der Umwelt außer Funktion zu setzen und auch wiederherzustellen, erklärt die evolutionären Anpassungsprozesse, die wir jederzeit und in großer Zahl an den äußeren Enden des evolutionären Stammbaums beobachten. Aber Verzweigungen, wie sie in *Abbildung 25*

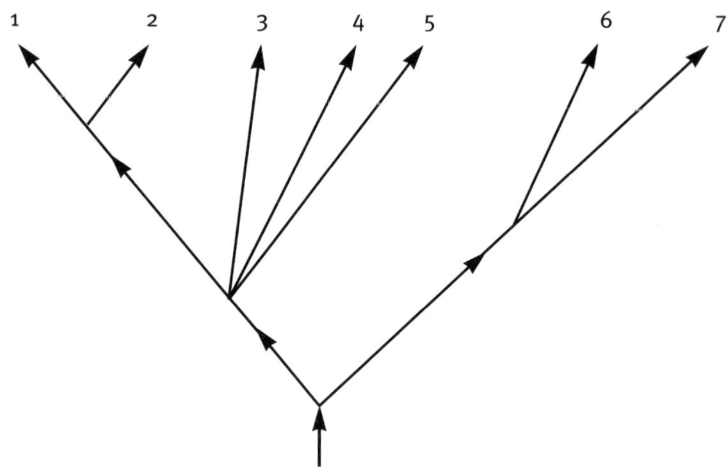

Abbildung 25: Kladogramm zur Veranschaulichung einer in Sprüngen erfolgenden Evolution. Die Zeit- und Generationenfolge wird durch die Pfeile angezeigt.

dargestellt sind, erfordern den Erwerb wichtiger neuer Merkmale, und diese Merkmale lassen sich nicht durch intern hervorgerufene Veränderungen erklären.

Im nächsten Kapitel werden wir uns mit diesem Problem und mit den rätselhaft unveränderten Formen der Krabben, Eintagsfliegen, Kieselalgen usw. befassen, und wir werden sehen, dass diese Lebensformen gleichsam Unterprogramme darstellen, wenn auch Unterprogramme in großem Maßstab.

Technische Anmerkung

Man hat versucht, ohne Rückgriff auf Fossilien einen Stammbaum des Lebens zu entwerfen. Einige von unseren Genen produzierte biochemische Substanzen finden sich in allen Lebewesen und hängen mit Prozessen zusammen, die für jegliches Leben von grundlegender Bedeutung sind. Ein Beispiel ist der Elektronentransfer, an dem mehr als zwanzig Stoffe beteiligt sind, die als Cytochrome (Hämoproteine) bezeichnet werden. Das dritte in der Reihenfolge ihrer Funktion, Cytochrom-c, ist einfacher gebaut als die übrigen und daher im Hinblick auf die 102 Aminosäuren, die miteinander verkettet die Struktur dieses Cytochroms bilden, eingehend untersucht worden. Dabei hat man festgestellt, dass 35 Aminosäurebrücken bei den unterschiedlichsten Organismen dieselben sind, 25 Brücken variieren leicht, und 40 Brücken variieren beträchtlich zwischen Lebewesen wie Hefepilzen, Pflanzen, Fischen, Amphibien, Insekten, Reptilien und Säugetieren.

Unter der Annahme, (1) dass es einen Stammbaum des Lebens gibt und (2) dass die stark variablen Brücken von keinerlei Selektionsbedeutung sind, kann man diese Daten benutzen, um einen Stammbaum zu konstruieren. Ähnliche Stammbäume lassen sich auch für andere Biosubstanzen konstruieren. Die erste der beiden Annahmen muss deshalb gemacht werden, weil man mit dieser Methode auch dann einen Stammbaum erzeugen könnte, wenn es in der Realität gar keinen gäbe und die Variabilität des Cytochrom-c zwischen den Arten rein zufällig wäre. Allerdings wäre dann nicht zu erwarten, dass dieser konstruierte Stammbaum irgendeinen Zusammenhang zu dem Stammbaum aufwiese, der sich aus der Klassifikation nach den strukturellen Ähnlichkeiten von Pflanzen und Tieren ableiten lässt. Die phylogenetischen Stammbäume, die man durch die Erforschung von Stoffen wie Cytochrom-c konstruiert hat, bergen zwar einige kleinere Überraschungen, stimmen aber im Wesentlichen mit dem überein, was man nach der alten Klassifikation erwarten darf, die keineswegs erst mit Darwin entstanden ist, sondern auf Arbeiten in den 1850er Jahren und noch früher zurückgeht. Die Position ist also im Großen und Ganzen konsistent, auch wenn sich die Evolution nach diesem Verfahren nicht in einem logisch strengen Sinne beweisen lässt, weil die Antwort bereits vorausgesetzt wird.

Der Haupteinwand liegt jedoch in der zweiten Annahme. Da etwa 60 Prozent der Aminosäuren in der Cytochrom-c-Kette invariant oder nahezu invariant sind, wäre es eine recht künstliche Annahme, dass die verbleibenden 40 Prozent gänzlich frei und ohne jede selektive Bedeutung wären. Eine derartige Annahme ist äußerst unwahrscheinlich. Es bedarf lediglich eines kleinen selektiven Vorteils einer Aminosäure gegenüber einer anderen, zum Beispiel eines Vorteils von einem Zehntausendstel, damit die bevorzugte übernommen wird, wie man mathematisch sehr leicht beweisen kann. Die Wahrscheinlichkeit, dass die vorteilhafte Cytochrom-c-Struktur in Hefepilzen, Fischen und Säugetieren dieselbe ist, bewegt sich im Bereich von einem Zehntausendstel. Die Variabilität des Cytochrom-c in den 40 Prozent Aminosäuren, auf denen der konstruierte Baum basiert, ist daher mit größter Wahrscheinlichkeit eine Folge der Funktion, wobei den Pflanzen durch eine Form, den Tieren durch eine andere, den Meeresbewohnern durch eine noch andere und den Landbewohnern durch wiederum eine andere Form besser gedient sein mag, und so weiter. Der so konstruierte Baum bringt daher wahrscheinlich nur funktionelle Ähnlichkeiten zum Ausdruck, von denen man kaum erwarten darf, dass sie sich sonderlich von den morphologischen Ähnlichkeiten unterscheiden. Die generelle Übereinstimmung phylogenetischer Bäume mit Klassifikationsbäumen ist also zu erwarten, und aus phylogenetischen Bäumen folgt ebenso wenig ein evolutionärer Stammbaum wie aus einem Klassifikationsbaum. Die einzige Sachlage, die einen evolutionären Stammbaum notwendig machen könnte, wäre dessen Präsenz in den fossilen Funden, doch dort ist er, wie wir oben gesehen haben, gerade nicht auffindbar. Dagegen finden wir in phylogenetischen Bäumen geradeso wie in Klassifikationsbäumen Lebewesen, die aus ähnlichen Komponenten oder Unterprogrammen zusammengesetzt sind, wobei die Aggregate, die insgesamt die größte Ähnlichkeit aufweisen, einfach zu Gruppen zusammengefasst sind.

13

Das Problem der Unterprogramme

Viren haben alle Eigenschaften, die sie befähigen, der Evolution als Vehikel zu dienen. In seinem Buch *The Common Cold* beschreibt Sir Christopher Andrewes (auf S. 24) das normale Verhältnis zwischen dem Virus und seiner Wirtszelle sehr anschaulich:

> »Wenn ein Virus eine Zelle infiziert, geschieht im Wesentlichen folgendes: Die Eiweißhülle des Virus nimmt in spezifischer Weise mit etwas an der Zelloberfläche Kontakt auf. Dann nimmt die Zelle das Virus auf oder lässt es ein. Es kann sein, dass sie das gesamte Virus aufnimmt und erst im Innern aufbricht, es kann aber auch sein, wie bei den bakteriophagen oder virusinfizierenden Bakterien, dass die Eiweißhülle außerhalb der Zelle bleibt und nur die entscheidende Nukleinsäure Zugang zu der Zelle erhält. In beiden Fällen ist die Eiweißhülle nebensächlich und spielt weiter keine Rolle. Der Nukleinsäureteil des Virus beginnt nun, den Zellmechanismus in bösartiger Weise zu steuern. Nehmen wir an, ein Rhinovirus infiziert eine Zelle der Nasenschleimhaut. Dann lautet die Anweisung etwa so: ›Hör' auf, die nötigen Bestandteile für weitere Schleimhautzellen zu produzieren. Von nun an produzierst du in deinem chemischen Labor Nukleinsäure meiner Art.‹ Das eingedrungene Virus gibt noch weitere Anweisungen: ›Und jetzt produziere eine Menge Eiweiße dieser und jener Zusammensetzung, die ich für meine eigene Hülle brauche.‹ Die Zelle kann sich diesen Anweisungen nicht verweigern, sie produziert über die zelleigenen chemischen Mechanismen immer mehr Virusteilchen, die schließlich die Zelle verlassen. Viele Viren, darunter wahrscheinlich auch die Rhinoviren, erschöpfen ihre Wirtszellen derart, dass sie schließlich absterben und zerfallen. Die freigesetzten Viren infizieren weitere Zellen, bis die Abwehrmechanismen aktiviert werden. Die Viren gelangen

auch in die Außenwelt und infizieren weitere Opfer, denn die bei einer Erkältung auftretende Zerstörung von Zellen führt zu einer Entzündung, bei der Flüssigkeiten freigesetzt werden, die beim Niesen nach draußen gelangen und das Virus verbreiten. Der ganze Prozess erweist sich als äußerst vorteilhaft für die Rhinoviren.«

Das mag auf das Rhinovirus, den Erreger der gewöhnlichen Erkältung, zutreffen, andere Viren haben dagegen erwiesenermaßen die Fähigkeit entwickelt, eine symbiotische Beziehung mit ihren Wirtszellen einzugehen. In manchen Fällen wird das genetische Material des Virus nämlich in das genetische Material der Zelle eingebaut, so dass die Zelle mit einem Schlag mehrere neue Gene erhält. So in etwa dürfte sich der Vorgang, über den wir hier sprechen, abspielen, aber langfristig läuft dabei wahrscheinlich Folgendes ab: Eine biologische Art, die über längere Zeit von einem bestimmten Virus angegriffen wird, erwirbt schrittweise Immunität gegen dieses Virus. Das Virus wird dadurch in eine passive Rolle gedrängt und kann sich am Ende nur noch im Zuge der gewöhnlichen Zellteilung vermehren – das heißt, es vermehrt sich nur noch zusammen mit der Zelle, ganz wie das übrige genetische Material.

Wir können nun die Eigenschaften der Viren auflisten:

1. Sie tragen Gene oder »Unterprogramme«, wie wir es in unserer Computeranalogie genannt haben, und nicht alle diese Gene sind auf den oben beschriebenen Replikationsprozess ausgerichtet. Manche scheinen einfach nur da zu sein und nichts zu tun, jedenfalls soweit es das Virus betrifft. Man könnte sich vorstellen, dass diese Gene die für die Evolution erforderlichen Unterprogramme enthalten.
2. Viren können sich in das normale genetische Material einer Zelle integrieren und so auch ein oder mehrere Unterprogramme einbringen.
3. Viren können mit dem »normalen« Programm einer Zelle interferieren. Dabei besteht die Möglichkeit, dass sie dieses

Programm verändern, indem sie ein neues Unterprogramm einfügen, das sie mitgebracht haben. Unter Umständen zwingen sie die Zelle sogar, ein ganzes Paket neuer Unterprogramme in ihr Programm aufzunehmen. Kurz gesagt, Viren können etwa das tun, was ein Programmierer tut, wenn er ein neues Unterprogramm in ein bestehendes Programm einfügt.

Der Unterschied liegt darin, dass menschliche Programmierer häufiger Erfolg haben als Viren, auch wenn in der Regel viel Arbeit erforderlich ist, bis das Unterprogramm passt. Krankheiten sind gleichsam die Folge eines fehlgeschlagenen Evolutionsversuchs, und deren Versuche schlagen in den allermeisten Fällen fehl. Doch selbst in der Niederlage ist der Prozess doch in einer Hinsicht erfolgreich. Das Virus vermehrt sich, und damit vermehren sich auch die Grundbausteine des Lebens. Die Vermehrung der Viren ist notwendig, damit möglichst viele Unterprogramme zur Verfügung stehen, nicht nur auf der Erde, sondern in kosmischem Maßstab, obwohl wir diesen Vorteil natürlich kaum zu schätzen wissen, wenn wir wieder einmal von einer Erkältung geplagt werden.

Auch eine Reihe anderer rätselhafter Dinge wird plötzlich klar. Weil Lebensformen, ob Pflanzen oder Tiere oder Mikroorganismen, sich sehr schnell vermehren können, kommt die Evolution mit einer sehr geringen Erfolgsrate aus. Der seltene Erfolg vermehrt sich rasch und übertrifft schon bald die Fehlschläge, so dass am Ende nur die Erfolge übrig bleiben. Wir können durchaus davon ausgehen, dass nur ein kleiner Teil der in unsere Zellen eingefügten Unterprogramme sich als nützlich erweist. Es werden mehr Unterprogramme eingefügt, als wir verwenden können, so dass zu jeder Zeit der größere Teile unseres genetischen Materials völlig ohne Funktion ist. Man schätzt, dass wir gegenwärtig lediglich fünf Prozent unseres genetischen Materials einsetzen.

Jetzt ist auch leicht zu verstehen, warum die Evolution in Sprüngen erfolgen kann, was nach der Darwinschen Theorie ausgeschlossen ist (sofern man nicht die äußerst unwahrscheinliche Annahme macht, dass immer dann, wenn eine Art solch einen Sprung vollzieht, die gesamte Mitgliedschaft dieser Art sich auf ein einziges Paar von in ihren Erbanlagen stark veränderten Individuen reduziert). Eine von Viren ausgelöste Evolution vermag dagegen große Teile einer Population zur selben Zeit und in derselben Weise zu erfassen, wie es bei einer weltweiten Pandemie geschieht. Männliche und weibliche Exemplare wären gleichermaßen in großer Zahl betroffen, so dass auch weiterhin die für geschlechtliche Fortpflanzung erforderliche Ähnlichkeit der Genausstattung gewährleistet wäre, obwohl die genetischen Strukturen sich beträchtlich verändert hätten. Wie bei einer Erkältungsepidemie besteht die neue Art nach dem Evolutionssprung aus allen Individuen, die eine Erkältung bekommen haben, während die alte Art aus den Individuen besteht, die keine Erkältung bekommen haben, nur dass die Veränderung sehr viel größer wäre als bei einer gewöhnlichen Erkältung. Anders als die Darwinsche Theorie, die auf die Vorstellung sehr geringfügiger interner Mutationen angewiesen ist und deshalb davon ausgehen muss, dass die Natur keine Sprünge macht, erfordert die durch Viren ausgelöste Evolution sprunghafte Entwicklungen geradezu. Wenn eine Pflanze die Fähigkeit entwickelt, eine bestimmte Farbe zu produzieren, kann sie nicht zunächst einmal nur die halbe Farbe erzeugen. Entweder erwirbt sie das gesamte dazu erforderliche Gen oder eben gar nicht. Die Situation ist notwendigerweise »diskret«, wie J. C. Willis erkannte, als er seine biologischen Beobachtungen zu erklären versuchte.

In früheren Kapiteln haben wir deutliche Hinweise darauf gesammelt, dass die Kometen die Quelle der auf der Erde einfallenden Mikroorganismen sind. Die Kometen, denen die Erde ihren Hof aus kleinen Teilchen verdankt, stellen jedoch nur einen Bruchteil aller Kometen des Sonnensystems dar. Die meisten

Kometen in der so genannten Oortschen Wolke, die das Sonnensystem umgibt und sich über einen beträchtlichen Teil der Distanz bis zum nächstgelegenen Stern erstreckt, bleiben auf ihren sonnenfernen Umlaufbahnen und treten daher nicht in Wechselwirkung mit der Erde. Aber von Zeit zu Zeit stört ein vorbeiziehender Stern oder eine vorüberziehende Molekülwolke der Milchstraße die Kometenwolke. Vorbeiziehende Sterne haben eine so große Geschwindigkeit, dass die Kometen im äußeren Bereich der Oortschen Wolke sich während seines Durchzugs kaum bewegen. Die Bewegung der Kometen jedoch, die sich in der Nähe seiner Bahn befinden, erfährt durch die Anziehungskraft des Sterns eine Störung, und ein kleiner Teil dieser Störung führt dazu, dass Kometen in den inneren Bereich des Sonnensystems gelangen. Aufgrund der Erwärmung durch die Sonne setzen sie Mikroorganismen frei und tragen so zu dem Virusregen bei, der die Erde trifft. Die Ursache für den Virusregen ist also der Durchgang eines Sterns durch die Kometenwolke oder in außergewöhnlichen Fällen die Annäherung des Sonnensystems an eine interstellare Molekülwolke innerhalb der Milchstraße.

Die Annäherung an eine Molekülwolke führt zu größeren Störungen, kommt aber weit seltener vor, vielleicht einmal in 100 Millionen Jahren, während mit dem Durchzug eines Sterns durch die Kometenwolke einmal in einer Million Jahren zu rechnen ist. Daraus ergibt sich ein Muster, bei dem – wie heute – eher gleichmäßig kleinere Mengen von Kometen in den inneren Bereich des Sonnensystems geführt werden, während alle 100 Millionen Jahre ein großer Schub erfolgt, der folgerichtig auf der Erde zu einem großen Einfall von Viren führt.

Diese astronomischen Erwartungen stimmen sehr gut mit den evolutionstheoretischen Implikationen der fossilen Funde überein, wonach die Hauptepisoden der Evolution mit großer Geschwindigkeit erfolgten, zu schnell, als dass sie in all ihren Einzelheiten ihren Niederschlag in den Ablagerungen hätten finden können, während es in Abständen von der Größenordnung eines geologischen Zeitalters zu gewaltigen Ausbrüchen kam. Nach unserem Bild haben die seltenen großen Ausbrüche der Evolution ihre Ursache in der Annäherung an eine interstellare Molekülwolke. Die meiste Zeit erfährt die allgemeine Verteilung der Pflanzen und Tiere nur eine geringfügige Störung, doch in sehr großen Abständen kommt es zu einem gewaltigen Aufruhr, der bedeutsame Verzweigungen am Baum der Evolution hervorruft.

In der bisherigen Diskussion haben wir jeden Punkt gesondert behandelt und nicht versucht, sie aufeinander zu beziehen und damit unsere Befunde wechselseitig zu stützen. Doch wie sich zeigt, weisen sämtliche Aspekte unseres Bildes am Ende in dieselbe Richtung: Das Leben hat seinen Ursprung außerhalb der Erde, es ist von außen auf die Erde gekommen, und die weitere Evolution erfolgt nicht aus den irdischen Lebewesen heraus, wie die herkömmliche geozentrische Biologie des 19. Jahrhunderts annahm, sondern wird von außen gesteuert. Fasst man alle oben erörterten Belege zusammen und nimmt sie gemeinsam in den Blick, bilden sie einen überwältigenden Beweis für die kosmische Perspektive. Sie ist eine unausweichliche Fortsetzung der kopernikanischen Revolution. Alle Erfahrung zeigt, dass noch so viele Fakten und Argumente nichts bringen, wenn das grundlegende Bild falsch ist. Die Position, zu der wir gelangt sind, scheint uns sicher genug, um uns auch wunderbareren Aspekten zuzuwenden, mit einiger Gewissheit, dass wir nicht auf der falschen Spur sind. Sonst könnte man sich allzu leicht von den gewaltigen Implikationen des bisher Entdeckten abschrecken lassen.

Wenn vor hundert Millionen Jahren plötzlich die Kieselalgen in den fossilen Ablagerungen auftauchen, und zwar schon mit wunderbar komplexen Mustern in ihren kieselhaltigen Zellmembranen, dann legt das den Gedanken nahe, dass diese Organismen um jene Zeit aus dem Weltall auf die Erde kamen. Gestützt wird diese Auffassung von der Tatsache, dass in der Arktis und in der Antarktis bestimmte Kieselalgenarten vorkommen, die es in den Gewässern der gemäßigten Zonen und der Tropen nicht gibt, als wäre die Verbindung zwischen den beiden Polargebieten nicht horizontal über die Erdoberfläche hinweg, sondern vertikal aus dem All hergestellt worden.

Wenn die Kieselalgen mit ihren schönen feinen Formen gleichsam fertig aus dem All zu uns gekommen sind, wie verhält es sich dann mit anderen Lebewesen wie Krabben, Eintagsfliegen, Schaben …? Oder sogar mit den Bienen? Sind auch sie von außen gekommen? Einem im herkömmlichen Denken erzogenen Biologen muss der Gedanke, die Bienen könnten aus dem All gekommen sein, absurd erscheinen. Aber warum? Durch welche Überlegungen ließe sich solch ein Urteil rechtfertigen, einmal abgesehen von Vorurteilen, wie sie das Bildungssystem uns vermittelt? Schließlich ist das Universum unendlich viel größer als die Erde, so dass es sehr viel chancenreicher wäre, auf das All als Ursprungsort zu tippen als auf die Erde – es sei denn natürlich, es gibt beweisbare physikalische Gründe, warum solch eine Hypothese unmöglich ist. Auf den ersten Blick scheint es solch einen physikalischen Grund durchaus zu geben, aber bei genauerer Prüfung zeigen sich Schwierigkeiten, die indirekt zur Stützung unserer Hypothese beitragen, denn jede bestandene Herausforderung bedeutet eine weitere Stärkung.

Gegen den Gedanken, es könnten auch mehrzellige Lebewesen, Metazoen, aus dem All auf die Erde gekommen sein, lässt sich zunächst einmal einwenden, dass ihnen eine sanfte Landung ganz unmöglich wäre. Eine einzelne Biene, die mit einer Geschwindigkeit von zehn Kilometern pro Sekunde in die Erdatmosphäre einträte, müsste sich trotz der geringen Dichte der äußeren Atmosphäre unvermeidlich in eine Rauchwolke auflösen. Aber eine Biene oder ein Lebewesen vergleichbarer Größe, die in einen größeren Körper, zum Beispiel von einem halben Meter Durchmesser, eingebettet wäre, könnte die Landung überstehen, sofern das Material, aus dem der Körper besteht, bestimmte Anforderungen erfüllt. Es müsste stark genug sein, um die mechanischen Belastungen auszuhalten, die beim Abbremsen durch die Erdatmosphäre auftreten, und die Wärmeleitfähigkeit müsste so niedrig sein, dass die an der Oberfläche entstehende Wärme nicht bis ins Innere vordringen könnte, weil das dort eingeschlossene Lebewesen sonst gekocht würde. Solche Prozesse findet man aber vielfach bei Meteoriten: Die Reibungsenergie geht in die Verdampfung der äußeren Hülle, während der Kern relativ kalt bleibt und nur noch mit geringer Geschwindigkeit auf dem Erdboden aufschlägt. Man könnte sich vorstellen, dass Metazoen in solchen Meteoriten auf der Erde landen. Dann allerdings wäre das Problem, wie sich deren Material nach der Landung auflösen und die darin eingeschlossenen Lebewesen freisetzen würde. Das könnte dann passieren, wenn es sich bei dem Material nicht um Metall oder Stein handelt, wie bei den Meteoriten, sondern um organische Stoffe.

Gewöhnlich denkt man bei Kometen an Körper mit einem Durchmesser von etwa zehn Kilometern, aber wir wissen, dass viele kometenartige Gebilde deutlich kleiner sind als etwa die Kometen Halley oder Encke. Das hat man durch eine genaue Beobachtung der Sonnenoberfläche herausgefunden, wenn dort kleine kometenähnliche Körper verdampften. Ein Himmelskörper mit einem Durchmesser von wahrscheinlich 100 Metern, den man heute für ein Bruchstück des Kometen Encke hält, stürzte am 30. Juni 1908 in der Nähe des sibirischen Flusses Tunguska auf die Erde. Er tauchte in die Erdatmosphäre ein und explodierte etwa 10 Kilometer über dem Boden, wo er gewaltige Zerstörungen anrichtete. Über viele Quadratkilometer hinweg knickten sämtliche Bäume um, und in Europa registrierte man seismische Wellen wie bei einem Erdbeben. Die etwa einen Meter großen Körper, die den North und den South Ray Crater auf dem Mond aufwarfen (von denen in Kapitel 9 die Rede war) dürften gleichfalls kometenähnlich gewesen sein. Wenn man sich die vergleichsweise jungen Krater von zehn bis 100 Metern Durchmesser ansieht, die Astronauten der Apollo-Missionen bei ihren Mondlandungen in ganz begrenzten Gebieten des Mondes erkundeten, wird deutlich, dass sich unter den heutigen Kometen zahlreiche Körper mit Durchmessern von einem Meter oder nur wenig mehr befinden müssen. Die Kometen sind, wie wir gesehen haben, entweder durch Kondensationsvorgänge in der Frühgeschichte des Sonnensystems entstanden, oder es handelt sich um Bruchstücke aus Zusammenstößen zwischen sehr viel größeren Himmelskörpern, vielleicht von der Größe unseres Mondes, und in diesem Fall entstünden Bruchstücke unterschiedlichster Größe, unter denen sich mit Sicherheit sehr viele kleine befänden.

Wenn Körper mit einem Durchmesser von etwa einem Meter auf die Erde stürzten, würden sie einen Lichtblitz erzeugen, der mindestens eine halbe Minute dauerte, in sternklaren Nächten mindestens ebenso hell erschiene wie der Vollmond und vom Boden aus in einem Umkreis von mehr als 100 Kilometern zu sehen wäre. Man liest häufig, dass helle Lichtblitze beobachtet worden sind, aber es lässt sich schwer herausfinden, was geschehen ist, zumal diese Dinge auch Fragen der militärischen Sicherheit betreffen. Manche Leser erinnern sich vielleicht noch an Berichte über einen sehr hellen Lichtblitz über dem Südatlantik, der einiges Aufsehen erregte, weil manche Kommentatoren behaupteten, es habe sich dabei um einen südafrikanischen Atomwaffentest gehandelt. Die von Meteoritenbeobachtern aufgestellten Statistiken beziehen sich zwar auf sehr viel häufigere und weitaus kleinere Ereignisse, doch auch sie zeigen, dass von Zeit zu Zeit sehr helle Lichtblitze auftreten. Diesen Daten zufolge dürften jedes Jahr mehrere Körper mit Durchmessern von zehn Zentimetern bis zu einem Meter auf die Erde stürzen. Ähnliche Daten stammen aus Satellitenbeobachtungen, auch wenn man hier wegen der militärischen Aspekte nicht genau weiß, ob und wie weit man ihnen trauen kann. Außerdem ist zu vermuten, dass der UFO-Kult sich auch deshalb so hartnäckig hält, weil genügend echte ungewöhnliche Lichterscheinungen ihm die nötige Nahrung geben.

Wenn kleine Himmelskörper entweder gewöhnliche Kometen oder Bruchstücke größerer Himmelskörper sind, dürften zu ihrem Inhalt ebenso Bakterien und Viren gehören. Dadurch erhielte die in den Kapiteln 10 und 11 vorgestellte Diskussion eine weitere interessante Dimension. Neben den Erregern, die ständig aus dem großen Hof im Umkreis der Erde auf unsere Atmosphäre niedergehen, könnte es auch lokal stark begrenzte Ereignisse geben, bei denen ein einzelner Erreger über eine Fläche von einigen hundert Quadratkilometern verstreut wird. Dann hätten wir es nicht mit einer weltweiten Pandemie zu tun, sondern mit dem rätselhaften Ausbruch einer Krankheit in einem kleinen Gebiet, für die sich dort keinerlei besondere Ursachen ausfindig machen lassen und die schon bald wieder abebbt, wenn die Erreger durch die Oberflächengewässer abtransportiert, im Boden begraben oder ins Grundwasser verfrachtet worden sind. Solche lokal stark begrenzten Krankheitsausbrüche gibt es tatsächlich, sowohl bei Menschen als auch bei Tieren. In der Vergangenheit wurden sie wegen ihrer geringen Auswirkungen oft nicht beachtet, aber in unserem Medienzeitalter finden solche lokalen Ausbrüche unerwarteter Krankheiten in einem Land wie Großbritannien doch wenigstens einmal im Jahr oder auch in zwei Jahren den Weg in die Schlagzeilen der überregionalen Presse.

In einer wichtigen Hinsicht sind die Voraussetzungen für die erfolgreiche Landung mehrzelliger Lebewesen auf der Erde schwächer als etwa für das Grippevirus. Will man das gleichzeitige großräumige Auftreten einer Krankheit wie der von van Loghem untersuchten gewöhnlichen Erkältung erklären, muss man unterstellen, dass sehr viele Viralteilchen innerhalb weniger Tage auf der Erde eintreffen. Bei Metazoen genügt es, wenn in vielen Millionen Jahren einige fortpflanzungsfähige Exemplare die Landung auf der Erde überstehen. Diese Ereignisse dürfen durchaus sehr viel seltener auftreten. Solange sie überhaupt auftreten, lässt sich das Rätsel vieler Lebensformen klären, bei denen wir keinerlei Evolution erkennen können. Höchstwahrscheinlich sind die Lebensbedingungen auf der Erde für viele Lebensformen, die eine Landung ohne Schaden überstehen, nicht zuträglich, und ihre Landung bleibt folgenlos. Bei der Frage, welche Lebensformen Erfolg haben und welche nicht, dürfte der Zufall eine große Rolle spielen, zumal die Bedingungen auf der Erde sich ändern. Man kann sich zum Beispiel vorstellen, dass Blütenpflanzen erst Fuß fassen konnten, als bereits Insekten auf der Erde lebten. Höchstwahrscheinlich diktieren die Wechselwirkungen mit der Umwelt generell eine bestimmte Reihenfolge, wobei etwa die Entwicklung der Säugetiere möglicherweise weit stärker von der Entstehung der Blütenpflanzen abhing als von dem häufig genannten Aussterben der Dinosaurier.

Wir müssen also einräumen, dass es einem biologischen System von der Größe eines Insekts möglich sein könnte, wohlbehalten auf der Erde zu landen – nicht gerade Insekten in großen Schwärmen, aber doch einzelne Exemplaren von Zeit zu Zeit und unter bestimmten Umständen. Weder Bakterien noch Viren, die schadlos auf der Erde landeten, hätten Schwierigkeiten, sich zu vermehren, aber Metazoen stünden vor einem unüberwindlichen Problem, wenn ihr Fortpflanzungssystem dem der Säugetiere ähnelte. Bei einem Säugetier müssten ein Männchen und ein Weibchen zur selben Zeit am selben Ort landen. Für Humanoiden, die an Bord eines Raumschiffs einträfen, wie etwa Francis Crick und Leslie Orgel es beschrieben haben, bestünde das Problem nicht, weil männliche und weibliche Humanoiden mit Absicht gemeinsam einträfen. Für einen männlichen Mehrzeller dagegen, für den schon die erfolgreiche Landung nur von sehr geringer Wahrscheinlichkeit ist, wäre die Wahrscheinlichkeit, dort auf ein weibliches Exemplar zu treffen, das zur selben Zeit am selben Ort erfolgreich gelandet ist, so klein, dass sie schon einem unmöglichen Ereignis nahe käme. Daraus können wir den Schluss ziehen, dass die Fortpflanzungssysteme der aus dem All zu uns kommenden Lebewesen sich deutlich von denen der Säugetiere unterscheiden müssen. Es gibt drei brauchbare Alternativen, und es ist ausgesprochen bezeichnend, dass alle drei Alternativen tatsächlich bei Pflanzen und einfachen Tieren realisiert sind.

Eine Möglichkeit besteht darin, dass beide Geschlechter in der Lage sind, sich unabhängig voneinander zu vermehren. Ein Weibchen etwa brächte dann zahlreiche andere Weibchen hervor – ein Vorgang, den man als Parthenogenese bezeichnet und der im Bereich der wirbellosen Tiere häufig anzutreffen ist. Ein Weibchen, das die Landung auf der Erde überstanden hätte, würde sich zunächst einmal vermehren, indem es eine große Zahl weiblicher Nachkommen hervorbrächte, die sich über eine beträchtliche Fläche ausbreiten könnten. Ein Männchen, das später in diesem Gebiet landete, würde dann bereits Weibchen für die geschlechtliche Fortpflanzung vorfinden (oder umgekehrt). Falls die parthenogenetische Fortpflanzung über sehr viele Generationen anhielte, bestünde die Gefahr einer genetischen Degeneration, doch an die 10000 Generationen dürften genetisch vertretbar sein, so dass ein beträchtlicher Zeitraum für das Eintreffen eines andersgeschlechtlichen Partners zur Verfügung stünde – ein Zeitraum, in dem auch das Verbreitungsgebiet der Nachkommen des zuerst eingetroffenen Exemplars sich erheblich ausdehnen könnte.

Die zweite Möglichkeit besteht darin, dass jedes Individuum beide Geschlechter in sich trägt. Ein wohlbehalten gelandetes Individuum würde sich dann auf hermaphroditischem Wege vermehren und seine Nachkommenschaft über ein großes Zielgebiet verteilen, in dem später weitere Individuen landen und für die genetisch erforderliche Kreuzung verschiedener Erbanlagen sorgen könnten. Diese Möglichkeit findet sich typischerweise bei Pflanzen.

Die dritte Möglichkeit besteht darin, dass die Individuen einen geschlechtlichen Zyklus durchlaufen, einen Teil ihres Lebens sind sie männlich, den übrigen Teil weiblich. Falls die Eier aus der weiblichen Phase so lange überdauern können, bis männliche Samenzellen zur Verfügung stehen, funktioniert dieses Arrangement wie die hermaphroditische Fortpflanzung. Ein Beispiel für Lebewesen mit solch einem Geschlechtszyklus sind die Krabben.

Interessant ist auch, was geschieht, wenn man die oben beschriebene Logik umkehrt. Statt zu sagen, Pflanzen und Tiere, die nach einer Landung aus dem All erfolgreich auf der Erde Fuß fassen sollen, müssen über eine der drei Fortpflanzungssysteme verfügen, können wir auch die kühne These aufstellen, dass alle Lebewesen, die sich durch eines dieser drei Fortpflanzungssysteme auszeichnen, ursprünglich aus dem All gekommen sind, während Lebewesen, die keines dieser Systeme haben, sich hier auf der Erde entwickelt haben. Diese These passt auch gut zu den fossilen Funden, weil sie eine korrekte Unterscheidung zwischen den Linien gestattet, die eine Evolution durchgemacht haben, und den Linien, bei denen solch eine Evolution nicht festzustellen ist.

Wie erklärt nun »Darwins Theorie« die offensichtlichen Ungereimtheiten der verschiedenen Fortpflanzungssysteme? Als primitive Überreste. Überreste wovon? Als Überreste von Entwicklungen, wie sie den einstmals herrschenden Umweltbedingungen entsprachen. Und wie sahen diese Umweltbedingungen aus? Sie waren so beschaffen, dass sie zu den verschiedenen Fortpflanzungssystemen passten, ruft der Darwinist triumphierend aus und bewegt sich damit einmal mehr in dem von ihm so geschätzten tautologischen Kreis.

Nachdem wir aufgrund der fossilen Funde zwischen evolutionären und nichtevolutionären Linien unterschieden haben, können wir eine Voraussage machen. Unserer Theorie zufolge müssen evolutionäre Linien anfällig für eine Invasion durch Viren sein. Das entspricht, soweit wir wissen, der Realität. Aber wie steht es mit den nichtevolutionären Linien? Da sie jedenfalls in evolutionärer Hinsicht von Viren nicht betroffen sind, könnten wir die Voraussage machen, dass sie auch im Hinblick auf

Krankheiten nicht mit Viren interagieren. Kurz gesagt, Krabben, Schaben, Eintagsfliegen usw. dürften demzufolge nicht unter Viruserkrankungen leiden. Nach der Durchsicht dickleibiger entomologischer Werke und der Befragung von Fachleuten sind wir uns nicht sicher, ob diese allgemeine Erwartung zutrifft oder nicht. Dass die Bücher darüber keine Auskunft geben und die Fachleute uns nur ratlos anstarren, kann eigentlich bloß bedeuten, dass man kaum etwas darüber weiß – und das könnte wiederum darauf zurückzuführen sein, dass solche Krankheiten bei diesen Lebewesen kaum eine Rolle spielen, denn sonst hätte man sie sicher schon bemerkt.

14

Wie wir uns den Ursprung und die Evolution des Lebens vorstellen müssen

Die gesamte Biologie basiert auf der bemerkenswerten Fähigkeit biochemischer Systeme, chemische Reaktionen zu beschleunigen, die ansonsten nur sehr langsam ablaufen. In manchen Fällen erreicht diese Beschleunigung einen Faktor von mehreren Milliarden. Man kann sich nur wundern, dass so etwas überhaupt möglich ist, und der Weg, auf dem dies erreicht wird, ist in der Tat erstaunlich. Der wichtigste chemische Agent ist die Aminosäure, deren allgemeine Struktur in *Abbildung 26 (a)* dargestellt ist. Dabei steht R für jede Gruppe von Atomen, die über eine einfache kovalente Bindung mit dem zentralen Kohlenstoffatom verbunden ist. Im Prinzip ergibt sich daraus eine gewaltige Zahl möglicher Aminosäuren, doch in der Biologie spielen nur 20 Formen von R eine beherrschende Rolle, die wir zum Beispiel $R_1, R_2, \ldots, R_{20}$ nennen können. Die *Abbildungen 26 (b)* und *(c)* zeigen, wie zwei Aminosäuren durch die Eliminierung eines Wassermoleküls eine so genannte Peptidbindung eingehen können. Auf diesem Wege können Aminosäuren lange Ketten bilden, die man als Polypeptide oder Proteine bezeichnet. Eine Kette von 100 Bindungen würde dabei in der Biologie noch als ziemlich kurz angesehen. Bei 20 verschiedenen Möglichkeiten für R in jedem Glied ergeben sich für eine aus 100 Gliedern bestehende Kette 20^{100} oder etwa 10^{130} verschiedene Ketten. Die längsten Proteinketten haben bis zu 2000 Glieder, für die es 20^{2000} oder etwa 10^{2600} verschiedene Möglichkeiten gibt, eine wahrhaft gigantische Zahl.

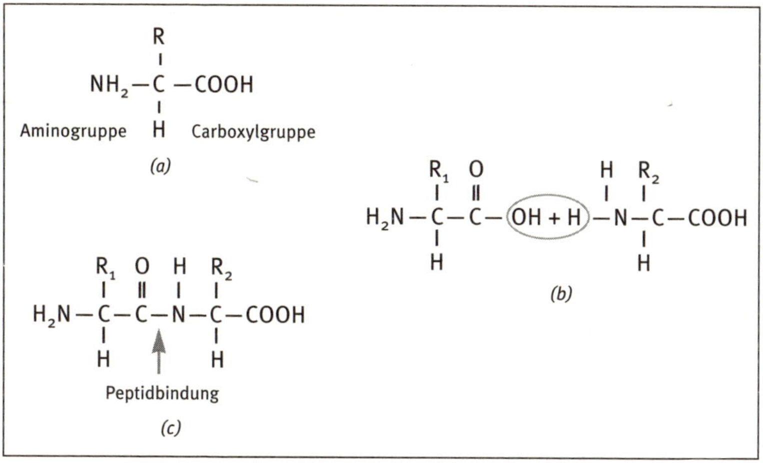

Abbildung 26: Aminosäurestruktur und Bindungen: *(a)* schematischer Aufbau einer Aminosäure; *(b)* zur Herstellung einer Bindung zwischen Aminosäuregruppen wird ein Wassermolekül eliminiert; *(c)* verbundene Aminosäuren.

Journalisten sprechen in solchen Fällen gern von »astronomischen« Zahlen, aber diese Zahlen sind »überastronomisch«. In der Astronomie wie auch in der Physik haben große Zahlen meist um die 40 Nullen. Selbst das Verhältnis zwischen den größten Entfernungen in der Astronomie und den kleinsten Längen in der Physik kann nur mit 60 Nullen aufwarten.

Stoffe dieser Art sind Träger der aktiven chemischen Prozesse in unserem Körper. Diese Aufgabe fällt nicht unmittelbar den Genen zu. Die Gene bestimmen, welche Ketten aus der gigantischen Zahl möglicher Aminosäureketten unser Körper produzieren soll. Die Zahl der tatsächlich produzierten Aminosäureketten ist dabei verschwindend klein im Verhältnis zu ihrer möglichen Zahl, etwa 2000 in einem Bakterium und etwa 100000 in einem Säugetier. Einen wichtigen Aspekt in der Frage nach dem Ursprung des Lebens bildet die Frage, wie diese hochgradig beschränkte Auswahl zustande gekommen ist, und insbesondere, wie es kommt, dass die ausgewählten Stoffe so erstaunliche Katalysatoreigenschaften aufweisen, die Fähigkeit nämlich, chemische

Reaktionen, die ansonsten sehr langsam abliefen, um einen Faktor von mehr als einer Milliarde zu beschleunigen.

Die Katalysatoreigenschaften der Polypeptide hängen entscheidend von der dreidimensionalen Form ab, in die sich die Aminosäureketten zusammenfalten, wenn sie von Wasser umgeben sind. Einige der R-Seitengruppen werden vom Wasser abgestoßen, und diese hydrophoben Kräfte leisten einen wesentlichen Beitrag zur Festlegung der dreidimensionalen Form des jeweiligen Polypeptids. Denn die Aminosäuren mit hydrophoben Seitengruppen werden in den inneren Bereich der Struktur gedrückt, und da die hydrophoben Aminosäuren sich unregelmäßig auf die Kette verteilen können, sorgen die nach innen gerichteten Kräfte für eine Faltungsstruktur, die sehr viel komplizierter ist als ein Wollknäuel. Teile einer Polypeptidkette, die gewöhnlich aus fünf bis zehn aneinandergereihten Aminosäuren bestehen, verdrillen sich zu strangartigen Gebilden. Wenn mehrere Aminosäureketten sich verbinden, wie es gelegentlich geschieht, entstehen sehr komplexe Formen. Ein Beispiel dafür findet sich in *Abbildung 27*; die Pfeile stehen dort für Stränge und die Zylinder für Helices. Die geradezu phantastische Komplexität dieser Strukturen wird noch deutlicher, wenn man auf die verkürzende Darstellung durch Pfeile und Zylinder verzichtet wie in *Abbildung 28*, in der die verschachtelte Struktur des aus drei Polypetidketten bestehenden Stoffes Alpha-Chymotrypsin dargestellt ist. Und auch dieses Beispiel vermittelt noch längst nicht das volle Ausmaß an Komplexität, mit dem wir es auf diesem Gebiet zu tun haben. Da Biochemiker Jahre benötigen, um eine einzige Struktur dieser Art zu bestimmen, wählen sie für ihre Untersuchungen natürlich zunächst die kürzeren Polypeptidketten. Ketten mit mehr als 2000 Aminosäuren müssen sich zu Strukturen zusammenfalten und verknäulen, die noch sehr viel komplexer sind.

Cystein ist eine der 20 biologisch bedeutsamen Aminosäuren, deren Seitengruppe R aus dem Komplex $-CH_2-SH$ besteht. Das

Schwefelatom kann mit einem anderen Schwefelatom eine sehr starke Bindung eingehen, die als Disulfidbindung bezeichnet wird. In verknäuelten Strukturen wie der in *Abbildung 28* gezeigten kann es geschehen, dass zwei Cysteinglieder des Polypeptids, die in der Kette oder den Ketten weit auseinander liegen, so nahe aneinander geraten, dass eine starke Disulfidbindung zwischen ihnen entsteht. Diese Haltepunkte verleihen den komplexen dreidimensionalen Gebilden eine Festigkeit, die in ihrer Feinstruktur durch schwache Wasserstoffbindungen, elektrostatische und zwischenmolekulare Kräfte (die so genannten van-der-Waals-Kräfte) ergänzt wird.

Die Enzymqualität der zusammengefalteten Polypeptide, also ihre Fähigkeit, bestimmte chemische Reaktionen sehr stark zu

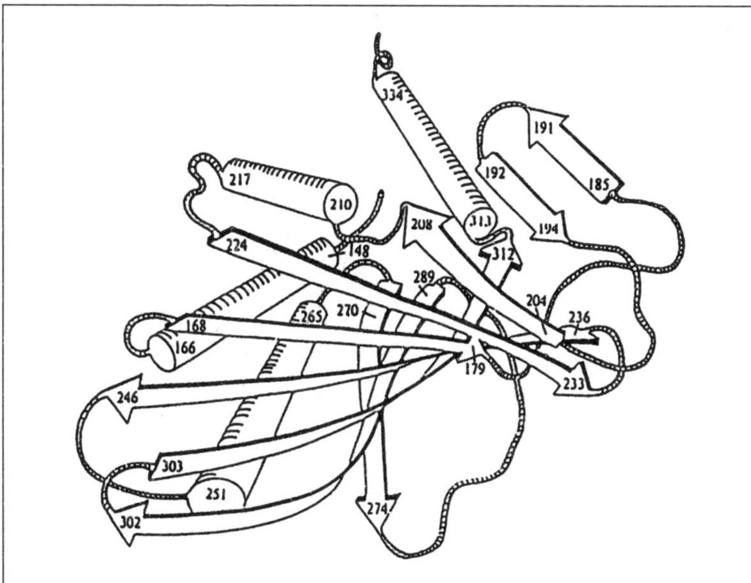

Abbildung 27: Die katalytische Region einer Teileinheit des Enzyms Glyceraldehydphosphat-Dehydrogenase. Helices (Spiralen) sind durch Zylinder, Stränge durch Pfeile dargestellt. Die Zahlen verweisen auf die Stellung in der Polypeptidkette (nach: *Journal of Biological Chemistry* 250 (1975), S. 9137–9162).

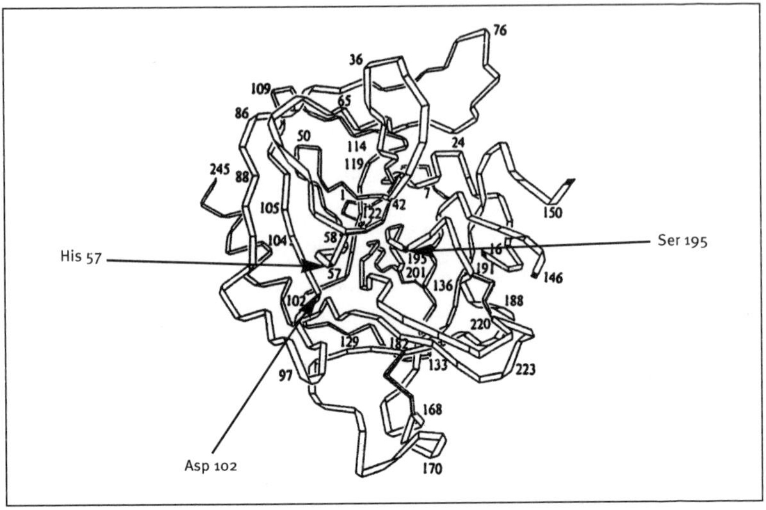

Abbildung 28: Struktur des Enzyms Alpha-Chemotrypsin. Drei wichtige Aminosäuren sind gesondert hervorgehoben. Die Zahlen verweisen auf die Reihenfolge der Aminosäuren in der Kette, aus der dieses Enzym besteht (nach P. D. Boyer (Hg.): *Enzymes*, 3. Aufl., Bd. 3, New York 1971).

beschleunigen, hängt von den Oberflächeneigenschaften ab. An der Oberfläche muss es eine Tasche geben, die in der Lage ist, die reagierenden Chemikalien an sich zu binden und sie nicht nur miteinander in Kontakt zu bringen, sondern auch für eine optimale Ausrichtung zu sorgen. Wenn die Reaktion erfolgt ist, müssen die Reaktionsprodukte freigesetzt werden, damit das Enzym seine Arbeit auch weiterhin verrichten kann – eine notwendige Eigenschaft jedes Katalysators. Dazu bedarf es hochkomplexer Formen und Strukturen an der Oberfläche des Enzyms. Dafür steht die bekannte Analogie des Schlüssels und des Schlosses, die in *Abbildung 29* dargestellt ist. Der komplizierten Form des Schlosses entspricht in diesem Bild die komplexe Form der Oberfläche in der Tasche des Enzyms.

In ihrem Buch *Fundamentals of Enzymology* schreiben W. C. Price und L. Stevens: »Im Vergleich mit anderen Katalysatoren haben Enzyme eine Reihe bemerkenswerter Eigenschaften. Die drei wichtigsten sind ihre hohe Katalysatorwirkung, ihre Spezifität und das Ausmaß, in dem ihre katalytische Aktivität durch eine Reihe natürlich vorkommender Verbindungen gesteuert werden kann.« Nur ein kleiner Teil der möglichen Polypeptide zeigt diese Eigenschaften bei einer bestimmten chemischen Reaktion oder bei einer bestimmten Gruppe chemischer Reaktionen, etwa bei jenen, die Energie aus Zuckern freisetzen; an diesem Vorgang sind insgesamt etwa 30 Enzyme beteiligt, die sämtlich eine andere, hochspezifische Funktion haben. Nur Polypeptide, die beim Zusammenfalten eine für die Aufnahme des so genannten »Substrats« geeignete Taschenoberfläche erzeugen, können ihre katalytische Wirkung entfalten, und dazu müssen zahlreiche Bedingungen hinsichtlich der Anordnung der 20 verschiedenen Aminosäuren in der Polypeptidkette erfüllt sein.

Für das korrekte Funktionieren eines Enzyms reicht es nicht aus, dass nur ein Stück der Polypeptidkette die richtige Anordnung hat. Da die Faltung von der gesamten Kette abhängt und da die Aminosäuren, die die Oberfläche der Tasche bilden, von verschiedenen Stellen der Kette stammen, ist stets das Ganze beteiligt. Ein nach dem Zufallsprinzip aus den 20 verschiedenen Aminosäuren zusammengesetztes Polypeptid – wobei der Zufall die Auswahl der einzelnen Glieder (also die Auswahl der jeweiligen Seitengruppe R) und die Länge der Kette beträfe – würde sich nur mit verschwindend geringer Wahrscheinlichkeit enzymatisch auf die für die Biologie bedeutsamen chemischen Reaktionen aus-

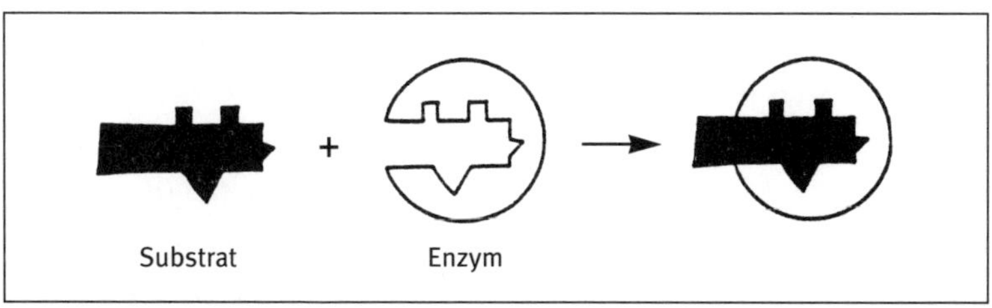

Abbildung 29: Schlüssel-Schloss-Analogie für die Funktionsweise der Enzyme (wie 1894 von Emil Fischer beschrieben)

wirken. Es bedürfte sehr vieler solcher Zufallsauswahlen, bis etwas Brauchbares zustande käme – derart vieler, dass die Anzahl nicht einmal auf unmittelbar experimentellem Wege ermittelt werden kann.

Auf indirektem Wege können wir uns jedoch eine Vorstellung von der gewaltigen Größe dieser Zahl machen, wenn wir an die beschränkte Variabilität der bei Lebewesen anzutreffenden Enzyme denken. Einige Enzyme finden sich fast unverändert in allen Bereichen der Biologie. Daraus wird deutlich, dass jeweils eine einzelne Aminosäurekette von der natürlichen Selektion in ihren wesentlichen Bestandteilen nicht verändert werden konnte. Bei anderen Enzymen sind manche Aminosäuren ausgetauscht (»substituiert«), aber nicht auf allen Positionen der Kette. In der Regel ist die Hälfte bis ein Drittel der Aminosäuren invariant. Jede invariante Aminosäure trägt mit einem Faktor 20 zu der Zahl der Versuche bei, die erforderlich wären, um das betreffende Enzym bei zufälliger Auswahl der Aminosäureglieder zu erzeugen. Selbst bei einer kurzen Kette mit 100 Gliedern, von denen 30 invariant sind, wären 20^{30} oder 10^{39} Versuche erforderlich. Bei einem Enzym mit 1000 Kettengliedern, von denen 300 invariant sind, läge die nötige Zahl der Versuche bei 20^{300} oder 10^{390}. Offensichtlich haben wir es hier wiederum mit einer »überastronomischen« Zahl zu tun, zumal es selbst bei den einfachsten Organismen nicht um ein einzelnes, sondern um 2000 verschiedene Enzyme geht, und bei komplexen Lebewesen wie dem Menschen sogar um 100000 verschiedene.

Wie die geozentrischen Darwinisten glauben können, solche Zahlen hätten in einem »kleinen Teich mit Phosphorsalzen aller Art« realisiert werden können, ist nicht nachvollziehbar. Bevor die moderne Mikrobiologie die ganze Komplexität dieser Prozesse enthüllte, mögen Wohlmeinende diesen Irrtum noch für entschuldbar gehalten haben, doch heutzutage ist eine Vorstellung nach Art des alten aristotelischen Gedankens, wonach das Leben aus warmer Erde und Morgentau entstanden ist, vollkommen unhaltbar. Bei strengerer Betrachtung könnte man durchaus sagen, sie sei schon im späten 17. Jahrhundert angesichts der Erkenntnisse Francesco Redis nicht mehr haltbar gewesen – ganz sicher aber nicht nach Pasteurs Arbeiten in den 1860er Jahren. Hermann von Helmholtz bemerkte bereits damals:

> »Es erscheint mir ein vollkommen richtiges wissenschaftliches Verfahren zu sein, wenn alle unsere Bemühungen scheitern, Organismen aus lebloser Substanz sich erzeugen zu lassen, dass wir fragen, ob überhaupt das Leben je entstanden, ob es nicht eben so alt wie die Materie sei, und ob nicht seine Keime von einem Weltkörper zum anderen herübergetragen sich überall entwickelt hätten, wo sie günstigen Boden gefunden.«

In moderne Begriffe übersetzt, sagt Helmholtz hier letztlich, angesichts der überastronomischen Zahlen sei es unsinnig, den Ursprung des Lebens in gewöhnlichen astronomischen Größenordnungen zu suchen und den kleinen Teich auf der Erde zu einem Teich im Sonnensystem oder in unserer Milchstraße zu erweitern. Das Problem müsse vielmehr auf kosmologischer Ebene angegangen werden, zusammen mit Problemen wie der Frage nach dem Ursprung des Universums.

Viele Biologen halten das für einen verzweifelten Rat. Sie meinen, man solle an dem kleinen irdischen Teich festhalten, in der Hoffnung, irgendwann einmal werde sich eine einfache Lösung auftun. Wir glauben dagegen, diese Auffassung ähnelt der Mehrheitsmeinung, wie sie um 1600 in der Astronomie anzutreffen war. 60 Jahre nach Kopernikus glaubten immer noch die meisten Gelehrten, die Erde befände sich im Mittelpunkt des Universums; nur eine Handvoll unorthodoxer Philosophen und Mathematiker dachten anders. Ein scheinbar achtenswertes Argument für die Mehrheitsmeinung lautete damals, wenn man die Erde als festen Punkt aufgebe, könnten sich zahllose Komplikationen ergeben, als würde man die Büchse der Pandora öffnen. Und genauso kam es. Die Büchse der Pandora wurde tatsächlich geöffnet, und selbst 400 Jahre danach wissen wir immer noch nicht, was wohl noch daraus hervorkommen wird. Die letzten Probleme sind heute ebenso ungelöst wie im Jahr 1600, und manche haben sich als weitaus komplexer erwiesen. Dennoch würde heute niemand behaupten, es sei falsch gewesen, die alte geozentrische Vorstellung aufzugeben, obwohl die Naturwissenschaft damit einen Weg einschlug, der sie auf fremdartiges, schwieriges Terrain führte. Ähnlich wird es uns wahrscheinlich in den nächsten Jahren im Blick auf den Ursprung des Lebens ergehen, wenn die Probleme dort immer feinere Konturen gewinnen. Die kopernikanische Revolution ist noch längst nicht zu Ende.

Wir leben in einer Zeit schneller Lösungen. Die Medien haben dafür gesorgt, dass auch im Bereich der Naturwissenschaften selbst die wichtigsten, tiefstgründigen Fragen in kleinen Häppchen serviert werden müssen, damit sie auch einem Publikum verständlich sind, das sich niemals damit befasst hat. Das hat unvermeidlich zu der unguten Situation geführt, dass wohlabgemessene Lösungsansätze für schwierige Probleme gegenüber Schlagworten und Scheinlösungen ins Hintertreffen geraten sind. Die Medien haben nicht das geringste Interesse an Wegen, die erst in einigen Jahrhunderten ans Ziel führen werden. Doch in den Naturwissenschaften brauchen wichtige Fragen fast immer mehrere Jahrhunderte zu ihrer Lösung.

Wir können zwar nicht erwarten, die letzte Frage nach dem Ursprung des Lebens zu beantworten, aber wenn wir auf dem richtigen Weg sind, können wir durchaus erwarten, Lösungen für viele geringere Probleme zu finden, zum Beispiel Antworten auf die Frage, wie das Leben auf die Erde gelangt ist und wie es sich dort weiterentwickelt hat. Wir haben gesehen, dass Viren die Fähigkeit haben, in fremde Zellen einzudringen und deren interne Prozesse zu stören oder zu verändern. In vielen Fällen führen solche Eingriffe zu Störungen, die wir als Krankheiten bezeichnen und die gelegentlich auch den Tod der betreffenden Pflanze oder des Tiers mit sich bringen. In anderen Fällen sorgen die Störungen für eine leichte, zuweilen aber auch deutliche Veränderung des befallenen Lebewesens, an der es nicht zugrunde geht. Viren können gänzlich neue Gene in einen Organismus einbringen, und höchstwahrscheinlich können sie auch einen radikalen Umbau des genetischen Materials in den Zellen des Lebewesens bewirken. Angesichts der gewaltigen Komplexität schon eines einzelnen Gens sollte uns das nicht überraschen, denn schon ein einzelnes Gen trägt eine gewaltige Informationsmenge und zahlreiche Eigenschaften, deren Beschreibung eine ganze Bibliothek füllen könnte.

Der Gedanke einer Evolution durch die Invasion von Viren löst Probleme, die für die biologischen Theorien des 19. Jahrhunderts ganz und gar unlösbar waren. Eine der größten Schwierigkeiten haben wir bereits beschrieben, aber angesichts ihrer Bedeutung, wollen wir hier nochmals darauf eingehen. Nach der gängigen Theorie entwickelten sich die Säugetiere aus einem Zweig der Reptilien, der als *Synapsida* bezeichnet wird. Doch das genetische Material eines Säugetiers unterscheidet sich beträchtlich von dem eines Reptils, und zwar sowohl hinsichtlich der Menge als auch hinsichtlich der Organisation. Ein Übergang von den Reptilien zu den Säugetieren setzt Schritte voraus, bei denen die Organisationsstruktur verändert wird, etwa indem ganze Chromosomen ersetzt werden. Daraus ergibt sich für Arten mit geschlechtlicher Fortpflanzung das Problem, dass ein verändertes Individuum sich nur dann fortzupflanzen vermag, wenn es ein Mitglied des entgegengesetzten Geschlechts findet, das etwa dieselbe Veränderung durchgemacht hat. Es reicht nicht aus, eine gewaltige Fehlerquote beim Kopieren der Erbinformationen zu postulieren, die eine sehr günstige strukturelle Veränderung ermöglichen soll. Wir müssten vielmehr das gleichzeitige Eintreffen dreier Wunder postulieren. Welches Wunder zum Beispiel einem Männchen auch widerfahren mag, wir müssten das noch größere Wunder unterstellen, dass durch einen zufälligen Kopierfehler ein Weibchen dieselbe strukturelle Veränderung durchmacht und dass beide Wunder etwa zur selben Zeit am selben Ort stattfinden, weil das Männchen und das Weibchen einander sonst nicht begegnen könnten. Mathematisch hieße das, die Wahrscheinlichkeit für die erfolgreiche Weitergabe einer größeren Veränderung ist das Produkt dreier sehr kleiner Zahlen, und die Zahl, die sich daraus ergibt, wäre vernachlässigenswert klein.

Bei einer Evolution aufgrund viraler Einflüsse ergäbe sich diese Schwierigkeit nicht, weil Männchen und Weibchen in gleicher Weise von demselben eindringenden Virus verändert werden können, wobei eine von Individuum zu Individuum erfolgende Ansteckung noch zusätzlich dafür sorgen könnte, dass ein beachtlicher Teil der Mitglieder einer biologischen Art gleichzeitig verändert würde.

Eine weitere Schwierigkeit, mit der die Biologie des 19. Jahrhunderts zu kämpfen hatte, betrifft die Frage, warum das Auge in der Geschichte des Lebens mehrfach entwickelt worden ist, und zwar bei so unterschiedlichen Lebewesen und zu so unterschiedlichen Zeiten, dass dazwischen keine direkte Verbindung bestehen kann, zum Beispiel zwischen den Augen der Säugetiere, Reptilien oder Fische und denen der Kraken und ihrer Verwandten. Auch zwischen diesen Augen und dem Facettenauge der Insekten ist keine direkte evolutionäre Verbindung vorstellbar. Dennoch beruht die Funktionsweise dieser drei unabhängig voneinander entstandenen Augen im Wesentlichen auf demselben Grundprinzip, nämlich der Formveränderung ein und desselben komplexen Moleküls. Die natürliche Erklärung für diesen bemerkenswerten Befund wäre eigentlich ein gemeinsamer Ursprung und keine unabhängige Mehrfachevolution. Außerdem treten erhebliche logische Probleme auf, wenn man versucht, auch nur einen der drei Fälle mit den Mitteln der Biologie des 19. Jahrhunderts zu erklären.

Wie in Kapitel 5 angemerkt, reicht das optische System eines Seemöwenauges an die Qualität der besten vom Menschen geschaffenen Optiken heran, wie man sie bei der Satellitenüberwachung einsetzt, woraus man ersehen kann, dass Vogelaugen über Möglichkeiten zur Korrektur von Abbildungsfehlern wie sphärische und chromatische Aberration, Koma und Astigmatismus verfügen. Die Biologie versucht die Entstehung dieser Fähigkeiten durch natürliche Selektion zu erklären. In einer beständigen Umwelt sorgt die natürliche Selektion dafür, dass die Anpassung einer Art an die betreffende Umwelt sich nicht verschlechtert, denn Individuen mit mangelhafter Ausstattung werden im Kampf ums Überleben eliminiert. Die meisten Kritiker der Theorie halten diesen Gedanken für plausibel, obwohl leicht zu erkennen ist, dass seine Logik schon auf der ersten Ebene verworfen werden muss, falls man strenge mathematische Maßstäbe anlegt. Die Menschen etwa haben die Fähigkeit verloren, Vitamine zu erzeugen – ein Beispiel für eine Fehlanpassung an die Umwelt.

Wenn Rückschritte ausgeschlossen sind, bleibt nur der Weg nach vorn. Aber werden überhaupt Fortschritte gemacht? Die Antwort muss »ja« lauten, weil genetisches Material nicht endlos kopiert werden kann, ohne dass gelegentlich Kopierfehler auftreten. Die allermeisten Kopierfehler stellen Rückschritte dar, aber da sie als solche eliminiert werden, bleiben nur gelegentliche Fortschritte. Und wohin führt uns das? Zu gar nichts. In diesem ganzen Gedankengang gibt es nichts, dass uns sagen könnte, ob die Fortschritte nach Zahl und Art ausreichen könnten, um das ausgezeichnete optische System des Seemöwenauges hervorzubringen. Seit eineinviertel Jahrhunderten setzt man Glauben an die Stelle von Logik, und jede Generation übernimmt dieses Muster von ihrer Vorgängerin. Da das Seemöwenauge existiert, muss es so sein – ein derart schwaches Argument, dass es gar nicht lohnt, darauf einzugehen. Wären Sie mit einem großen Vermögen auf die Welt gekommen und hätten es sinnlos ausgegeben, wäre Ihr Bankkonto leer. Es trifft also für den jetzigen Zeitpunkt durchaus zu, dass Sie kein Geld haben. Darum müssen Sie mit einem großen Vermögen auf die Welt gekommen sein, das Sie sinnlos ausgegeben haben. Ähnlich unsinnig argumentiert man in der Biologie. Deduktionen dieser Art sind vollkommen leer, solange sich nicht streng beweisen läßt, dass der im Schlusssatz ausgedrückte Sachverhalt auf keine andere Weise zustande kommen kann. In unserem Beispiel müsste man beweisen, dass ein leeres Bankkonto nur dann vorkommt, wenn jemand mit einem großen Vermögen auf die Welt gekommen ist, das er sinnlos ausgegeben hat. In der Biologie hat man nie bewiesen, das optische System des Seemöwenauges könne ausschließlich im Wege der natürlichen Selektion entstanden sein, und da dieser Beweis aussteht, ersetzt man ihn durch einen Glaubensartikel, ohne den kein Biologe seine Arbeit tun könnte.

Da die Theorie des 19. Jahrhunderts im Wesentlichen nutzlos ist, gibt es nur zwei Alternativen: entweder eine Evolution in vergleichsweise großen Schritten, deren Ursprung ein Rätsel bleibt; oder eine Evolution in großen Schritten, die von genetischen Systemen aus dem All ausgelöst worden ist. Abgesehen von der Abneigung vieler Wissenschaftler gegen Wunder gibt es noch zahlreiche Gründe, die einen Import außerirdischen Erbguts als korrekte Erklärung für die Evolution des Lebens auf der Erde erscheinen lassen. Während sich etwa das Seemöwenauge durch nahezu perfekte optische Eigenschaften auszeichnet, zeigen die Augen der landbewohnenden Lebewesen in der Regel keine optimale Leistung hinsichtlich der Lichtintensität. Volles Sonnenlicht, wie es etwa über einem Schneefeld herrscht, ist viel zu hell. Menschen müssen unter solchen Bedingungen unbedingt Sonnenbrillen tragen. Ratsam sind Sonnenbrillen auch in tropischem Licht, selbst wenn das Licht über normalem Boden nur die geringe Reflexionsrate von 10 Prozent erreicht. Am angenehmsten für das menschliche Auge ist eine Lichtintensität von einem Hundertstel bis zu einem Tausendstel des vollen Sonnenlichts, wie man sie in einem mit künstlichen Lichtquellen gut ausgeleuchteten Büro findet. Das entspricht etwa der Lichtintensität, die über einem Schneefeld auf einem der Uranusmonde anzutreffen wäre. Auch die Photosynthese der Pflanzen arbeitet bei vollem Sonnenlicht nicht optimal; den größten Wirkungsgrad erzielt sie bei deutlich geringerer Lichtstärke. Es ist interessant, dass die geringste Lichtintensität, bei der Pflanzen wachsen können, etwa der Lichtstärke entspricht, die wir Menschen als angenehm empfinden. Da das Auge aus der Sicht der physikalischen Optik so perfekt konstruiert ist, sollte man eigentlich annehmen, dass dies auch hinsichtlich der Lichtintensität in jener Umwelt gilt, in der es einst entstand. Daher müssen wir diese Umwelt in den äußeren Bereichen des Sonnensystems suchen oder in einer Umwelt mit ähnlichen Lichtverhältnissen, und dasselbe gilt für die komplexen biochemischen Prozesse der Photosynthese.

Manche Biologen fragen, was solch eine Theorie denn brächte. Darauf gibt es mehrere Antworten. Erstens passt sie besser zu den Fakten. Zweitens vermag das Universum als Ganzes die genetischen Kosten der Evolution sehr viel besser zu tragen als die Erde allein. Und drittens zeigt sich, dass Fragen nach dem Ursprung meist schon bald jeden engen Horizont sprengen und kosmologische Ausmaße annehmen, so dass auch das Problem des Lebens, vielleicht das größte Problem von allen, im Rahmen des ganzen Universums angegangen werden muss. Wissenschaftler neigen offenbar zu der Ansicht, eine einfache Theorie habe größere Chancen, korrekt zu sein, als eine komplexe. Doch während die grundlegenden physikalischen Gesetze sich als recht einfach erweisen, sind ihre Anwendungen, sobald wir die einschlägige Mathematik verstanden haben, meist sehr komplex. Ein Fluss strömt langsam in seinem sanft abfallenden Bett dahin, so dass alles friedlich und einfach erscheint. Doch wenn das Flussbett plötzlich 20 Meter steil abfällt, tritt in dem so entstandenen Wasserfall eine erstaunliche Komplexität zutage. Das eben noch recht einfache Problem einer Beschreibung des gleichmäßigen Strömens wird plötzlich in seinen Details gänzlich unlösbar. Und so ist es mit Sicherheit überall im Universum. Die wichtigsten Veränderungen erfolgen wahrscheinlich in Form sprunghafter, katastrophaler Abweichungen vom üblichen Gang der Dinge. Gleiches gilt auch für die menschliche Gesellschaft: Die Regierungen bemühen sich um einen gleichmäßigen Fluss, aber die Geschichte wird letztlich von unkontrollierbaren Ereignissen bestimmt, die plötzlich auftreten; dann stürzt die Gesellschaft über eine Reihe von Wasserfällen, die unerwartete Entwicklungen jeglicher Art auslösen.

Wir meinen, dass auch die Entwicklung des Lebens auf der Erde diesem Muster folgt. Von Zeit zu Zeit wurde die Erde von einem gewaltigen genetischen Sturm heimgesucht, der zahlreiche Arten nachhaltig veränderte und manche sogar vollständig auslöschte. Seit 1978 vertreten wir die Auffassung, dass Viren das eigentliche Vehikel des biologischen Wandels sind und nicht die ineffiziente Weitergabe von Kopierfehlern, wie die herkömmliche Evolutionstheorie behauptet. Nach den in diesem Buch entwickelten Vorstellungen stammen die Viren unmittelbar aus der Wolke verdampften Kometenmaterials, von der die Erde ständig umgeben ist und aus der im Jahr etwa 1000 Tonnen in die Erdatmosphäre gelangen, eine Menge, die etwa 10^{21} Bakterien und 10^{25} Viren entspricht. Wie wir gesehen haben, geraten die Kometen, von denen der Hof um die Erde stammt, in den inneren Bereich des Sonnensystems, wenn vorbeiziehende Sterne die Kometenwolke im Umkreis des Sonnensystems stören oder, seltener, wenn das Sonnensystem sich einer interstellaren Molekülwolke nähert. Die häufigeren Begegnungen mit vorüberziehenden Sternen sorgt für einen stetigen, aber relativ geringen Nachschub an Kometen, wie wir es gegenwärtig erleben. Die seltenen Begegnungen mit Molekülwolken, zu denen es nur ein- oder zweimal in 100 Millionen Jahren kommt, sorgen für einen starken Zustrom von Kometen in den inneren Bereich des Sonnensystems. Dieser starke Zustrom hält etwa eine Million Jahre an. In dieser Zeit ist der Hof aus verdampftem Kometenmaterial sehr viel dichter, die Zahl der auf die Erde niedergehenden Viren nimmt beträchtlich zu, und es kommt zu einem genetischen Sturm, der sowohl zur Auslöschung von Pflanzen- und Tierarten als auch zu kräftigen Evolutionsschüben führt.

Was die Auslöschung betrifft, scheint der schlimmste genetische Sturm vor etwa 65 Millionen Jahren gewütet zu haben, als alle Tierarten mit einem Körpergewicht von mehr als 25 Kilogramm ausstarben, darunter auch die großen Dinosaurier. Die

relative Dauer der Zeitalter	Zeitalter	Periode		Epoche	Dauer in Mio. Jahren (ca.)	Mio. Jahre vor heute
Känozoikum	*Känozoikum*	Quartär		Holozän	seit ~10000 Jahren	
Mesozoikum				Pleistozän	2,5	2,5
Pläozoikum		Tertiär		Pliozän	4,5	7
Präkambrium				Miozän	19	26
				Oligozän	12	38
				Eozän	16	54
				Paläozän	11	65
	Mesozoikum	Kreide			71	136
		Jura			54	190
		Trias			35	225
	Pläozoikum	Perm			55	280
		Karbon	Oberkarbon		45	325
			Unterkarbon		20	345
		Devon			50	395
		Silur			35	430
		Ordovizium			70	500
		Kambrium			70	570
	Präkambrium				4030	
Entstehung der Erdkruste vor 4,6 Mrd. Jahren						

Abbildung 30: Erdgeschichtliche Zeitskala

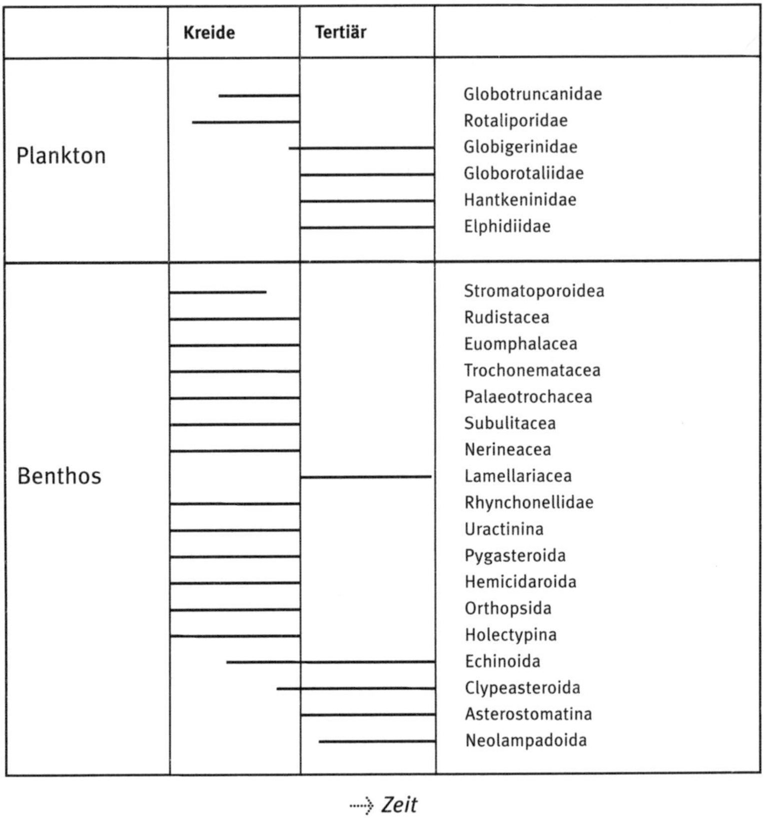

Abbildung 31: Geologische Lebenszeit kleiner Meerestiere, angezeigt durch horizontale Striche: Plankton lebt an der Wasseroberfläche, das Benthos in beträchtlicher Tiefe (nach D. A. Russell, in: *Syllogeus* 12, National Museums of Canada, 1976).

Dinosaurier waren allerdings keineswegs alleine betroffen, mehr als die Hälfte aller Tierarten starb damals aus. Keine der bislang vorgeschlagenen physikalischen und chemischen Ursachen erscheint uns plausibel, weil nichtbiologische Katastrophen eine Art zwar beträchtlich schwächen, kaum aber vollständig auslöschen können. Eine physische Ausrottung ist sehr schwierig. Dem Menschen ist es mit all seinen technischen Fähigkeiten kaum gelungen, auch nur eine einzige der vielen Millionen Insektenarten auszurotten. Das Artensterben vor 65 Millionen beschränkte sich nicht auf große Tiere, sondern reichte hinab bis zu den Mikroorganismen, und sie erfolgte in sämtlichen Lebensräumen einschließlich des Meeresbodens. Was immer die Ursache gewesen sein mag, sie erfasste jedenfalls die gesamte Erde und drang in jeden Winkel.

Es ist sinnvoll, sich an dieser Stelle einmal die geologischen Zeitalter und die Zeitskala anzusehen, die für die Evolution des Lebens auf der Erde bedeutsam sind (siehe *Abbildung 30*). Die Zeit vor 65 Millionen Jahren liegt nahe der Grenze zwischen der Kreidezeit und dem Tertiär, das wiederum in Paläozän, Eozän, Oligozän, Miozän und Pliozän eingeteilt wird.

Abbildung 31 zeigt Anfang und Ende der Lebenszeit einiger Gattungen kleiner Meerestiere für Kreide und Tertiär (horizontale Balken). Die Lebewesen, aus denen das Plankton besteht, leben an der Meeresoberfläche, während das Benthos (die Gesamtheit der Lebewesen am Gewässerboden) aus großer Tiefe stammt (oder stammte). Von den 15 ausgelöschten Arten enden 14 an der Grenze von der Kreidezeit zum Tertiär vor etwa 65 Millionen Jahren. Von den neun Gattungen, die nach dem Jura entstanden, nahmen fünf ihren Ausgang an der Grenze von der Kreidezeit zum Tertiär. Die Zeit vor 65 Millionen Jahren kann also gleichermaßen als Anfang und als Ende begriffen werden, eine notwendige Bedingung für das Verständnis des gesamten Evolutionsprozesses.

15

Versuch einer Synthese

Bakterien gibt es auf der Erde seit mehr als 3,6 Milliarden Jahren. Von ihrer Entstehung vor etwa 4,6 Milliarden Jahren bis vor etwa 3,8 Milliarden Jahren wurde die Erde ständig von Kometen und Kometentrümmern bombardiert, die jede geordnete Schichtenfolge in der Erdkruste durcheinander brachten. Da ein Bombardement, das Gestein zertrümmern konnte, gewiss auch das Leben vernichtet hätte, ist diese grobe Zeitangabe vor 3,8 Milliarden Jahren die allerfrüheste, zu der das Leben dauerhaft auf der Erde Fuß gefasst haben könnte. Die verhältnismäßig kurze Zeit zwischen dem Ende des Bombardements vor 3,8 Milliarden Jahren und den uns bekannten Anfängen des Lebens auf der Erde vor 3,6 Milliarden Jahren ist das erste in einer ganzen Reihe überraschender Charakteristika in der biologischen Geschichte der Erde. Dabei kann diese Lücke sogar noch kürzer oder auch gar nicht vorhanden gewesen sein, denn vor kurzem haben Geologen in den ältesten Gesteinen der Erde indirekte Hinweise auf Leben gefunden, und zwar in Gestalt eines leicht erhöhten Anteils des schweren Kohlenstoffisotops ^{13}C gegenüber ^{12}C. Da die Photosynthese zu einer leichten Erhöhung des ^{13}C-Anteils führt, könnte man die Vermutung aufstellen, dass es auch schon vor 3,8 Milliarden Jahren mikrobielles, auf Photosynthese basierendes Leben gegeben hat. Dann wäre das Leben in den fossilen Funden von dem ersten Augenblick an präsent, in dem überhaupt eine physikalische Möglichkeit dafür bestand.

Bakterien sind zwar insofern einfache Lebensformen, als sie nur 2000 Gene aufweisen, verglichen mit etwa 100000 bei komplexeren Lebewesen wie uns Menschen, aber jedes dieser Gene hat die gewaltige Komplexität, die wir in Kapitel 14 beschrieben haben. Die nach Anweisung der Gene hergestellten Enzyme fungieren als äußerst wirkungsvolle Katalysatoren für Reaktionen, die von zentraler Bedeutung für die Chemie des Kohlenstoffatoms und zugleich auch von zentraler Bedeutung für Lebewesen wie uns sind: zum Beispiel die Reaktionen, durch die wir aus Zucker Energie gewinnen. Die Übereinstimmungen sind so groß, dass Enzyme aus einem Bakterium auch in einer menschlichen Zelle funktionieren. Wir können also sagen, dass viele biologische Probleme mit wesentlichen Konsequenzen für jegliches Leben bereits vor 3,6 und vielleicht sogar vor 3,8 Milliarden Jahren gelöst waren.

Wenn das Leben schon vorher im Universum entstanden ist, lässt sich natürlich leicht erkennen, dass die komplexen biochemischen Lebensprozesse in dem Augenblick auf der Erde Fuß fassen konnten, als die Bedingungen dort erstmals Leben zuließen. Hält man sich dagegen an die orthodoxe Biologe, nach der das Leben auf der Erde entstanden ist, steht man vor der schwierigen Frage, wie denn das Leben in dem schmalen Fenster um die Zeit vor 3,8 Milliarden Jahren entstanden sein soll. Die an ein Wunder grenzenden Auswahlprozesse, von denen im letzten Kapitel die Rede war, müssen dann in einem ganz schmalen Abschnitt der Erdgeschichte stattgefunden haben. Und sofern nicht die Hitze im Gestein die 3,8 bis 3,6 Milliarden Jahre alten Lebensspuren zerstört hätte, könnte es durchaus sein, dass dieser schmale Abschnitt nur Einbildung ist und niemals wirklich existiert hat. In der Klärung dieser Situation haben die Anhänger der orthodoxen Auffassung keine substanziellen Fortschritte gemacht. Und angesichts der gigantischen Zahlen, von denen wir in Kapitel 14 gesprochen haben, erwarten wir auch nicht, dass sie solche Fortschritte machen könnten.

Es gibt einen deutlichen Unterschied zwischen den relativ einfachen Bakterienzellen (Prokaryonten) mit ihren 2000 Genen und den weitaus komplexeren Zellen der Eukaryonten, die mehr Gene haben und größer sind, zum Beispiel die Bäckerhefe oder die Algen in unseren Teichen. Bakterienzellen haben typischerweise einen Durchmesser von einem Mikrometer, Eukaryonten dagegen einen von zehn Mikrometern – beim Volumen beträgt der Unterschied also das Tausendfache. In diesem größeren Volumen enthalten Eukaryonten nicht nur die grundlegende DNA, sondern auch zahlreiche Hilfsstrukturen, deren jede in manchen Aspekten einer prokaryontischen Zelle ähnelt. Man nimmt an, daß die ersten eukaryontischen Zellen auf der Erde vor 1,5 bis 2 Milliarden Jahren erschienen; manche Paläontologen setzen das Datum sogar noch deutlich früher an. Jedenfalls war die Erde vor einer Milliarde Jahren weithin von Prokaryonten und einzelligen Eukaryonten wie den Algen bevölkert. Und damit bestand auch bereits der Unterschied zwischen Primärproduzenten (Pflanzen) und Räubern (Tieren).

Um diesen Unterschied zu verstehen, müssen wir uns klar machen, dass die Grundlage des Lebens in einer bemerkenswerten chemischen Übereinstimmung liegt: Die Bindungsenergie zwischen den beiden Sauerstoffatomen und dem Kohlenstoffatom im Kohlendioxidmolekül (CO_2) ist nämlich fast genau gleich der Bindungsenergie zwischen den vier Wasserstoffatomen und dem Kohlenstoffatom im Methanmolekül (CH_4). Darum kann der Kohlenstoff zwischen Sauerstoff und Wasserstoff wechseln, und zwar gemäß der reversiblen chemischen Reaktion:

$$CO_2 + 4H_2 \leftrightarrow CH_4 + 2H_2O$$

Das Zeichen $\leftrightarrow$ besagt, dass die Reaktion je nach den vorliegenden Bedingungen in beiden Richtungen ablaufen kann.

Bei niedrigen Temperaturen erfolgt die Reaktion von links nach rechts, wobei Enzyme diesen Vorgang verstärken. Ein ganzes Bakterienreich basiert auf dieser Reaktionsrichtung – Bakterien, die unseres Erachtens für die großen Methanmengen in den Atmosphären der Planeten Jupiter, Saturn, Uranus und Neptun verantwortlich sind. T. Gold hat 1987 in seinem Buch *Power from the Earth* die Vermutung geäußert, dass kohlenstoffhaltiges Material die Erde erstmals in hydrierter Form erreichte. Diese Vermutung gewinnt ihre Plausibilität gleichfalls aus der oben beschriebenen Reaktion und fand eine deutliche Bestätigung in der seit 1986 mehrfach gemachten Beobachtung, dass Kometen auch Kohlenwasserstoffe enthalten. Wichtig wird diese Feststellung vor allem in Verbindung mit Golds Annahme, dass die nachfolgende Oxidation der terrestrischen Kohlenwasserstoffe, die im Erdinnern in Tiefen von mehr als 100 Kilometern erfolgt, eine wesentliche Rolle bei der Entstehung zahlreicher geologischer Phänomene spielt, darunter Erdbeben, Vulkane und möglicherweise auch die großräumigen Bewegungen der so genannten Plattentektonik.

Ein etwas komplexeres chemisches Bild, das ebenfalls auf der gleich starken Affinität des Kohlenstoffs zu Sauerstoff und Wasserstoff basiert, ist der kontrollierende Faktor für ein zweites Bakterienreich und für eukaryontische Lebewesen. Unter den Gesichtspunkten von Input und Output handelt es sich hier um folgende chemische Reaktionen:

$$5CO_2 + 5H_2O \leftrightarrow C_5H_{10}O_5 + 5O_2$$

$$6CO_2 + 6H_2O \leftrightarrow C_6H_{12}O_6 + 6O_2$$

Dabei stehen $C_5H_{10}O_5$ und $C_6H_{12}O_6$ (mit den verschiedenen strukturellen Anordnungen der Atome, die sich hinter diesen Grundformeln verbergen) für die meisten Zucker, also für die Energiequelle der komplexeren Lebensformen. Die Reaktionen in der Richtung von rechts nach links werden von Enzymen unterstützt, weiterer äußerer Stimuli bedarf es nicht; für die Gegenrichtung ist jedoch ein äußerer Stimulus erforderlich. Dieser äußere Stimulus ist das Sonnenlicht, und die von links nach rechts verlaufenden Reaktionen werden gemeinhin als Photosynthese bezeichnet. Fügt man Zuckermoleküle in unterschiedlicher Weise zusammen, erhält man Kohlenhydrate wie Stärke oder Zellulose und auch die Substanz, aus der Krabben- und Hummerschalen, Fingernägel oder Vogelschnäbel bestehen. Das O_2 auf der rechten Seite der Reaktionsgleichungen ist der Luftsauerstoff, den wir atmen. All diese Reaktionen basieren auf den drei (neben dem Helium) häufigsten Elementen des Universums.

Damit haben wir einen Blick auf drei Reiche von Lebewesen geworfen: Bakterien, die Methan produzieren; Bakterien, deren Lebensprozess auf der Photosynthese basiert; und eukaryontische Lebewesen, für die wir die Algen als Beispiel genannt haben. Die auf Photosynthese basierenden Bakterien unterscheiden sich von den eukaryontischen Lebewesen durch ein subtiles, aber (in unseren Augen) sehr bezeichnendes Merkmal. Statt auf Wasser basieren die chemischen Reaktionen bei den meisten Photosynthesebakterien auf Schwefelwasserstoff:

$$5CO_2 + 10H_2S \rightarrow C_5H_{10}O_5 + 5H_2O + 10S$$

Auf der Erde ist Wasser sehr verbreitet, H_2S dagegen ist selten und stammt im Wesentlichen aus vulkanischen Aktivitäten. Den Anhängern des Gedankens, wonach das Leben auf der Erde entstanden ist, stellt sich hier ein unangenehmes Problem. Warum sollte das Leben auf etwas Seltenes statt auf etwas Verbreitetes zurückgreifen? Das deutet darauf hin, dass die Photosynthesebakterien an anderen Orten entstanden sind, an denen H_2S nicht so selten vorkommt wie auf der Erde. Vielleicht war es dort auch kälter, so dass der niedrigere Gefrierpunkt von H_2S (minus 85 °C statt 0 °C) eine wichtige Rolle gespielt haben könnte.

Falls es in einer Umwelt Lebewesen gibt, die den Reaktionsweg von links nach rechts, also die Photosynthese abdecken, können andere Lebewesen darauf verzichten. Diese anderen Lebewesen sind Räuber, die ihre (für die Gegenreaktion von rechts nach links wesentlichen) Zucker den zur Photosynthese fähigen Lebewesen entnehmen. Die zur Photosynthese fähigen Lebewesen zu fressen hat für die Räuber den Vorteil, dass sie auf die komplizierte Chemie der von links nach rechts verlaufenden Reaktionen verzichten, deren genetische Last den Photosyntheseorganismen aufbürden und selbst andere bemerkenswerte Eigenschaften entwickeln können – zum Beispiel die Fähigkeit zur Fortbewegung. Diese anderen Lebewesen nennen wir Tiere. In der Taxonomie hat man den Tieren ein eigenes Reich zugewiesen, so dass wir heute insgesamt vier Reiche unterscheiden. Vor einer Milliarde Jahren waren alle vier Reiche auf der Erde etabliert. Aber immer noch handelte es sich ausschließlich um einzellige Lebewesen.

Die ersten mehrzelligen Lebewesen finden sich in den fossilen Funden vor etwa 700 Millionen Jahren. Aber die Ausbeute ist noch sehr gering im Vergleich zu der sprunghaften Vermehrung dieser Lebewesen, die vor etwa 570 Millionen Jahren eintrat. Die Geologen benutzen diesen auffälligen Sprung zur Abgrenzung zweier Zeitalter, des Präkambriums und des Kambriums (siehe *Abbildung 30*). Bei den neuen Lebewesen handelte es sich um Tiere, die gemeinsam als Metazoen (Vielzeller, im Gegensatz zu den Protozoen) bezeichnet werden. Bis vor kurzem galten die Metazoen aus der Zeit vor 700 Millionen Jahren als Vorläufer jener Metazoen, die sich vor 570 Millionen Jahren so stark vermehrten, doch in seinem 1989 erschienenen Buch *Wonderful Life* macht Stephen Jay Gould gegen diese Sichtweise erhebliche Einwände geltend. Die neuen Erkenntnisse basieren auf der sorgfältigen Erforschung der außergewöhnlich gut erhaltenen Fossilien im sogenannten Burgess-Schiefer, einer aus Ablagerungen entstandenen Gesteinsschicht, die auf das Kambrium zurückgeht. Mehr als hundert Arten hat man identifizieren können, und bei vielen sind auch die inneren Strukturen noch erkennbar. Die Fossilisierungsbedingungen boten offenbar einen ungewöhnlich guten Schutz vor Aasfressern und Bakterien und vor dem Kontakt mit Sauerstoff. In feinen Schlick eingeschlossen, erhielten sich die Körper als dünner Kohlenstofffilm auf den Schieferplatten, die sich mit der Zeit herausbildeten. Früher beschränkten paläontologische Funde sich auf die harten Teile ihrer Körper, doch dank neuer Techniken, die im Wesentlichen von H.B. Whittington und seinen Kollegen an der Universität Cambridge entwickelt worden sind, ist es seit 1970 möglich, durch eine Untersuchung der karbonisierten Weichteile ein vollständigeres Bild zu gewinnen. Durch den Einsatz verbesserter Untersuchungsmethoden wurde deutlich, dass die Metazoen aus der Zeit vor 570 Millionen Jahren eben nicht von denen aus der Zeit vor 700 Millionen Jahren abstammen. Die älteren waren entweder schon vorher ausgestorben oder gingen bei der explosiven Entwicklung im Kambrium unter.

Wie das plötzliche Erscheinen des Lebens vor 3,6 bis 3,8 Milliarden Jahren die geozentrischen Darwinisten vor ernsthafte Probleme stellt, so auch die explosive Vermehrung der Metazoen vor 570 Millionen Jahren. Wo ist die vorausgegangene Evolutionsgeschichte, und warum kam die Entwicklung so plötzlich? Es ist bezeichnend für das beschränkte Denken des vorkopernikanischen biologischen Establishments, dass Stephen Jay Goulds unterhaltsam-informatives Buch zwar 323 Seiten umfasst, von denen sich jedoch nur fünf (S. 228–232) mit diesen entscheidenden Fragen beschäftigen.

Uns hingegen bereitet es in dem hier entwickelten nachkopernikanischen Ausblick keine Schwierigkeiten, das Geschehen an der Schwelle zum Kambrium zu erklären. Das Sonnensystem gelangte damals auf seinem Weg durch die Galaxis in die Nähe einer Molekülwolke. Die Umlaufbahnen der Kometen im äußeren Bereich der Oortschen Wolke erfuhren dadurch eine beträchtliche Störung, und viele Kometen gerieten in eine stärker elliptische Umlaufbahn, die sie in den inneren Bereich des Sonnensystems führte. Darunter befand sich auch ein Schwarm kleinerer Himmelskörper, von denen einige die Erdbahn kreuzten, so dass eine Vielzahl von Meteoriten auf die Erde herabregnete. Wie das Innere heutiger Meteoriten bei diesem Absturz kalt bleiben kann, so auch damals vor 570 Millionen Jahren. Ein Teil des großen Schwarms enthielt nicht nur Viren und Bakterien, sondern auch die gefrorenen Eier von Metazoen. Es ist durchaus kein abwegiger Gedanke, dass sich in großen Wasseransammlungen auf Milliarden sehr großer Kometen einfache Metazoen entwickelt haben könnten. Diese Himmelskörper könnten danach wieder eingefroren und schließlich in mehrere Kometen zerbrochen sein. Die explosive Vermehrung der Metazoen ging demnach von einem Schwarm solcher Körper aus, die auf die Erde fielen, so dass es keiner langen Evolutionszeit und keiner Vorläufer auf der Erde bedurfte. Die Metazoen mögen geradeso wie die Bakterien eine lange Evolution hinter sich haben, doch diese Evolution fand nicht auf der Erde statt.

Dennoch bleibt die Frage, warum dies alles erst vor 570 Millionen Jahren geschah, obwohl es schon seit 3,8 Milliarden Jahren möglich war. Wie wir bereits gesehen haben, nähert sich das Sonnensystem nur selten einer Molekülwolke, nämlich allenfalls einmal alle 100 bis maximal 1000 Millionen Jahre. Die Rotationsperiode der Milchstraße beträgt etwa 250 Millionen Jahre, und diese Daten bestimmen den Rahmen für alle derartigen Probleme. Die Paläontologie stützt diese Auffassung. Neben dem außergewöhnlichen biologischen Ausbruch, der das Ende des langen präkambrischen Zeitalters markiert, gibt es danach noch zwei weitere Ereignisse, die im Zusammenhang mit Kometenschwärmen stehen, ein massives Artensterben im Perm vor 250 Millionen Jahren und das oft diskutierte Artensterben am Ende der Kreidezeit vor 65 Millionen Jahren, dem unter anderem die Dinosaurier zum Opfer fielen. Der Abstand zwischen diesen drei durch Kometenschwärme ausgelösten Episoden vor 570, 250 und 65 Millionen Jahren beträgt im Durchschnitt 250 Millionen Jahre, und das entspricht etwa der Rotationsperiode der Milchstraße, wie unter anderen Victor Cube bemerkt hat. Deshalb sollte es eigentlich zwischen der Zeit des erstmaligen Erscheinens des Lebens auf der Erde vor 3,6 Milliarden Jahren und dem Übergang zum Kambrium vor 570 Millionen Jahren bis zu zehn weitere Vorstöße von Kometenschwärmen in den inneren Bereich des Sonnensystems gegeben haben. Einer dieser Schwärme scheint vor 700 Millionen Jahren oder ein wenig früher etwas ausgelöst zu haben, das sich in den fossilen Funden niederschlägt, aber warum findet sich nichts vor etwa einer Milliarde Jahren und weiter zurück bis vor 3,6 Milliarden Jahren? Auf diese Frage wollen wir eine Antwort anbieten, die zwar spekulativ ist, aber immerhin doch einige Originalität beanspruchen darf.

Die Metazoeneier konnten nur überleben, wenn sie nicht auf Land, sondern in Wasser fielen, und dieses Wasser durfte nicht zu tief sein, allenfalls 100 Meter. Es gibt solche Flachwasserbereiche auf der heutigen Erde, den großen Kontinentalschelf vor der Ostküste Nordamerikas, den europäischen Kontinentalschelf und eine ausgedehnte Flachwasserzone, die sich von Malaysia bis hin nach Australien erstreckt. Ansonsten findet sich nicht sehr viel. Die Westküste Nordamerikas fällt steil in den Pazifik ab; von Flussmündungen abgesehen, finden sich an der südamerikanischen Küste kaum Flachwassergebiete; dasselbe gilt für Westafrika. Aber was wäre, wenn es vor einer Milliarde Jahren die Krustenbewegungen, die diese heutige Topographie hervorgebracht haben, noch gar nicht gab? Was wäre, wenn die Kontinente damals praktisch überall steil ins Meer abfielen, wie es heute noch an vielen Stellen der Fall ist? Dann wäre die Wahrscheinlichkeit einer erfolgreichen Landung der Metazoen sehr gering gewesen und vielleicht so gering, dass zehn Kometenschwärme erforderlich waren, bis die Metazoen auf der Erde Fuß fassen konnten.

Doch auch dann müssen wir uns fragen, warum die Situation sich vor einer Milliarde Jahren veränderte. Oben haben wir Golds Idee erwähnt, wonach tektonische Aktivitäten wie Erdbeben, Vulkanausbrüche und möglicherweise auch Krustenbewegungen durch die Oxidation von Kohlenwasserstoffen im Erdinnern ausgelöst werden. Der Sauerstoff stammt aus dem Gestein, aber die betreffenden Reaktionen sind stark temperaturabhängig.

Nur bei Temperaturen über 1000 °C kommt es hier zu nennenswerten Reaktionen. Bei der Wärmequelle handelt es sich wahrscheinlich um Radioaktivität; die Wärme staut sich über Milliarden von Jahren in tieferen Gesteinsschichten, wobei die Temperaturen langsam ansteigen. Manche radioaktiven Stoffe setzen ihre Energie (nach geologischen Maßstäben) relativ schnell frei, der größte Anteil stammt jedoch von langlebigen Stoffen, vor allem dem schwereren Uranisotop ^{238}Uranium mit einer Halbwertszeit von 4,5 Milliarden Jahren und dem Thoriumisotop ^{232}Thorium mit einer Halbwertszeit von 14 Milliarden Jahren. Es dauert also länger als die bisherige Lebenszeit der Erde, bis der größere Teil der radioaktiven Aufheizung wirksam geworden ist. Gold zufolge führen diese Prozesse zu einer schnelleren Oxidation der Kohlenwasserstoffe und generell zu stärkeren geologischen Aktivitäten. Vielleicht wurde unser Planet erst dadurch zu einem geeigneten Landeplatz für Metazoen.

Man hat keinen Urstamm des Lebens gefunden. Die vier Reiche der auf der Erde anzutreffenden Lebewesen, zwei bakterielle und zwei eukaryontische (Pflanzen und Tiere), haben keinen erkennbaren gemeinsamen Vorfahren, weder in den fossilen Funden noch im genetischen Material der Vertreter aller vier Reiche. Das ist ein weiterer Schlag für die geozentrischen Darwinisten, die solch einen Urstamm postulieren, aber nicht finden können, einer von vielen Schlägen, die sie einstecken müssen und die an Zahl und Stärke zunehmen werden, bis ihre Position schließlich gänzlich unhaltbar ist. Letztlich setzt das Universum sich durch und drängt uns zu einer korrekten Sicht der Dinge. Wissenschaftliche Wahrheit ist nicht so sehr eine Sache menschlicher Erfindung oder Entdeckung, vielmehr zwingt uns das Universum selber am Ende zu den richtigen Einsichten.

Falls es wirklich einen Urstamm des Lebens gibt, sind die vier Reiche allenfalls dessen Hauptäste, die Abteilungen sind Äste zweiten Grades, die Klassen dritten Grades, die Ordnungen vierten, die Familien fünften, die Gattungen sechsten Grades, und die

Arten schließlich sind Äste siebten Grades. Man könnte die biologische Taxonomie mit einem gewissen Zynismus behandeln, denn die Klassifikation ist die Methode, zu der man in der Wissenschaft immer dann greift, wenn man ein Phänomen nicht verstanden hat. Alle Klassifikationssysteme beginnen mit der Definition bestimmter Einheiten; in der Biologie sind es die Arten. Für die heute lebenden Arten ist die Abgrenzung der Einheiten hinreichend klar und akzeptabel. Dieser Bereich wird von Taxonomen und Paläontologen dann aufgrund der fossilen Funde um fossile Arten erweitert. Hier herrscht vielfach Uneinigkeit und Streit.

Wir wollen davon einmal absehen und unterstellen, dass die ursprünglichen Einheiten gut und zutreffend definiert sind. Die Einheiten sind keineswegs identisch, wie ja auch verschiedene Sterne keineswegs identisch sind; manche ähneln anderen stärker als den übrigen. Als nächstes müssen daher die Eigenschaften präzise formuliert und aufgelistet werden, nach denen man solche Ähnlichkeiten beurteilt. Genau gesagt, müsste man solch eine Liste einvernehmlich herstellen und dürfte sie dann nicht mehr ändern. Beobachtet man Taxonomen bei der Arbeit, sieht man jedoch, dass sie ihre Liste ständig zurecht stutzen und verändern. Hat eine Klassifikation erst einmal weithin Anerkennung gefunden, nimmt auch das Zurechtstutzen und Verändern ein Ende. Im Rückblick entsteht dann der Eindruck, alles habe von Anfang an wie selbstverständlich zusammen gepasst, aber das ist in Wirklichkeit selten der Fall.

Lässt man den ersten Grund für eine zynische Betrachtung der Klassifikation beiseite, muss jede Eigenschaft in dem Sinne eindeutig sein, als sich für jede Einheit klar und eindeutig angeben lässt, ob sie sich durch diese Eigenschaft auszeichnet oder nicht. Das heißt, für jede Eigenschaft können wir die Gesamtmenge der Einheiten unterteilen in solche, die sie aufweisen, und solche, die sie nicht aufweisen. Die Einheiten mit der betreffenden Eigenschaft bilden eine Teilmenge der Gesamtmenge, die Einheiten ohne diese Eigenschaft bilden die komplementäre Teilmenge. Ein einschlägiges Beispiel aus der Biologie wäre jede Eigenschaft, die Pflanzen von Tieren unterscheidet. Es gibt viele solcher Eigenschaften, und wenn viele Eigenschaften dieselbe Teilmenge definieren, gilt die Aufteilung als besonders aussagekräftig.

Die betreffenden Eigenschaften werden dann in unserer Liste zu anerkannten Kriterien für die Aufteilung der Gesamtmenge zusammengefasst (in unserem Beispiel als Kriterien für die Unterscheidung zwischen Pflanzen und Tieren). Als nächstes hält man nach Teilmengen Ausschau, die ganz in einer anderen Teilmenge aufgehen. In diesem Fall haben die Elemente der kleineren Teilmenge alle Eigenschaften der größeren und dazu noch einige weitere, durch die sich nur die Elemente der untergeordneten, nicht aber die der übergeordneten Teilmenge auszeichnen. Wenn alle Eigenschaften, die zur Unterscheidung der Einheiten dienen, ein kohärentes System ineinander verschachtelter Teilmengen bilden, kann die Klassifikation als vollständig und erfolgreich gelten. Die Gesamtmenge wird zunächst in große Teilmengen unterteilt, von denen es vielleicht nur zwei gibt – wie eben Pflanzen und Tiere. Dann wird jede Teilmenge in sekundäre Teilmengen untergliedert, dann in tertiäre Teilmengen und so weiter. Auf diese Weise entsteht eine hierarchische Ordnung, auf die sich das Bild des verzweigten Baums anwenden lässt.

Aber was ist, wenn wir nicht zu einem kohärenten System ineinander verschachtelter Teilmengen gelangen? Wenn Teilmengen gelegentlich die Grenzen zu anderen Teilmengen überschreiten? Dann können wir zwei Dinge tun. Wir können das Ganze fallen lassen und warten, bis wir die Zusammenhänge besser verstehen, oder wir spielen an der Liste der zur Klassifikation benutzten Eigenschaften herum. Wir können uns fragen, ob es eine Möglichkeit gibt, die Liste so zu verändern, dass wir ein kohärentes System ineinander verschachtelter Teilmengen erhalten. Sollte uns das gelingen, stellt sich die Frage, ob dieser Erfolg nur ein subjektiver Effekt unserer eigenen Wahlentscheidungen ist oder ob die so gewonnene Klassifikation tatsächlich wissenschaftliche

Bedeutung beanspruchen darf. Diese Frage stellt sich mit Sicherheit hinsichtlich des gesamten Systems der biologischen Taxonomie. Biologen beantworten sie seit mehr als einem Jahrhundert positiv. Auslöser dafür war der Darwinismus, und seither hat diese Auffassung die wissenschaftliche Welt wie eine Flutwelle überrollt. Das Urteil mag zutreffen, doch ein unbefangener Beobachter der biologischen Szene wird auch erkennen, dass es durchaus Anlass zu der oben erwähnten zynischen Betrachtung gibt.

Der Urstamm des Lebens lässt sich, wie gesagt, auf der Erde nicht ausfindig machen. Folgen wir der biologischen Taxonomie, betreffen die ersten Spuren irdischen Lebens vier Äste: die oben angesprochenen vier Reiche. Was sind dann aber die Metazoen, die an der Schwelle zum Kambrium auftauchten? Lehrbücher zur biologischen Taxonomie behandeln sie als Unterreich, das heißt weder als primären noch als sekundären Ast, sondern als etwas, das dazwischen liegt. So etwas geschieht ständig, wenn empirische Klassifikationen eher auf Verfahren als auf Wissen basieren. Klassifikationen gelten erst dann als sauber ausgearbeitetes System, wenn Fälle auftreten, die nicht hinein passen und für die daher Untergruppen erfunden werden müssen. Wissenschaftler, die sich mit Klassifikationen befassen, ähneln in mancher Hinsicht Kindern, die ein Puzzle mit Gewalt zusammensetzen: Das fertige Bild ist niemals ganz richtig, und die Abweichungen machen es erforderlich, neue Untergruppen zu schaffen. Als die Physiker das Wesen des Lichts noch nicht verstanden hatten, verwandte man viel Mühe auf die Unterteilung des sichtbaren Lichts in die sieben Farben des Regenbogens. Hätten damals die nötigen Geldmittel und schnelle Verkehrsmittel zur Verfügung gestanden, wären die Physiker höchstwahrscheinlich auf Weltkonferenzen zusammen gekommen, um die Frage zu diskutieren, was denn die Farben voneinander abgrenzt – ein Problem, das vollkommen irrelevant wurde, als man die Natur des Lichts verstanden hatte. Man kann sich erbitterte Auseinandersetzungen um die Frage vorstellen, ob ein bestimmter Lichtstrahl dem Orange oder dem

Grün zugeordnet werden muss, und man darf den Verdacht haben, dass empirische Klassifikationen sich ständig in solche unfruchtbaren Sackgassen hinein manövrieren.

Aber weiter mit den Metazoen. Der erste Schritt bei der Einordnung der Metazoen führt in den sekundären Ast: die Abteilung. Die Eigenschaften, die eine Abteilung definieren, lassen sich in guter Annäherung als jene Eigenschaften beschreiben, die den Körperbau in seinen Grundformen bestimmen. Alle Lebewesen einer Abteilung sind nach demselben Grundplan gebaut. In seinem Buch *Wonder of Life* äußert Stephen Jay Gould wiederholt seine tiefe Verwunderung darüber, dass die Zahl der Bauformen, die bei dem großen Ausbruch vor 570 Millionen Jahren auftauchten, sehr viel größer war als die der heute noch existierenden. Daraus zieht er den Schluss, dass frühere Vorstellungen über die Evolution auf den Kopf gestellt seien. Das Leben hat sich seit der Zeit vor 570 Millionen Jahren nicht in Richtung wachsender Komplexität entwickelt, sondern in Richtung der Einschränkung von Möglichkeiten – nicht hin zu größerer Vielfalt, sondern hin zu größerer Beschränkung. Diese Erkenntnis wirft Fragen auf, die sehr wohl als tiefgründig gelten können und mit denen wir uns zum Abschluss unseres Buches befassen wollen.

Zunächst einmal erscheint uns die große Zahl der Abteilungen vor 570 Millionen Jahren nicht so bemerkenswert, wie Gould meint. Die Abgrenzung der Abteilungen ist nicht sonderlich klar. Gould erwähnt, dass manche Taxonomen bei den heute existierenden Arten 20 und andere Taxonomen 32 Abteilungen unterscheiden. Die *Enzyclopaedia Britannica* nennt 28 Abteilungen, und diese Zahl wollen wir für unsere Diskussion als korrekt unterstellen. Gould behauptet nun, dass vor 570 Millionen Jahren weitere acht Abteilungen existiert hätten, dazu noch 13 einzigartige Lebewesen, die sich keiner Abteilung zuordnen lassen. Zählt man sie zu den Abteilungen hinzu, ergeben sich für die Zeit vor 570 Millionen Jahren insgesamt 21 Abteilungen, die von den heutigen abweichen. Geht man davon aus, dass alle heute existierenden Abteilungen auch schon vor 570 Millionen Jahren existierten, haben wir 49 Abteilungen, von denen 28 überlebten.

Nach unserer Auffassung wird das, was aus dem Weltall zu uns kommt, stets ein größeres genetisches Spektrum aufweisen als das, was hier auf der Erde überlebt, und zwar schon deshalb, weil das Universum einen sehr viel größeren Lebensraum darstellt als die Erde. Gerade deshalb zeichnen sich die Bakterien durch so viele außerirdische Eigenschaften aus. Auch die Viren dürften ein breiteres genetisches Spektrum aufweisen als jene, die Zellen irdischer Lebewesen angreifen. Und von den aus dem All kommenden Metazoeneiern dürften gleichfalls viele Varietäten nicht auf der Erde überlebt und Fuß gefasst haben. Bei der Landung auf einem fremden Planeten sind große Verluste unvermeidlich. Bei unserer Sicht der Dinge wäre es eher verwunderlich, wenn die Situation sich anders darstellte.

Wir sind mit Stephen Jay Gould der Ansicht, dass die Komplexität eines Tieres eine Frage der Perspektive ist. Wenn man die Komplexität am Körperbau und den Feinheiten der mechanischen Bewegung misst, ist eine Krabbe ebenso komplex wie der Mensch. In einer Hinsicht haben die vor 570 Millionen Jahren existierenden Tiere sich jedoch in Richtung größerer Komplexität entwickelt, und zwar in elektronischer Hinsicht. Die Fähigkeit der Tiere, Daten zu speichern, zu verarbeiten und zur weiteren Informationsverarbeitung zu nutzen, hat sich ohne Zweifel seit dem Kambrium mehr oder weniger stetig erhöht. Das menschliche Bewusstsein bildet hier nach Goulds Ansicht insofern eine Ausnahme, als es unvermittelt auftaucht und ein außergewöhnliches Phänomen darstellt. Auch darin pflichten wir ihm bei. Unseres Erachtens wächst das Bewusstsein mit der elektronischen Komplexität. Wir meinen, dass alle so genannten höheren Tiere in gewissem Maße Bewusstsein haben. Was Tieren fehlt, ist die Sprachfähigkeit, so dass sie uns nicht von ihren Empfindungen und Gefühlen erzählen können. Doch dass sie Bewusstsein haben, lässt sich aus ihrem Verhalten leicht erschließen.

Die neueren Arbeiten über fossile Funde weicher Lebensformen im Burgess-Schiefer, einem Fundort im Yoho Canadian National Park, die 530 Millionen Jahre alt sind, und über Fossilien aus einem benachbarten Fundort, deren Alter auf 570 Millionen Jahre geschätzt wird, sprechen nicht gegen die in früheren Kapiteln angeführten Argumente. Auch schließen sie nicht aus, dass nach dem Kambrium noch weitere Metazoen auf der Erde landeten, vorausgesetzt, die später eingetroffenen Arten gehörten dem Spektrum der vor 570 Millionen Jahren eingetroffenen Abteilungen an. Die früher angekommenen könnten, wie die Trilobiten (Urkrebse), weitgehend ausgestorben oder aber durch spätere Landungen aufgefrischt worden sein. Andererseits ist es durchaus denkbar, dass der große Ausbruch vor 570 Millionen Jahren tatsächlich den Ausgangspunkt aller heute existierenden Abteilungen des Tierreichs darstellt. Möglicherweise besteht die gesamte Evolution der Metazoen seit 570 Millionen Jahren in der genetischen Aufpfropfung auf die damals eingetroffenen genetischen Bestände. Doch auch dann müssen diese Aufpfropfungen in plötzlichen großen Schüben erfolgt sein, sonst wäre nicht nachvollziehbar, warum die langsamen Übergänge sich nicht in den fossilen Funden niedergeschlagen haben. Die auf der Invasion von Viren basierende Erklärung hat auch weiterhin Bestand, allerdings mit der Möglichkeit einer interessanten Veränderung hinsichtlich eines wichtigen Aspekts.

Wie wir gesehen haben, sprechen gewichtige Gründe gegen die neodarwinistische Vorstellung, Lebewesen könnten aufgrund interner zufälliger Veränderungen neue Gene entwickeln. Die überastronomischen Zahlen, die wir in Kapitel 14 vorgestellt haben, schließen diese Möglichkeit aus. Deshalb mussten wir das Eintreffen neuer Gene postulieren, die den älteren Beständen bei den großen Evolutionsschüben durch Viren aufgepfropft wurden. Jetzt zeigt sich jedoch, dass auch eine alternative Hypothese denkbar ist. Die neuen Gene waren möglicherweise bereits da, und zwar in den Lebewesen, die vor 570 Millionen Jahren eintrafen.

Und sie blieben latent, bis eingedrungene Viren sie in der oben beschriebenen Weise aktivierten. In diesem Fall dienen die Viren nur als Auslöser und bringen nicht selbst die neuen Gene ein. Dass Viren grundsätzlich als Auslöser wirken und Zellprogramme entscheidend verändern können, ist eine Tatsache. Der Gedanke hingegen, dass Viren neue Gene einbringen, stellt lediglich eine Hypothese dar, die wir abändern können, wenn andere Hypothesen aussichtsreicher erscheinen.

Stephen Jay Gould hat einmal gesagt, wenn man Hypothesen aufstellt, lohne es sich nicht, trivial zu sein. Wir möchten dem einen eigenen Aphorismus hinzufügen: »Je überraschender die Konsequenzen einer Hypothese, desto größer die Wahrscheinlichkeit, dass sie zutrifft, sofern denn keine Tatsachen gegen sie sprechen.« In diesem Geiste möchten wir zum Schluss die Konsequenzen der Hypothese untersuchen, wonach alle für die Entwicklung tierischen Lebens erforderlichen Gene bereits in den Lebewesen vorhanden waren, die vor 570 Millionen Jahren auf die Erde kamen. Diese Hypothese ist gewiss überraschend genug, denn daraus folgt, dass die Gene, die 570 Millionen Jahre später für die geistige Entwicklung des Menschen sorgten – ein geheimnisvolles Phänomen, wie das in Kapitel 5 angeführte Zitat von Alfred Russel Wallace zur Genüge verdeutlicht –, bereits in den Lebewesen schlummerte, die zur Zeit des Kambriums die Flachwasserregionen bevölkerten. Die Situation ähnelte dem Larvenstadium der Insekten. Die Lebewesen arbeiteten zunächst mit einem vergleichsweise einfachen genetischen Programm, doch sie hielten bereits weitaus komplexere genetische Informationen in Reserve.

An dieser Stelle kommen die Viren ins Spiel. Mit einer Analogie aus dem Bereich des Computers könnte man sagen, die Viren verändern eine Reihe von Adressen in Übertragungsbefehlen innerhalb des Steuerungsteils eines Programms. In dem von Sir Christopher Andrewes beschriebenen Beispiel (siehe Kapitel 11) gelingt es dem Virus, einen geschlossenen Kreis herzustellen, mit dessen Hilfe er sich selbst repliziert. Solche Fälle sind leicht zu beobachten. Es dürfte jedoch zahlreiche andere Fälle geben, in denen die Viren nicht so erfolgreich sind wie in Sir Christophers Beispiel, sondern das Zellprogramm nur in mehr oder weniger ungeordneter Weise abzuändern vermögen. Unter den Lebewesen, die sich im Gefolge des großen Ausbruchs vor 570 Millionen Jahren milliardenfach vermehrten, führte die ungeordnete Veränderung in wenigen Fällen auch dazu, dass ein latentes Gen aktiviert wurde. Dieser Prozess unterlag keiner präzisen oder systematischen Steuerung. Eine gewisse Steuerung mag zwar bestanden haben, doch das darin enthaltene Zufallsmoment hatte zur Folge, dass die meisten Lebewesen nicht überlebten. Selbst ganze Abteilungen starben aus, wie es etwa mit den Trilobiten geschah. Doch angesichts der unzähligen Möglichkeiten überlebten wenigstens einige. Manche Abteilungen waren gegen Viren resistent und blieben gänzlich unverändert. Sie überlebten bis auf den heutigen Tag und werden daher als lebende Fossilien bezeichnet. Doch der Teil, der infiziert wurde und dennoch überlebte, befand sich in einer seltsamen Lage, denn er war nicht mehr an seine Umwelt angepasst. Wir können uns vorstellen, dass die Überlebenden in einer verwirrenden Situation nach anderen Mitteln zum Überleben suchten, als sie es von ihren Vorfahren her gewöhnt waren.

Der Übergang der Amphibien vom Meer in zeitweilig überflutete Regionen und schließlich aufs feste Land wird vielfach wie ein Entdeckungsabenteuer beschrieben. Wir sehen darin eher einen verzweifelten, ja letztlich dem Zufall überlassenen Versuch verwirrter, desorientierter Kreaturen. Diese Geschöpfe funktionierten extrem ineffizient, denn die Gene, die gerade erstmals aktiviert worden waren, befanden sich nach nahezu hundert Millionen Generationen, die auf den großen Ausbruch vor heute 570 Millionen Jahren gefolgt waren, in einem stark verstümmelten Zustand. Wir dürfen davon ausgehen, dass eines von jeweils zehn Basenpaaren der DNA inzwischen durch Kopierfehler entstellt war, mit der Folge, dass die katalytische Fähigkeit der von den entstellten Genen erzeugten Enzyme schwächer ausgeprägt war als bei den ursprünglichen unverfälschten Genen. Der Grund für die Entstellung lag in der Tatsache, dass die neuen Gene aufgrund ihres latenten Charakters über gut 100 Millionen Generationen hinweg nicht durch die natürliche Selektion geschützt worden waren. Sie waren durch die üblichen Kopierfehler entstellt worden, ohne dass die natürliche Selektion diese Fehler bestraft hätte.

Doch die schrecklich ineffizienten Kreaturen, die da in die amphibischen Regionen hinein stolperten, hatten einen entscheidenden Vorteil: In ihrer neuen Umwelt hatten sie keine Feinde – es gab noch keine Vögel, die ihnen hätten zusetzen können, als sie das Meer verließen. Manche von ihnen überlebten, einigen gelang es sogar, sich fortzupflanzen, und dann geschah ein biologisches Wunder, ein Wunder, das in keinem anderen uns bekannten evolutionären Szenario vorstellbar wäre, ein aus genetischer Sicht so überraschendes Wunder, dass wir stark davon überzeugt sind: Das beschriebene Szenario muss im Wesentlichen zutreffen. Obwohl jedes einzelne Individuum aufgrund der Entstellung jedes zehnten Basenpaars ein traurig ineffizientes Wesen ist, enthält die Gesamtheit der überlebenden Individuen dennoch die gesamte in den ursprünglichen Genen enthaltene Information. Denn in den verschiedenen Individuen sind nicht jeweils dieselben Gene entstellt. Auf die Gesamtzahl der Individuen bezogen, steht die korrekte genetische Botschaft zur entstellten immer noch im Verhältnis zehn zu eins. Und in dieser Situation kommt das Kreuzungssystem der geschlechtlichen Fortpflanzung in einer Weise zum Zuge, wie es in der orthodoxen Genetik nirgendwo geschieht. Die Nachkommen jedes Paares genetisch verschiedener Mitglieder der Gesamtgruppe werden hinsichtlich des Anteils der entstellten Gene beträchtliche Variationen aufweisen, und in einer begrenzten Population werden jeweils die Individuen mit der geringsten Anzahl entstellter Gene überleben. Da die Hälfte des in jeder Generation ausgeschiedenen genetischen Materials einen hohen Anteil entstellter Gene enthält, werden die ursprünglichen Gene nach weniger als hundert (oder allenfalls nach mehreren hundert) Generationen in ihrer unverfälschten Form wiederhergestellt sein. Geradezu blitzartig, wie man nach der üblichen Zeitperspektive der Evolution sagen muss, haben die betreffenden Gene wieder ihre volle Funktionsfähigkeit erlangt. Ein neues Lebewesen ist entstanden und hat in seiner Umwelt Fuß gefasst – auf Kosten all der früheren Arten, die den Übergang nicht geschafft haben.

Dieses Szenario passt bestens zu der explosionsartigen Geschwindigkeit der großen Schübe in der biologischen Evolution, und daher glauben wir, dass es deren wesentliche Merkmale enthält, und zu diesen Merkmalen gehört in erster Linie, dass die Gene, die für den Aufstieg auf der Leiter der Evolution erforderlich sind, bereits im Voraus existieren – genau der Punkt, der Alfred Russel Wallace solche Rätsel aufgab.

Natürlich ist noch viel zu tun, bis wir die Evolution innerhalb des gesamten Universums verstehen. Für die Erde ergibt sich ein Bild, das in einem gewissen Sinne kreationistisch ist, wobei die »Schöpfung« der Metazoen vor 570 Millionen Jahren erfolgte. Der damalige Input in Gestalt des grundlegenden Bauplans lebender Strukturen pflanzlicher und tierischer Art entsprach im Wesentlichen dem Output, und der Prozess, durch den der Input sich in den heute beobachtbaren Output umwandelte, ist von der Paläontologie weitgehend nachgezeichnet worden. Dabei handelt es sich allerdings nicht in irgendeinem tieferen Sinne um eine Erklärung des letzten Ursprungs und der Evolution des Lebens, wie die orthodoxe Biologie es für sich beansprucht. Aber es zeigt, dass dieser Anspruch unberechtigt ist und dass er ein Hindernis für ein wahrhaftes Verständnis des Lebens und seines kosmischen Erbes darstellt. Dieses Bild öffnet den Weg in eine andere Landschaft, deren Erforschung der nächsten Generation oder vielleicht auch den nächsten Generationen vorbehalten sein wird.

Nachwort
Panspermie 2000

1. Frühgeschichte

Hinter dem Kernthema dieses Buches, daß das Leben ein kosmisches Phänomen darstellt, steht eine lange Geschichte, die viele Jahrhunderte und zahlreiche Kulturen umspannt. Den meisten alten Philosophien des Orients – wie sie uns etwa in den vedischen und buddhistischen Schriften überliefert sind – galt die kosmische Natur des Lebens als selbstverständlich; das Leben war für sie eine inhärente Eigenschaft des unendlichen, zeitlosen Universums.

Ähnliche Vorstellungen finden sich auch im klassischen Griechenland, etwa in den Schriften des Aristarchos von Samos im 3. Jahrhundert vor Christus. Am Ende setzte sich im Abendland jedoch eine Sichtweise durch, die ihren beispielhaften Ausdruck in der Philosophie des Aristoteles (384–322 v. Chr.) fand. Danach entstand das Leben spontan aus toter Materie, sobald die nötigen Bedingungen vorhanden waren. Diese Idee der so genannten Spontanzeugung schlug in der einen oder anderen Form tiefe Wurzeln im westlichen Denken.

Angesichts der beschränkten Beobachtungs- und Versuchsmöglichkeiten früherer Zeiten mochte die Theorie der Spontanzeugung tatsächlich von gewisser Plausibilität sein. Der Anblick von Maden, die aus faulendem Fleisch kriechen, oder von Eintagsfliegen, die aus dem Tau emporsteigen, konnte durchaus als eindrucksvoller sichtbarer Beleg für das Konzept der Spontanzeugung angesehen werden. Doch bei näherem Hinsehen und genauerer Untersuchung verflüchtigt sich dieser Beleg. Nach der Erfindung des Mikroskops und den Arbeiten Louis Pasteurs in den späten 1850er Jahren wurde weithin deutlich, dass der Gedanke einer Spontanzeugung schlichtweg falsch war. Pasteurs Arbeiten über das Sauerwerden von Milch[1] und die Gärung von Wein[2] zeigten, dass die Mikroben aus bereits vorhandenen Lebensformen gleicher Art hervorgehen mussten. Dass dies für die größeren Lebensformen galt, war natürlich immer schon offensichtlich. Nachdem Pasteur seine Versuchsergebnisse der Académie des Sciences vorgetragen hatte, erklärte er zuversichtlich, von diesem tödlichen Schlag werde die Theorie der Spontanzeugung sich nicht wieder erholen.[3] Seine Versuchsergebnisse waren über jeden Zweifel erhaben, doch die Wissenschaftler, die ihm später nachfolgen sollten, widerlegten seine Voraussage auf traurige Weise.

Die am Descartesschen Reduktionismus orientierte Wissenschaft vermochte nur äußerst schwer zu akzeptieren, dass der Übergang von toter zu lebender Materie sich nicht durch mechanistische Prinzipien erklären ließ. Selbst nach nahezu einem halben Jahrhundert ausgeklügelter Laborexperimente gelang es nicht, Pasteurs wichtige These zu widerlegen, wonach Leben nur aus Leben entstehen kann. Die vielen angeblichen Gegenbeweise, die von Zeit zu Zeit vorgetragen wurden, sind sämtlich mangelhaft. Die Urey-Miller-Experimente[4] zeigten Mitte der 1950er Jahre, dass Aminosäuren und Nukleotide aus einem Gemisch anorganischer Gase entstehen können, doch solche Experimente sind weit von dem Ziel entfernt, Leben aus toter Materie zu erzeugen. Dasselbe gilt für neuere Experimente von Imai u. a., die 1999 berichteten, sie hätten unter Bedingungen, die in heißen Quellen auf der Erde vorkommen, Hexaglycin erzeugt. Und es gilt ebenso für Experimente von Bernstein u.a., die gezeigt haben, dass man durch die Ultraviolettbestrahlung polyaromatischer Kohlenwasserstoffe in Eis einige »biologisch bedeutsame« Moleküle erhalten kann, zum Beispiel Alkohole, Chinone und Äther. Entscheidend für den Ursprung des Lebens ist nicht die Bildung chemischer Bausteine, sondern die Entstehung einer hochspezifischen Anordnung dieser Moleküle zu Strukturen wie den Enzymen. Gerade diese Prozesse sind für die heutigen Wissenschaftler ein unergründliches Rätsel. Neuere Studien von Mushegian und Koonin zur Sequenzierung bakterieller Genome haben gezeigt, dass für das Leben einer Zelle ein Gensatz erforderlich sein dürfte, der mindestens etwa 256 Proteine codiert. Wenn wir eines unserer älteren Argumente aufgreifen, wonach die Wahrscheinlichkeit für die zufällige Zusammensetzung eines einzigen Enzyms aus seinen verschiedenen Bestandteilen bei eins zu 10^{20} liegt[5], errechnen wir für die zufällige Zusammensetzung des minimalen Enzymsatzes eine Wahrscheinlichkeit von eins zu 10^{5120}. Diese Zahl kann als Maß für den geringstmöglichen Informationsgehalt des Lebens angesehen werden. Die einfachste autonom lebende Zelle mit einem derart überastronomischen Informationsgehalt ist ein ganzer Kosmos im Vergleich zu Aminosäuren, die zu biologisch toten und daher irrelevanten Proteinoiden zusammengeschlossen sind.

Pasteurs Experimente aus den 50er und 60er Jahren des 19. Jahrhunderts lieferten wahrscheinlich die wichtigste experimentelle Grundlage für den Gedanken der Panspermie. Zu diesem Schluss gelangte schon 1874 der deutsche Physiker Hermann von Helmholtz[6]:

> »Es erscheint mir ein vollkommen richtiges wissenschaftliches Verfahren zu sein, wenn alle unsere Bemühungen scheitern, Organismen aus lebloser Substanz sich erzeugen zu lassen, dass wir fragen, ob überhaupt das Leben je entstanden, ob es nicht eben so alt wie die Materie sei, und ob nicht seine Keime von einem Weltkörper zum anderen herübergetragen sich überall entwickelt hätten, wo sie günstigen Boden gefunden.«

Sir William Thomson (der spätere Lord Kelvin) griff Pasteurs Paradigma auf und schrieb: »Tote Materie kann nicht lebendig werden, sofern sie nicht unter den Einfluss bereits lebender Materie gerät. Das scheint mir so sicher wie das Gravitationsgesetz.«

Wenn das Leben nicht auf der Erde entstanden ist, woher kam es dann, und wie gelangte es auf die Erde? Schon früher im 19. Jahrhundert hatte der deutsche Arzt R. E. Richter die Vermutung geäußert, lebende Zellen könnten in Meteoriten von einem Planeten zum anderen reisen. Richter war kein Physiker und verstand nichts von Dynamik. Daher konnte der deutsche Physiker J. Zöllner nach 1870 scheinbar überzeugende Einwände gegen diesen Gedanken vorbringen, und man braucht kaum eigens zu erwähnen, dass diese Einwände von orthodoxen Kreisen begierig aufgenommen wurden. Lord Kelvin jedoch erkannte dank seiner überlegenen Kenntnis der Dynamik, dass Zöllners Einwände nicht stichhaltig waren. Insbesondere bemerkte er, dass die Verdunstung auf der Außenseite große Meteoriten im Innern kühl halten würde, so dass Lebewesen durchaus in einem Meteoriten von Planet zu Planet gelangen konnten. In seiner Präsidialansprache zur Sitzung der Britisch Association in Edinburgh[7] zeichnete Kelvin folgendes bemerkenswerte Bild, mit dem er faktisch für die Theorie einer planetaren Panspermie eintrat:

> »Wenn zwei große Massen im Weltraum zusammenstoßen, werden zweifellos große Teile schmelzen, aber ebenso gewiss werden zahlreiche Trümmerstücke in alle Richtungen davon fliegen, von denen viele keine größere Gewalteinwirkung erfahren haben als ein Felsblock bei einem Bergrutsch oder bei einer Sprengung. Sollte die Erde in ihrem heutigen, mit Vegetation überzogenen Zustand mit einem Himmelskörper vergleichbarer Größe zusammenstoßen, würden ohne Zweifel zahllose große und kleine Bruchstücke ins All hinausgeschleudert, die Samen lebendiger Pflanzen oder Tiere tragen. Da wir alle davon überzeugt sind, dass es gegenwärtig und seit unvordenklichen Zeiten neben der unsrigen noch zahlreiche andere belebte Welten gibt, müssen wir es auch für hochgradig wahrscheinlich halten, dass unzählige samentragende Meteoriten durch das All fliegen. Wenn es heute kein Leben auf der Erde gäbe, könnte ein solcher Stein, aus Gründen,

die wir als blinde natürliche Ursache bezeichnen, auf unseren Planeten fallen und dazu führen, dass er sich mit Vegetation überzöge.«

2. Svante Arrhenius

Die nächste Facette der Geschichte ist mit dem schwedischen Chemiker und Nobelpreisträger Svante Arrhenius (1859–1927) verbunden, dessen Buch *Werden der Welten* 1907 in deutscher Übersetzung erschien.[8] Sein Beitrag bestand in zwei Punkten, einem guten und einem weniger guten. Der gute lag in der Feststellung, dass Mikroorganismen außerirdische Eigenschaften haben, die sich nicht durch natürliche Selektion in einer irdischen Umwelt erklären lassen. Das Beispiel, für das Arrhenius selbst verantwortlich war, betraf die Abkühlung von Samen auf Temperaturen in der Nähe des absoluten Nullpunkts und dem Beweis, dass sie immer noch lebensfähig sind, wenn man sie vorsichtig wieder erwärmt. Im Laufe der Jahre kamen noch zahlreiche andere »außerirdische« Eigenschaften ans Licht, auf die wir später noch eingehen werden.

Der weniger gute Punkt war seine Überzeugung, dass Mikroorganismen einzeln und ungeschützt von Sonnensystem zu Sonnensystem durch die Galaxis reisen könnten. Ihm fiel auf, dass Organismen von der Größe eines Mikrometer oder weniger insofern einen Zusammenhang zur Wellenlänge der typischen Strahlung von Zwergsternen aufweisen, als deren Strahlungs- oder Lichtdruck solche Teilchen durch die Milchstraße zu bewegen vermag. Doch einzelne Bakterien würden im All von der Ultraviolettstrahlung der Sterne inaktiviert oder geschädigt, und das wusste man im ersten Jahrzehnt des 20. Jahrhunderts bereits. P. Becquerel griff Arrhenius deswegen 1924 mit dem Hinweis auf die Ultraviolettstrahlung an[9], und sein Einwand wurde weithin akzeptiert und vielfach wiederholt. Doch eine Reihe anderer, für das Problem bedeutsamer Tatsachen war damals noch nicht bekannt.

3. Die extreme Robustheit der Bakterien

Die gesamte Mikrobenforschung der letzten zehn Jahre hat gezeigt, dass Bakterien und andere Mikroorganismen extrem robust gegenüber den im Weltraum herrschenden Bedingungen sind, und zwar weitaus robuster, als Arrhenius geahnt hatte. Thermophile und hyperthermophile Mikroorganismen leben bei Temperaturen über dem Siedepunkt des Wassers in den Schloten submariner Vulkane. Im antarktischen Eis finden sich ganze Ökologien von Mikroorganismen. In der Erdkruste, acht Kilometer unter der Erdoberfläche, ist man auf gewaltige Mengen von Bakterien gestoßen, deren Gesamtmasse größer sein dürfte als die Biomasse an der Erdoberfläche.[10] Im Schwarzen Meer ist kürzlich ein phototropes Schwefelbakterium entdeckt worden, das bei sehr geringer, an vollständige Dunkelheit grenzender Lichtintensität noch zur Photosynthese fähig ist.[11] Es gibt Bakterien (zum Beispiel *Deinococcus radiodurans*), die im Reaktorkern von Atomkraftwerken leben.[12] Diese Bakterien bringen es fertig, mit Hilfe eines Enzymsystems DNA-Schäden selbst dann noch zu reparieren, wenn die Helixstruktur der DNA schätzungsweise eine Million Brüche aufweist.

Es gibt auf der Erde keine Umweltbedingungen, die zu extrem wären, als dass nicht irgendwelche Mikroben darin leben könnten. Ein Schutz vor der Schädigung durch Ultraviolettstrahlung im All lässt sich recht leicht herstellen. Schon eine kohlenstoffhaltige Schicht von wenigen Mikrometern Dicke bietet vollständigen Schutz vor dieser Strahlung, wie man kürzlich in einer Reihe von Experimenten nachgewiesen hat. Außerdem werden viele Mikroorganismen durch Ultraviolettlicht nicht getötet, sondern nur inaktiviert. Dabei werden einige chemische Bindungen in der genetischen Struktur der Lebewesen verschoben, ohne dass die Struktur selbst zerstört würde. Darum lassen sich die ursprünglichen Eigenschaften wieder herstellen, wenn die Strahlung aufgehört hat. Manche Bakterien sind auch erstaunlich resistent gegen

Ultraviolettstrahlung, ein Phänomen, das man 1924, zu Zeiten P. Becquerels, weder kannte noch erwartete. Und Mikroorganismen, die normalerweise empfindlich auf Ultraviolettlicht reagieren, können eine ähnliche Unempfindlichkeit wie die resistenten Arten erwerben, wenn man sie solcher Strahlung wiederholt aussetzt – auch das eine außerirdische Eigenschaft. Alle diese Eigenschaften kannte Arrhenius nicht, und sie hätten seine Position nachhaltig gestärkt.

4. Interstellare organische Moleküle

Trotz alledem werden Bakterien geschädigt und schließlich auch zerstört, wenn sie keine Schutzschicht haben und im offenen interstellaren Raum, den so genannten diffusen Wolken, gnadenlos der kosmischen Strahlung und dem Hintergrund des Sternenlichts ausgesetzt sind. Mikroorganismen, die von einer galaktischen Quelle in den interstellaren Raum gelangen, werden zunächst inaktiviert. Die inaktivierten Teilchen werden dann ständig weiter geschädigt und zerfallen schließlich zu freien organischen Molekülen und Polymeren ähnlich jenen Teilchen, die von Astronomen seit den späten 1960er Jahren immer wieder gefunden worden sind. Bisher sind zahlreiche solcher Moleküle entdeckt worden, darunter eine Vielzahl von Kohlenwasserstoffen, polyaromatischen Kohlenwasserstoffen sowie Glycin (Aminoessigsäure). Diese organischen Moleküle in den interstellaren Wolken bilden einen beträchtlichen Teil des in der Milchstraße anzutreffenden Kohlenstoffs. Theorien über die Entstehung interstellarer organischer Moleküle auf nichtbiologischen Wegen stecken noch in den Kinderschuhen und lassen hinsichtlich ihrer Erklärungskraft noch viel zu wünschen übrig.

Die überwältigende Masse des organischen Materials stammt unbestreitbar aus biologischen Quellen, wobei große Teile aus biologischen Zerfallsprodukten bestehen. Könnten dieselben Prozesse nicht auch bei den interstellaren organischen Molekülen am Werk sein? Die polyaromatischen Kohlenwasserstoffe, die im Kosmos in so großer Zahl anzutreffen sind, könnten einen ähnlichen Ursprung haben wie die organischen Schadstoffe, die unsere Luft in den Städten verpesten – biologische Zerfallsprodukte, biologisch erzeugte fossile Brennstoffe, kosmische Mikrobiologie in den interstellaren Wolken. Die Theorie der kosmischen Panspermie, die wir vorschlagen, führt uns zu dem Gedanken, der interstellare Raum könne gleichermaßen Grab und Wiege kosmischen Lebens sein. Nur ein winziger Bruchteil (weniger als ein Billionstel) der interstellaren Bakterien in kleinen, dichten und dadurch vor Strahlung geschützten Wolken müsste lebensfähig bleiben, damit die kosmische Panspermie in Gang käme. Schon der gesunde Menschenverstand sagt uns, dass genau dies unausweichlich ist.

5. Interstellarer Staub: anorganische Modelle

Unsere persönliche Auseinandersetzung mit der Panspermie begann, als wir zu verstehen versuchten, was der kosmische Staub ist. Das war Anfang der 60er Jahre, und seither hat dieses Vorhaben, das ursprünglich nur ein astronomisches Forschungsprojekt war, Ausmaße erreicht, die wir uns damals nicht vorstellen konnten. Der freie Raum zwischen den Sternen der Milchstraße ist voller kosmischer Staubteilchen, die wie kosmischer Nebel wirken und manchmal eine so große Dichte erreichen, dass sie das Licht ferner Sterne verschlucken. Bemerkenswert ist, dass diese Teilchen, unabhängig von der Richtung, in die wir von der Erde aus schauen, im Wesentlichen dieselben physikalischen und chemischen Eigenschaften zeigen. Und sie haben eine Größe, wie sie typisch für Bakterien ist: ein Mikrometer oder weniger.

Sehr eindrucksvoll fanden wir von Anfang an die Tatsache, dass die Gesamtmasse des interstellaren Staubs in der Milchstraße so groß ist, dass der gesamte (oder nahezu der gesamte) im interstellaren Raum anzutreffende Kohlenstoff, Stickstoff und Sauerstoff in diesen Staubteilchen konzentriert sein könnte.[13] Bestünde der Staub hauptsächlich aus den beiden nächsthäufigen Elementen Magnesium und Silizium, wäre die tatsächlich feststellbare Masse dreimal zu groß, obwohl Magnesium und Silizium, aber auch Wasserstoff und in Spuren auch andere weniger häufige Elemente Bestandteil der Teilchen sein könnten.

Wenn wir nun fragen, woraus die Staubteilchen denn nun bestehen, wären diverse anorganische, aus C, N und O sowie H zusammengesetzte Moleküle durchaus denkbare Kandidaten. Dazu gehören Wasser, Kohlendioxid, Methan und Ammoniak, die sämtlich bei den typischen Durchschnittstemperaturen der Staubteilchen von 20–50 Kelvin leicht zu Feststoffen kondensieren. Seit Anfang der 60er Jahre haben wir zahlreiche anorganische Modelle für die Zusammensetzung des kosmischen Staubs untersucht und deren elektromagnetische Eigenschaften mit den vielfältigen Beobachtungen verglichen, die damals in immer größerer Zahl bekannt wurden. Diese Modelle widersetzten sich hartnäckig den verfügbaren Daten, jedenfalls wenn man gewisse Anforderungen an die Genauigkeit stellte. Die Übereinstimmung zwischen den Voraussagen für einzelne Aggregate anorganischer Teilchen ließen sich hinsichtlich der Präzision auf ein bescheidenes Niveau heben, aber niemals darüber hinaus, so sehr wir uns auch bemühten.

6. Organischer Staub

Einen großen Schritt in Richtung kosmischer Panspermie machten wir, als einer von uns (C. W.) erkannte, dass es eine weitere Gruppe ganz andersartiger Stoffe gibt, die sich aus denselben vier häufigsten Elementen C, N, O und H zusammensetzen lassen, nämlich organische Stoffe, möglicherweise dem Typ nach Polymere.[14] Natürlich war eine große Zahl organischer Verbindungen vorstellbar, so dass sich für die weitere Forschung sehr viele Möglichkeiten ergaben. Allerdings müssen wir zugeben, dass wir unser Augenmerk angesichts unserer Erfahrung mit den auf der Erde am häufigsten vorkommenden biogenen organischen Stoffen von Anfang an auf einen möglichen biologischen Ursprung legten. Mitte der 1970er Jahre deckten astronomische Beobachtungen ein breites Spektrum von Wellenlängen ab, das von 30 Mikrometern im Infrarotbereich über das nahe Infrarot und das sichtbare Licht bis ins Ultraviolette reichten. Eine zufriedenstellende Theorie der Beschaffenheit des kosmischen Staubs musste daher zahlreiche Beobachtungsdaten abdecken können.

1979 stießen wir auf ein Ergebnis, das eine Vielzahl weiterer Entdeckungen auslöste, die sämtlich eindeutig in Richtung Panspermie wiesen. Als wir die Streuungseigenschaften gefriergetrockneter Bakterienteilchen (also hohler organischer Körper) jenes Typs untersuchten, den man auch im Weltall erwarten konnte, zeigte sich eine bemerkenswerte Übereinstimmung mit astronomischen Daten. Eine derart präzise Übereinstimmung hatten wir für anorganische, nichtbiologische Modelle des kosmischen Staubs nicht gefunden. Einen weiteren Beleg brachte etwa um dieselbe Zeit die Entdeckung, dass ein breiter Absorptionsschwerpunkt des interstellaren Staubs, der sein Zentrum bei der Wellenlänge 2175A hatte (und den wir anfangs dem Graphit zuordneten), zu einer großen Gruppe aromatischer Moleküle passte, unter denen wir als erste Chinolin und Chinozolin untersuchten.

Die wohl überraschendste Bestätigung des Bakterienmodells folgte auf die wegweisende Beobachtung der nahe dem Zentrum der Milchstraße gelegenen Infrarotquelle GC-IRS7 durch D.T. Wickramasinghe und D. A. Allen.[15] Das Spektrum dieser Quelle zeigte ein sehr detailliertes Absorptionsprofil im Wellenlängenbereich zwischen 2,9 und 3,8 Mikrometern, der charakteristisch für kombinierte CH-, OH- und NH-Valenzschwingungsfrequenzen ist. Ein Spektrum des getrockneten Bakteriums *E.coli*, das S. Al-Mufti einige Monate vorher im Labor erstellt hatte, ergab mit Hilfe eines einfachen Modellierverfahrens eine extrem enge Übereinstimmung mit den astronomischen Daten im Wellenlängenbereich zwischen 2 und 4 Mikrometern (siehe *Abbildung 4*). An diesem Punkt sahen wir keine andere Möglichkeit, als den Schluss zu ziehen, dass ein großer Teil des interstellaren Staubs nicht nur hohl und organisch ist, sondern sich auf spektroskopischem Wege nicht von gefriergetrockneten Bakterien unterscheiden lässt. Allein in unserer Galaxis musste die Gesamtmasse dieses bakteriellen Materials gewaltig sein und sich in der unvorstellbaren Größenordnung von 10^{33} Tonnen bewegen.

7. Die Replikationseigenschaften der Bakterien

Die bei weitem einfachste Möglichkeit, sich solch eine gewaltige Menge organischer Teilchen vorzustellen, ist das bakterielle Schema. Das Vermehrungspotential der Bakterien ist unermesslich. Unter geeigneten Bedingungen verdoppelt sich ihre Anzahl alle zwei bis drei Stunden. Bei ausreichender Versorgung mit Nährstoffen würde ein einzelnes Bakterium in vier Tagen 2^{40} Nachkommen hervorbringen, die einen Raum von der Größe eines Zuckerwürfels einnähmen. Nach weiteren vier Tagen enthielte die Kultur 2^{80} Bakterien und hätte die Größe eines Dorfteichs. Nach nochmals vier Tagen hätten die dann 2^{120} Bakterien die Dimensionen des Pazifischen Ozeans. Nochmals vier Tage, und die Masse der nun 2^{160} Bakterien entspräche der Masse einer Molekülwolke wie des Orionnebels. Nach weiteren vier Tagen, also nach 20 Tagen insgesamt, käme die Masse der Bakterien der von einer Million Galaxien gleich. Kein abiotischer Prozess kommt auch nur im Entferntesten an diese biologische Vermehrungsfähigkeit heran. Hat man erst einmal erkannt, welche gewaltige Masse organischen Materials im interstellaren Staub gegeben ist, kommt man gar nicht mehr umhin, von einem biologischen Ursprung auszugehen.

8. Die Rolle der Kometen

Der in diesem Buch entwickelten Theorie zufolge sind die Kometen die Quelle der im interstellaren Raum anzutreffenden biologischen Teilchen. Ein einzelner Komet ist ein relativ unbedeutendes Objekt. Aber unser Sonnensystem enthält so viele davon, nämlich mehr als hundert Milliarden, dass ihre Gesamtmasse der vereinigten Masse des Uranus und des Neptun entspricht, die etwa 10^{29} Gramm beträgt. Wenn alle Zwergsterne unserer Galaxis in ähnlicher Weise mit Kometen ausgestattet sind, müsste die Gesamtmasse aller Kometen in der Milchstraße mit ihren 10^{11} Zwergsternen bei 10^{40} Gramm liegen, und das entspricht ziemlich genau der Masse aller interstellaren organischen Teilchen.

Wie könnten die Mikroorganismen in den Kometen entstehen, und wie könnten sie anschließend dort herauskommen? Wir wissen ganz sicher, dass Kometen organische Teilchen freisetzen, und zwar typischerweise in einer Menge von mehr als einer Million Tonnen pro Tag. Das hat man am 30. und 31. März 1986 beim Kometen Halley beobachtet. Und fast während des gesamten Zeitraums, in dem Halley innerhalb des Beobachtungsbereichs blieb, stieß er auch weiterhin in großen Schüben organische Teilchen aus. Die im März 1986 freigesetzten Teilchen konnten sehr gut beobachtet werden. Man hatte keine Tests zum biologischen Charakter der Teilchen geplant, aber die Infrarotbeobachtungen wiesen unerwartet in diese Richtung. Wie wir später noch weiter ausführen werden, zeigen die von D.T. Wickramasinghe und D.A. Allen im Infrarotbereich erstellten Emissionsspektren des von Halley ausgestoßenen Staubs eine exakte Übereinstimmung mit dem im Labor erstellten Spektrum gefriergetrockneter Bakterien auf (siehe *Abbildung* 6). Eine davon unabhängige Untersuchung des Staubs mit einem Massenspektrographen an Bord der Raumsonde Giotto zeigte gleichfalls eine komplexe organische Verbindung an, die sich mit der biologischen Hypothese vollauf vereinbaren lässt. Zu ganz ähnlichen Ergebnissen kam man auch bei anderen Kometen, insbesondere bei Hyakutake und Hale-Bopp. Daraus kann man den Schluss ziehen, dass nach den astronomischen Daten die von Kometen ausgestoßenen Teilchen wie die interstellaren Teilchen in spektroskopischer Hinsicht identisch mit Bakterien sind.

Das Grundmuster der kometengestützten Panspermie sieht danach folgendermaßen aus: Der interstellare Staub muss ständig einen sehr kleinen Anteil (weniger als ein Milliardstel) an Bakterien enthalten, die trotz der äußerst schwierigen Lebensbedingungen im All lebensfähig geblieben sind. Diese Anforderung an die Überlebensrate ist so gering, dass sie überhaupt nicht unterschritten werden kann, und deshalb kommt man um die Panspermie nicht herum. Wenn ein neues Sternsystem (zum Beispiel ein Sonnensystem) aus interstellarer Materie entsteht, kondensieren im äußeren, kühleren Bereich Kometen als Vorstufe für die Entstehung von Planeten. Jeder dieser Kometen enthält mindestens einige Milliarden Bakterien, die rasch reaktiviert werden und sich im wärmeren inneren Bereich des Kometen vermehren. Wenn das Stern- oder Planetensystem sich vollständig entwickelt hat, setzen die Kometen, die in den inneren Bereich des Systems gelangen, in der für unser Sonnensystem beschriebenen Weise große Mengen Bakterien frei. Ein Teil dieser Bakterien kehrt in das interstellare Medium zurück. Daraus entstehen dann in einem für das biologische Material positiven Rückkopplungskreis wieder neue Sterne und Sternsysteme.

9. Mikrofossilien in Meteoriten

Mitte der 1960er Jahre untersuchten H. Urey und später G. Claus, B. Nagy und D. L. Europa[16] den 1864 im französischen Orgueil niedergegangenen kohlenstoffhaltigen Meteoriten sowohl mikroskopisch als auch spektroskopisch. Sie fanden Hinweise auf organische Strukturen, die Ähnlichkeit mit fossilisierten Mikroorganismen und insbesondere mit Algen aufwiesen. Elektronenmikroskopische Untersuchungen zeigten auch Feinstrukturen unterhalb der Ebene der ganzen Zelle. Einige diese Strukturen erinnerten an Zellwände, Zellkerne, geißelartige Ausläufer und Einschnürungen, die an die Zellteilung denken ließen. Wenn es sich bei diesen »organisierten Elementen« tatsächlich um fossile Mikroben handelte, stellt sich die Frage, wie sie in den kohlenstoffhaltigen Meteoriten gelangten. Die Frage ließ sich 1960 nicht zufriedenstellend beantworten, obwohl wir im Rückblick durchaus sagen können, die Antwort habe eigentlich auf der Hand gelegen: Kohlenstoffhaltige Chondrite wie der von Orgueil sind wahrscheinlich Überreste von Kometen, auf deren Oberfläche einst in Teichen Mikroorganismen lebten. Sie sind möglicherweise Bruchstücke biologischer Kometen, die im Laufe zahlreicher Periheldurchgänge ihrer flüchtigen Bestandteile beraubt wurden, so dass es zu einer Sedimentierung und Verfestigung der Mikroorganismen kam.

Das feindselige akademische Establishment, das entschlossen war, den scheinbar unvermeidlichen Trend zur Panspermie in seinen Anfängen zu ersticken, bemächtigte sich sogleich der Hinweise auf Mikrofossilien in Meteoriten und zeigte, dass es sich bei einem ganz kleinen Teil der angeblichen Mikrofossilien um Verunreinigungen irdischen Ursprungs handelte. Für die immer noch überwältigende Mehrzahl organischer Strukturen gab es jedoch auch weiterhin keine zufriedenstellende Erklärung.

In den frühen 80er Jahren brachte der deutsche Paläontologe H. D. Pflug die Diskussion um fossile Mikroben in kohlenstoffhaltigen Meteoriten wieder in Gang.[17] Mit weitaus besseren Techniken, als sie Claus und seinen Kollegen zur Verfügung gestanden hatten, stieß Pflug auf eine Fülle organisierter Elemente in dünnen Schichten organischen Materials aus einer Probe des Murchison-Meteoriten. Pflug löste mit Flusssäure die in einer dünnen Schicht des Meteoriten enthaltenen Mineralien heraus, und zwar so, dass die unlösbaren kohlenstoffhaltigen Residuen in ihrer Struktur erhalten blieben. So konnte er die Residuen mit einem Elektronenmikroskop untersuchen, ohne das System von außen zu stören. Die dabei festgestellten Muster wiesen eine überraschende Ähnlichkeit mit irdischen Mikroorganismen auf. Eine ganze Reihe unterschiedlicher Morphologien wurde erkennbar, von denen viele bekannten Mikrobenarten glichen.

Man sollte meinen, dass angesichts der eingesetzten Technik der Verdacht einer nachträglichen Verunreinigung hinreichend ausgeräumt ist. Die Kritiker haben keine überzeugende nichtbiologische Alternative angeboten, die alle Befunde erklären könnten, auch wenn weithin die Behauptung publiziert wurde, es handle sich um »mineralogische Artefakte«, die auf irgendeine Weise organisches Material aus der Umgebung aufgenommen hätten. Trotz dieser Kritik hat R. B. Hoover vom NASA Marshal Space Flight Center 1997 einen neuen Versuch unternommen, die Frage der Mikrofossilien in kohlenstoffhaltigen Chondriten zu klären. Und diese neue Arbeit scheint Pflugs Befunde zu bestätigen.[18]

Über viele Jahre hinweg hat man bei U 2-Flügen in der Stratosphäre mit Hilfe von Leimpapier kleine Klümpchen interplanetaren Staubs gesammelt. In diesen sogenannten Brownlee-Teilchen fand sich durchgehend kohlenstoffhaltiges Material, das zum Teil äußerst komplex war. Durch einen Vergleich der von J. B. Bradley u. a.[19] entdeckten Kohlenstoffstrukturen mit fossilen Mikroben aus dem Kieselschiefer Nordminnesotas erkannten wir schon 1984 (Hoyle u. a.[20]), dass einer biologischen Erklärung die größte Plausibilität zukommt (und zwar in Gestalt eines teilweise zerfallenen, Eisen oxidierenden Bakteriums). Weitere Untersuchungen von S. J. Clemett[21] an acht solchen Brownlee-Teilchen, die als Kometenstaub identifiziert wurden, zeigten die Anwesenheit extrem komplexer organischer Moleküle, darunter auch aromatische und alipathische Kohlenwasserstoffe. Diese Entdeckung war ein weiterer Schritt zu dem Beweis, dass der Kometenstaub biologischen Ursprungs ist.

10. Der Marsmeteorit ALH 84001

Das letzte Kapitel in der Erkundung der Panspermie begann im August 1996 mit der Untersuchung eines 1,9 Kilogramm schweren Meteoriten (ALH 84001), von dem man annimmt, dass er vom Mars stammt.[22] ALH 84001 gehört zu einer ganzen Gruppe von Meteoriten, die 1984 in Allan Hills in der Antarktis entdeckt wurden. Man nimmt an, dass sie vor etwa 15 Millionen Jahren bei einem Asteroideneinschlag auf dem Mars von der Oberfläche dieses Planeten fort geschleudert wurden. Bis vor 13000 Jahren umkreisten diese ausgeworfenen Gesteinsbrocken die Sonne, stürzten dann auf die Antarktis und wurden dort bis zu ihrer Entdeckung im Eis begraben. Dass die Meteoriten vom Mars stammen, scheint durch mehrere unabhängige Kriterien belegt. Am überzeugendsten dürfte die Tatsache sein, dass dort eingeschlossene Gase in ihrer Zusammensetzung Ähnlichkeit mit der Marsatmosphäre haben. Auch das Verhältnis zwischen den Sauerstoffisotopen ^{17}O und ^{18}O in den mineralischen Bestandteilen kommt dem auf dem Mars gefundenen Verhältnis so nahe, dass es keinen Grund gibt, am Mars als Ursprungsort der Meteoriten zu zweifeln.

Eine Forschungsgruppe der NASA unter Leitung von David S. McKay ist in Meteorit ALH 84001 auf Karbonatkügelchen gestoßen, deren Größe unter einem Mikrometer bleibt und in deren Umgebung komplexe organische Moleküle abgelagert worden sind. Wie bereits angemerkt, sind diese Moleküle, darunter auch polyaromatische Kohlenwasserstoffe, charakteristische Zerfallsprodukte von Bakterien. Den erstaunlichsten Fund bilden jedoch Fäden aus länglichen Strukturen, die man auch bei fossilen Nanobakterien auf der Erde findet. In Verbindung mit diesen Strukturen entdeckte man längliche Magnetitkristalle (Eisenoxid), die große Ähnlichkeit mit Strukturen haben, wie man sie bei magnetischen Bakterien antrifft. Es ist kein nichtbiologischer Vorgang bekannt, durch den diese langgezogenen Kristallstrukturen entstehen könnten.

McKay und seine Kollegen räumen ein, dass die von ihnen vorgeschlagene Identifikation auf einem multifaktoriellen Ansatz basiert. Zusammengenommen weisen die Befunde ihres Erachtens jedoch in Richtung eines mikrobiellen Ursprungs, auch wenn für jeden einzelnen Befund eine konservative Interpretation denkbar wäre. Seither sind zahlreiche Interpretationen vorgeschlagen worden, und die Mehrheitsmeinung scheint sich im Augenblick eher einer Zurückweisung als einer Annahme der ursprünglichen NASA-Thesen zu nähern. Der Streit ist noch offen, und die ausgetauschten Argumente betreffen zahlreiche Probleme, zum Beispiel die Temperatur, bei der die Karbonatkügelchen kondensierten, und die Frage, ob biologische Strukturen diese Temperatur hätten überstehen können. McKay und seine Kollegen verteidigen immer noch entschieden ihre ursprüngliche Position und führen sogar noch stärkere Argumente dafür ins Feld. Die Debatte wird wohl weitergehen, vielleicht bis man Proben von Marsgestein auf die Erde geholt hat.

Sollte die Erklärung von McKay und Kollegen aufrecht erhalten werden, kann man die Ablagerung der Mikrofossilien nach der Kondensation der Karbonatkügelchen auf die Zeit vor 3,6 Milliarden Jahren datieren. Daraus wird man dann den Schluss ziehen können, dass vor 3,6 Milliarden Jahren Leben auf dem Mars existierte, wahrscheinlich also zur selben Zeit, als auf der Erde die ersten fossilen Mikroben abgelagert wurden. Nach der Theorie der kometengestützten Panspermie liegt es nahe, dass Erde und Mars zur selben Zeit von Bakterien besiedelt wurden.

11. Planetare Panspermie

Eine alternative Version der Panspermie, die immer mehr Anhänger gewinnt und als »planetare Panspermie« bezeichnet wird, folgt – ohne sich dessen vermutlich bewusst zu sein – der von Lord Kelvin geschaffenen Tradition. Dieser Trend stützt sich auf die wachsende Zahl von Hinweisen, wonach zwischen den inneren Planeten und dem Sonnensystem ein Austausch planetaren Materials stattfindet. Auf der Erde hat man Meteoriten entdeckt, die vom Mond oder auch vom Mars stammen. Aus Untersuchungen der Mondkrater wissen wir, dass Erde und Mond vor mehr als vier Milliarden Jahren einem intensiven Bombardement durch Kometen und Asteroiden ausgesetzt waren. Und in abgeschwächter Form setzte sich dieser Beschuss auch in der Folgezeit fort.

Bei einem typischen Einschlag eines zehn Kilometer großen Kometen auf einem Planeten wie dem Mars (zu dem es gegenwärtig im Durchschnitt alle 30 bis 50 Millionen Jahre kommt), wird der größte Teil des Kometen und des Materials in der unmittelbaren Umgebung der Einschlagsstelle verdampft. Am Rand des Einschlagskraters jedoch können Gesteinsbrocken fortgeschleudert werden, die nur einer relativ geringen mechanischen Belastung ausgesetzt waren. Diese Gesteinsbrocken könnten lebensfähige Mikroben und Sporen enthalten und würden mit den unterschiedlichsten Geschwindigkeiten fortgeschleudert. Der Teil der Gesteinsbrocken, deren Geschwindigkeit die Fluchtgeschwindigkeit des betreffenden Planeten übersteigt (5 km/s beim Mars, 11,2 km/s bei der Erde), würde über weite Bereiche des interplanetaren Raums verstreut und könnte auf andere Planeten niedergehen. Eingeschlossene Mikroben, die den Schock des Einschlags und den nachfolgenden Flug hinaus aus der Atmosphäre des Mutterplaneten überstanden haben, müssten noch eine weitere bedrohliche Situation überstehen, wenn sie auf den anderen Planeten niedergehen. Doch bei Gesteinsbrocken über einem Meter Größe könnten sie auch diese Phase ihrer Reise überleben, denn nur die äußeren Schichten des Gesteins verdampfen, während es im Innern kühl bleibt. Da es heute für fraglos gilt, dass ALH 84001 vom Mars stammt, und da zerbrechliche chemische Strukturen darin gefunden wurden, die den Flug zur Erde überstanden haben, kann heute auch kein Zweifel mehr bestehen, dass Mikroben oder Sporen im Innern solcher interplanetaren Geschosse überleben können.

Diese Überlegungen haben zu Spekulationen geführt, wonach das Leben zunächst auf dem Mars entstanden und dann vor 3,6 Milliarden Jahren durch Geschosse wie ALH 84001 zur Erde gelangt sein soll. Natürlich stellt sich dann die Frage, wie das Leben auf dem Mars entstanden ist. Daher scheint uns, obwohl das Leben durchaus von einem Planeten zum anderen gelangen kann, die kometengestützte Panspermie doch der stärkere Prozess für eine Verbreitung des Lebens innerhalb des Sonnensystems zu sein.

12. Geologische Belege

Neben zahlreichen astronomischen Belegen für die These der Panspermie gibt es auch geologische Beweise. Die ältesten Spuren irdischen Lebens reichen heute 3,83 Milliarden Jahre zurück, in eine Zeit, zu der die Erde, wie wir mit Sicherheit wissen, unter schwerem Beschuss durch Kometen und Meteoriten lag.[23] Der Beleg hat die Form eines leicht erhöhten Anteils des leichteren Kohlenstoffisotops ^{12}C gegenüber dem schwereren ^{13}C in den ältesten metamorphen Gesteinen. Das Leben hat eine schwache Präferenz für das leichtere Kohlenstoffisotop, und diese Präferenz soll sich in dem Kohlenstoff niederschlagen, den man in etwa vier Milliarden Jahren alten Gesteinen gefunden hat. Falls es die Ursuppe jemals gegeben hat, wäre sie den denkbar härtesten Bedingungen ausgesetzt gewesen, unter denen ein Fortbestand organischer Moleküle oder gar des Lebens äußerst zweifelhaft erscheint.

Heute behaupten manche, die Bestandteile der Ursuppe und das Wasser der Urozeane seien durch Kometeneinschläge auf die Erde gelangt. Da scheint es uns doch wahrscheinlicher, dass die Kometen auch das Leben in Gestalt von Mikroben gleich in fertiger Form auf die Erde gebracht haben.

13. Weitere Belege aus der Mikrobiologie

Wir haben bereits dargestellt, dass die moderne Mikrobiologie eine Fülle von Belegen für die Theorie der Panspermie liefert. So ist die Entdeckung von Bakterien, die den extremsten Lebensbedingungen standhalten, nicht mit der geozentrischen Auffassung von der Entstehung des Lebens vereinbar. Aus neueren Erkundungen des Sonnensystems wissen wir außerdem, dass neben der Erde auch andere planetarische Himmelskörper Bedingungen bieten, die Mikroben als Lebensraum dienen könnten. Das gilt etwa für den Jupitermond Europa. Unter seiner Eisdecke vermutet man große Ozeane, in denen ein hochentwickeltes Mikrobenleben denkbar wäre. Auch auf dem Mars könnte es in geschützten Nischen unter der Oberfläche Leben geben. Die Entdeckung einer heißen Biosphäre in Tiefen bis zu acht Kilometern unter der Erdoberfläche lässt auch die Möglichkeit glaubhaft erscheinen, dass in den tieferen Schichten der Planeten Leben in großer Menge vorkommt.

Nach unserem Verständnis der Panspermie begann das Leben auf der Erde mit der Einführung von Mikroorganismen durch Kometen. Dieser Prozess kann jedoch nicht irgendwann in ferner Vergangenheit zum Stillstand gekommen sein, denn die Kometen sind immer noch da. Nach unserer Auffassung wird die Evolution irdischen Lebens auch weiterhin durch den Eintrag von Kometentrümmern gesteuert, und zwar in Gestalt von Bakterien, Bakterienfragmenten und noch kleineren, viralen oder viroiden Teilchen. Es ist bestens bekannt, dass Gene von Viren gelegentlich in die Genome zellularer Lebensformen eingebaut werden und als potentielle Auslöser für die weitere Evolution dienen können. Ohne diesen Input an Genen, die von den Kometen stammen, hätte das Leben sich auf der Erde nicht über das Stadium einer einfachen Urmikrobe hinaus entwickeln können.

In den letzten Jahren hat man entdeckt, dass es überall auf der Erde weit mehr Bakterien gibt, als man bislang angenommen hat. Vor zehn Jahren kannte man 10000 Bakterienarten, heute schätzt man ihre Zahl auf viele Millionen und sogar Milliarden.[24] Diese wahrhaft gewaltige Zahl hat man indirekt aus RNA- und DNA-Untersuchungen erschlossen; die meisten sind noch nie kultiviert worden und werden wohl auch in Zukunft nicht kultiviert werden. Bei vielen dieser Mikrobenarten handelt es sich um so genannte »extremophile« Bakterien; man findet sie in extremen Lebensräumen, in denen man bislang nicht nach Leben gesucht hat.[25] Man findet sie auch im Boden und in Oberflächengewässern, wo sie offensichtlich nichts tun. Vielleicht warten sie auf den richtigen Wirt oder die richtigen Bedingungen, vielleicht sind sie auch gerade vom Himmel gefallen.

14. Einige biochemische Belege

Zu den großen Fortschritten, die man in den letzten zehn Jahren in der Biologie gemacht hat, gehört die Entwicklung von Techniken, mit deren Hilfe sich die Basensequenzen in der RNA und DNA von Genen präzise bestimmen lassen. Mit Hilfe solcher Verfahren und insbesondere durch die Untersuchung von Bakterien-RNA lassen sich im Prinzip phylogenetische Stammbäume konstruieren, wie sie auch in der Sprachwissenschaft für die

Abstammungslinien der heutigen Sprachen erstellt werden. Zunächst glaubte man, aus diesen Daten drei große Reiche herleiten zu können: *bacteria*, *archaea* und *eukarya*, die ihrerseits auf einen gemeinsamen Vorfahren vor etwa 3,8 Milliarden Jahren zurückgehen sollten. Neuere Daten aus der Gensequenzierung lassen daran erhebliche Zweifel aufkommen, und zwar nicht nur an der Einteilung in drei Reiche, sondern auch am Gedanken eines gemeinsamen irdischen Vorfahren.[26] Benutzt man verschiedene Gene für die Konstruktion evolutionärer Stammbäume, ergeben sich verschiedene Verbindungen, denen gleiche Wahrscheinlichkeit zukommt. Die Gene von Vertretern der drei Reiche zeigen eine beträchtliche Vermischung hinsichtlich möglicher evolutionärer Verzweigungen und stellen so die vorgeschlagenen Evolutionsmuster in Frage. Von einem Bakterium namens *Aquifex aeolicus*, das in heißen Quellen bei Temperaturen nahe dem Siedepunkt des Wassers lebt, nahm man bisher an, dass es sehr viel älter sei als andere irdische Archaebakterien. Doch nachdem man das Erbgut dieses Bakteriums vollständig entschlüsselt hatte, kamen erhebliche Zweifel an dieser These auf. *Aquifex* hat nur ein einziges Gen, das sich nicht auch bei normalen Bakterien finden lässt, so dass der Wechsel zwischen thermophilen und normalen Bakterien weitaus trivialer erscheint als bisher angenommen. Aus dem breiten Spektrum normaler Bakterien ist *Aquifex* offenbar zufällig am ehesten in der Lage, in kochendem Wasser zu leben.[27]

In einigen neueren Untersuchungen hat man Gene gefunden, die nach der Variationsrate der Sequenzen älter erscheinen als die zusammengesetzten Systeme oder Arten, in denen sie vorkommen.[28] Umgekehrt hat man festgestellt, dass Gene höher entwickelter Arten gelegentlich in den Genomen von Prokaryonten[29] und Viren[30] zu finden sind, ohne dass sie dort eine erkennbare Funktion erfüllten. Diese Befunde stärken das Konzept der kosmischen Bakterien und der kosmischen Gene, das wir seit zwei Jahrzehnten vertreten und in diesem Buch ausführlich darstellen.

15. Ein eindeutiger Beweis

Wenn man die These einer kometengestützten Panspermie auf direktem Wege beweisen möchte, bräuchte man nur einige Materialproben von Kometen unter dem Mikroskop nach Spuren von Mikroben abzusuchen. Kometen finden wir buchstäblich vor der Haustür, und die Technik zur Durchführung der nötigen mikrobiologischen Experimente ist gleichfalls seit wenigstens einem Jahrzehnt vorhanden. Dazu müsste man Kometenmaterial beim Eintritt in die Stratosphäre sammeln und nach außerirdischen Mikroorganismen absuchen, wobei Vorkehrungen zu treffen wären, dass die Proben nicht aus irdischen Quellen kontaminiert werden. Da täglich etwa 500 Tonnen Kometenmaterial in die Erdatmosphäre eindringen, lässt sich gewiss auch feststellen, ob sich darunter Mikroben befinden.

Anfang der 60er Jahre suchte man erstmals in der oberen Erdatmosphäre gezielt nach Mikroorganismen, und zwar mit Hilfe von Stratosphärenballons. Obwohl die mikrobiologischen Techniken noch ziemlich primitiv waren, fand man damals in Luftproben aus Höhen von 30 Kilometern und mehr bereits einige rätselhafte Hinweise auf außerirdische Mikroben.[31] Mikroben in 39 Kilometern Höhe und eine mit der Höhe zunehmende Populationsdichte deuteten auf einen möglicherweise außerirdischen Ursprung hin. Diese frühen Forschungsergebnisse wurden jedoch nicht ernst genommen, und man führte die Experimente auch dann nicht weiter, als bessere mikrobiologische Techniken zur Verfügung standen.

Obwohl die NASA offiziell auch das Ziel verfolgt, nach Leben außerhalb der Erde zu suchen, war das herrschende wissenschaftliche Paradigma eines auf die Erde beschränkten Lebens so stark, dass man jeden noch so geringfügigen Hinweis auf das Gegenteil ohne Zögern beiseite wischte. Die geozentrische Voreingenommenheit zeigte keinerlei Irritation, selbst als die Zeichen für die Panspermie sich ab den 80er Jahren mehrten.

Wie eine Wasserscheide für die Panspermie wirkte dann im August 1996 die Nachricht einer Forschungsgruppe der NASA, wonach in dem Marsmeteoriten ALH84001 möglicherweise Mikroorganismen entdeckt worden seien. Plötzlich galt die Erforschung der Panspermie als legitime wissenschaftliche Arbeit. Viele internationale wissenschaftliche Institutionen, die der Panspermie und der Exobiologie stets den Rücken gekehrt hatten, bekundeten ihre Absicht, Forschungen auf diesem Gebiet zu unterstützen. Fast über Nacht begannen die Räder sich zu drehen, und ein Paradigmenwechsel kam in Sicht. Ein Zeichen für diesen Wandel ist die Tatsache, dass man bei Marsmissionen, die im nächsten Jahrzehnt Marsproben auf die Erde zurückbringen sollen, auf strenge mikrobiologische Quarantäne achten wird, um keine gefährlichen Marsmikroben einzuschleppen.

Das Projekt der Raumsonde Stardust, die am 7. Februar 1999 gestartet wurde und sich auf dem Weg zum Kometen Wildt-2 befindet (geplante Begegnung am 2. Januar 2004), wurde noch vor dem Gesinnungswandel hinsichtlich der Panspermie konzipiert und geplant. Daher ist kein eigens auf Mikroben ausgerichtetes Experiment vorgesehen. Der Kometenstaub soll in einem »Teilchenfänger« eingefangen werden, der mit einem Aerogel gefüllt ist, einem Material mit extrem geringer Dichte. Das Gel soll wie ein weiches Kissen wirken und die Teilchen, deren Relativgeschwindigkeit bei 6,1 km/sec liegt, möglichst sanft abbremsen, damit die ursprünglichen chemischen Strukturen keinen Schaden nehmen. Als man das Experiment konzipierte, dachte man an präbiotische organische Moleküle. Da man keine Vorkehrungen für den Fall getroffen hat, dass sich unter den Teilchen auch lebende Zellen befinden, können wir nur hoffen, dass ein glücklicher Zufall uns hilft, wenn die Proben 2006 auf der Erde landen. Möglicherweise finden sich dann in den Molekülen Hinweise auf »tote Bakterien« oder andere Lebensformen.

Schon lange vor 2006 sollen – in Zusammenarbeit zwischen der indischen Raumforschungsorganisation ISRO und der

Gruppe in Cardiff – Experimente mit Stratosphärenballons stattfinden.[32] Diese längst überfälligen Experimente könnten die ersten entscheidenden Beweise für die Panspermie liefern, und das zu Preisen, die nur einen Bruchteil der Kosten für die Raumfahrtprojekte ausmachen. Man wird die modernsten mikrobiologischen Verfahren einsetzen und mit kontaminationssicheren Kryopumpen (einer Art Vakuumpumpen) in verschiedenen Höhen Luftproben sammeln, die dann im Labor untersucht werden können. Wir hoffen, auf diese Weise den ständigen Eintrag an Mikroben feststellen zu können, der von Kometen auf die Erde niedergeht.

16. Kosmologische Implikationen

In den Theorien zur Panspermie, die wir in diesem Buch erörtern, wird nicht die Frage aufgeworfen, woher das Leben letztlich stammt, sondern nur, auf welche Weise es sich ausbreitet, nachdem es irgendwo entstanden ist. Angesichts des überastronomischen Informationsgehalts, der selbst die einfachste lebende Zelle auszeichnet, wird der Ursprung des Lebens möglicherweise für immer im Dunkeln bleiben, nicht nur im Labor der Chemiker oder auf der Urerde, sondern überall im Rahmen des endlichen Universums, das die Urknalltheorie vorsieht.[33] Die astronomischen Daten, die heute zum Beweis der Urknalltheorie angeführt werden, passen jedoch auch zu einer anderen Gruppe kosmologischer Modelle (den *Steady-state*-Modellen), die ein unendliches Alter des Universums vorsehen. Innerhalb solch eines Modells darf man durchaus annehmen, dass auch das Leben unendlich alt ist, also immer schon existiert hat – oder dass es sich in überastronomischen Zeitspannen und Räumen ständig regeneriert.

Anmerkungen

1 L. Pasteur: *C. R. Acad. Sci.* 45 (1857), S. 913–916.
2 L. Pasteur: *C. R. Acad. Sci.* 45 (1857), S. 1032–1036.
3 L. Pasteur: *C. R. Acad. Sci.* 50 (1860), S. 303–307.
4 A. I. Oparin: *The Origin of Life*, 1953; J. B. S. Haldane: *The Origin of Life*, 1929.
5 F. Hoyle und N. C. Wickramasinghe: *Evolution from Space*, London 1980 (dt.: *Evolution aus dem Weltall*, Berlin 1983).
6 H. von Helmholtz, in: W. Thomson und P. G. Tait (Hg.): *Handbuch der theoretischen Physik*, Band 1, Teil 2, Braunschweig 1874, S. XI.
7 W. Thomson: *British Association for the Advancement of Science*, Presidential Address, London 1871.
8 S. Arrhenius: *Werden der Welten*, Leipzig 1907.
9 P. Becquerel: *Bull. Soc. Astron.* 38 (1924), S. 393.
10 T. Gold: *Proc. Natl. Acad. Sci.* 89 (1992), S. 6045–6049.
11 J. Overmann, H. Cypionka und N. Pfennig: *Limnol. Oceanogr.* 37/1 (1992), S. 150–155.
12 J. Secker, P. S. Wesson und J. R. Lepock: *Astrophys. Sp. Sci.* 329 (1994), S. 1.
13 F. Hoyle und N. C. Wickramasinghe: *The Theory of Cosmic Grains*, 1990.
14 N. C. Wickramasinghe: *Nature* 252 (1974), S. 462.
15 D. A. Allen und N. C. Wickramasinghe: *Nature* 294 (1981), S. 239.
16 G. Claus, B. Nagy und D. L. Europa: *Ann. NY Acad. Sci.* 108 (1963), S. 580.
17 H. D. Pflug in: N. C. Wickramasinghe (Hg.): *Fundamental Studies and the Future of Science, Cardiff* 1984.
18 R. B. Hoover: *Proc. SPIE Conference on Instruments, Methods, and Missions for the Investigation of Extraterrestrial Microorganisms* 3111 (1997), S. 115–136.
19 J. B. Bradley, D. E. Brownlee und P. Fraundorf, *Science* 223 (1984), S. 56.
20 F. Hoyle, N. C. Wickramasinghe und H.D. Pflug: *Astrophysics Sp. Sci.* 113 (1984), S. 20.
21 S. J. Clemett u. a.: *Science* 263 (1993), S. 721.
22 D. S. McKay u. a.: *Science* 273 (1996), S. 924.
23 S. J. Mojzis u. a.: *Nature* 384 (1996), S. 55.
24 L. Margulis und K.V. Schwartz: *Five Kingdoms: An Illustrated Guide to the Phyla of Life on Earth*, 2. Aufl. 1988.
25 J. Postgate: *The Outer Reaches of Life*, Cambridge 1994.
26 E. Pennisi: *Science* 280 (1998), S. 672.
27 G. A. Wray, J. S. Levinton und L. H. Shapiro: *Science* 274 (1996), S. 568.
28 S. Kumar und S. Blair Hedges: *Nature* 392 (1998), S. 917; A. Cooper und D. Penny: *Science* 275 (1997), S. 1109.
29 C. J. Bult u. a.: *Science* 273 (1996), S. 1058.
30 M. C. Smith u. a.: *Science* 279 (1998), S. 1834.
31 C. W. Bruch in: P. H. Gregory und J. L. Monteith (Hg.): *Airborne Microbes Symposium of the Society of Microbiology*, Cambridge 1967, S. 345.
32 J. V. Narlikar, S. Ramadurai, P. Bhargava, S. V. Damle, N. C. Wickramasinghe, D. Lloyd, F. Hoyle und D. H. Wallis: *Proc. SPIE Conference on Instruments, Methods, and Missions for Astrobiology* 3441 (1998), S. 301–305.
33 F. Hoyle und N. C. Wickramasinghe: *Life on Mars: The Case for a Cosmic Heritage*, Bristol 1997.

Glossar

AE: Astronomische Einheit, Längeneinheit in der Astronomie: 1 AE = 149 597 870 km, entspricht etwa dem mittleren Abstand zwischen Erde und Sonne.

Aminosäuren: Carbonsäuren mit einer oder mehreren Aminogruppen ($-NH_2$), Bausteine der Eiweiße (→ ***Proteine***). Nichtessenzielle Aminosäuren werden zum Teil im tierischen und menschlichen Körper synthetisiert, essenzielle Aminosäuren müssen mit der Nahrung zugeführt werden.

Aphel: Der sonnenfernste Punkt der elliptischen Bahn eines Körpers um die Sonne; *s. auch* → ***Perihel.***

Archaebakterien: → ***Bakterien***

Asteroiden: Kleinplaneten, *s.* → ***Planetoiden***

Atmosphäre: Lufthülle der Erde, die in ihrem Schwerefeld festgehalten wird und aus einem Gemisch von Gasen besteht, deren Dichte mit der Höhe abnimmt. In den unteren 20 km der Atmosphäre sind 90 % ihrer Gesamtmasse enthalten. Der thermischen Struktur nach ist die → ***Troposphäre***, in der sich die Wettervorgänge abspielen, die unterste Schicht. Deren obere Grenze liegt zwischen 9 und 18 km Höhe mit Temperaturen zwischen −50 °C und −80 °C. Die anschließende → ***Stratosphäre*** erstreckt sich bis etwa 50 km Höhe bei Temperaturen bis zu 10 °C. Danach folgt die → ***Mesosphäre***, deren Obergrenze mit etwa −80 °C bei 85 km Höhe liegt.

Autotrophie: Die Fähigkeit chlorophyllhaltiger Pflanzen, alle lebensnotwendigen Stoffe aus Wasser, Kohlendioxid und anorganischen Salzen selbst aufzubauen; *s. auch* → ***autotrophe Bakterien.***

Bakterien: Große Gruppe einzelliger Mikroorganismen ohne echten Zellkern, die auf der ganzen Erde im Boden, im Wasser, in der Luft, in Lebewesen und auf allen Gegenständen verbreitet sind. Ihr Kernmaterial besteht in einem → ***DNA***-Faden, der frei im Zytoplasma verteilt liegt. Obwohl Bakterien sich nur ungeschlechtlich durch Teilung vermehren und echte Kernverschmelzung nicht möglich ist, kommt es durch spezielle Mechanismen zur Übertragung von Erbinformationen. Ihre grundlegende biologische Bedeutung liegt darin, dass sie den Wechsel der Materie zwischen belebter und unbelebter Natur vermitteln. So werden im Erdboden alle organischen Stoffe durch die metabolische Tätigkeit von Bakterien mineralisiert (zu anorganischen Stoffen abgebaut) und so den Pflanzen als Nährstoffe wieder verfügbar gemacht.

Die Mehrzahl der Bakterien ernährt sich heterotroph, d. h., der Kohlenstoffbedarf wird durch Abbauvorgänge (Fäulnis, Verwesung) aus organisch gebundenem Kohlenstoff gedeckt. *Autotrophe Bakterien* hingegen decken diesen Bedarf aus dem Kohlendioxid der Luft und gewinnen die hierzu nötige Energie entweder durch Photo- oder Chemosynthese.

Überwiegend gehören Bakterien der Abteilung *Eubacteria* an. *Archaebakterien* sind erst in den letzten Jahrzehnten entdeckt worden: in sehr heißen Quellen mit schwefelreichem Wasser. Sie unterscheiden sich von den Eubakterien in einigen wesentlichen Merkmalen. So sind u. a. ihre Membranen gegen chemisch-physikalische Einflüsse widerstandsfähiger und durch Antibiotika nicht angreifbar.

Benthos: Die Gesamtheit der fest sitzenden und frei beweglichen Tier- und Pflanzenwelt am Gewässerboden; *s. auch* → ***Plankton.***

Chondrite: Eine Gruppe der → ***Meteoriten***, die sich durch kugelförmige Mineraleinschlüsse auszeichnet.

DNA: Desoxyribonukleinsäure, Abkürzung DNS, engl. Abkürzung DNA (*acid* = Säure), Träger der Erbanlagen. Nukleinsäuren kommen in den Zellen (v. a. im Zellkern) aller Lebewesen vor. Die einzelnen Bausteine (Nukleotide) setzen sich bei der DNA in der Regel zu zwei schraubig umeinandergewundenen Strängen zusammen (→ ***Doppelhelix***). Aus der jeweiligen Reihenfolge der vier verschiedenen Basen eines Nukleotids und damit auch des gesamten Moleküls beruht die genetische Information.

Doppelhelix: Als Helix (Pl. *Helices*) wird die stabile spiralförmige räumliche Anordnung der Bausteine von Makromolekülen bezeichnet. Die Doppelhelix ist die Grundgestalt der → ***DNA*** als Doppelschraubenmolekül.

Enzyme: In der Zelle gebildete hochmolekulare → ***Proteine***, die als Biokatalysatoren der Organismen deren Stoffwechsel katalytisch steuern: Sie gewährleisten die Zellver- und -entsorgung. Jedes Enzym ist für lediglich ein besonderes Substrat »zuständig«, weshalb es sehr viele verschiedene Enzyme gibt.

Epizykeltheorie: Eine von dem griechischen Mathematiker und Astronomen Apollonios von Perge (262–190 v. Chr.) entwickelte Annahme, dass die Bahnen des Mondes und der Planeten auf Epizykeln (kleinen Kreisen) verlaufen, um die Schleifenbahn der Planeten zu erklären. Diese Theorie wurde noch von Kopernikus vertreten, aber schließlich von Kepler widerlegt.

Eukaryonten: Zusammenfassende Bezeichnung für alle Organismen, deren Zellen einen echten Zellkern aufweisen; *s. auch* → ***Prokaryonten.***

Halo: 1) Die einen Kometen umgebende scheiben- oder ringförmige Erhellung. 2) Als galaktischer Halo das den Kern und die Scheibe unseres Milchstraßensystems und anderer Galaxien sphärisch umgebende System aus Kugelsternhaufen, alten Sternen und Gasen.

Helices: *s.* → ***Doppelhelix***

Isotope: Atomkerne bestehen aus Protonen und Neutronen. Mit Ausnahme weniger Reinelemente weisen die Atomkerne aller chemischen Elemente unterschiedliche Neutronenzahlen auf. Diese (anteilsmäßig in der Regel konstanten) Differenzen bezeichnet man als Isotopen des betreffenden Elements. Platin z. B. hat 34 Isotope. Alle Elemente mit Ordnungszahlen über 83 weisen nur noch radioaktive Isotope auf.

Kieselalgen: Lat. *Diatomeen*, Klasse mikroskopisch kleiner, einzelliger Algen des Süß- und Meerwassers.

Koma: Die leuchtende Hülle um den Kern eines Kometen mit einem Durchmesser von etwa 20000 km bis zu mehreren Mio. km. Verursacht wird die Koma bei Annäherung an die Sonne. Dann finden als Folge der intensiven Bestrahlung Ausbrüche leuchtender Gasmassen statt.

Kometen: Interplanetare Kleinkörper, die sich meist in sehr exzentrischen Ellipsenbahnen um die Sonne bewegen. Periodische Kometen kehren nach bestimmter Zeit in die Sonnennähe zurück: langperiodisch mit Umlaufzeiten zwischen 10^2 und 10^7, kurzperiodisch mit weniger als 15 Jahren. Bei jeder Wiederkehr zeigen sie Zerfallserscheinungen und eine geringere Helligkeit. Kometen setzen sich zusammen aus Kern und → ***Koma***, die zusammen den Kopf bilden, sowie dem Schweif. Die Kerne bestehen u.a. aus Staub, Steinen, Eis und gefrorenen Gasen. Sie haben einen Durchmesser von einigen wenigen bis zu 100 km.

Komet Encke: 1786 entdeckter, später von dem Berliner Astronomen Johann Franz Encke (1791–1865) präzise beschriebener Komet mit der kürzesten aller bekannten Kometenperioden (3,31 Jahre). Von 1822, der ersten von Encke vorausberechneten Wiederkehr, bis 1988 kehrte der Komet 54mal wieder.

Komet Halley: Der auffälligste und bekannteste der periodischen Kometen mit einer Umlaufzeit von rund 76 Jahren. Als einziger der periodischen Kometen kann er regelmäßig mit bloßem Auge gesehen werden und ist daher schon seit mehr als 3000 Jahren bekannt. Berechnet wurde seine Bahn von dem englischen Astronomen Edmond Halley (1656–1742). Bei seiner letzten Annäherung an die Erde 1985/86 übermittelten mehrere Raumsonden aufschlussreiche Daten über den Aufbau von Kometen.

Korona: Die weißlich leuchtende, strahlenförmige äußerste Schicht der Sonnenatmosphäre geringer Dichte, die die Sonne kranzartig umgibt und den stetigen Übergang zur interplanetaren Materie bildet. Sie ist mit dem bloßen Auge nur während einer totalen Sonnenfinsternis beobachtbar. Form und Helligkeit der strahlenförmigen Strukturen (Koronastrahlen) variieren während eines Sonnenfleckenzyklus.

Maxwellscher Dämon: Ein von dem englischen Physiker James Clerk Maxwell (1831–1879) eingeführtes fiktives Wesen, das ordnend in molekulare Abläufe eingreifen kann. Maxwell ging es in einem Gedankenexperiment darum, die Möglichkeit der Verletzung des 2. Hauptsatzes der Thermodynamik (Entropiesatz über die Richtung der Energieumwandlungen) zu veranschaulichen.

Mesosphäre: *s.* → ***Atmosphäre***

Metazoen: Vielzeller, also alle Tiere, deren Körper aus zahlreichen, funktional differenzierten Zellen zusammengesetzt sind; *s. auch* → ***Protozoen.***

Meteorite: Extraterrestrische kleine Festkörper, die mit hoher Geschwindigkeit (11,2–72 km/s) in die Erdatmosphäre einschießen und dort ganz oder zum Teil verdampfen, wobei sie die als Meteor bezeichnete Leuchterscheinung verursachen. Meteorite im engeren Sinn sind die zur Erdoberfläche fallenden Reststücke, im weiteren Sinn alle Kleinkörper (bis hin zum meteoritischen oder kosmischen Staub), die sich durch das Sonnensystem bewegen. Größere Meteoritenmassen zerspringen in den unteren Schichten der → ***Atmosphäre*** oft explosionsartig und verursachen Meteoritenschauer. Die größten Meteoritenkrater haben Tiefen von über 100 m und Durchmesser über 1 km. Der mit 54,4 t Masse bisher größte (Eisen-)Meteorit wurde 1920 in Namibia entdeckt.

Nukleinsäure: *s.* → ***DNA***

Oortsche Wolke: Ein von dem niederländischen Astronomen Jan Hendrik Oort (1900–1992) theoretisch postuliertes Phänomen, das die gegenwärtig bekannten Tatsachen erklärt, für dessen Existenz aber direkte Beweise fehlen. Demzufolge wird die Sonne in einem Abstand zwischen 20000 und 70000 → ***AE*** von einer kugelschaligen Wolke aus Kometen umkreist. Unter gravitativem Einfluss (z. B. bei einem nahen Vorübergang eines Sterns) können einzelne Kometen in die inneren Bereiche des Sonnensystems gelangen, auf eine kurzperiodische Bahn gebracht und so ggf. beobachtet werden.

Parsec: Kunstwort aus Parallaxensekunde, Einheitenzeichen pc, astronomische Längeneinheit: 1 pc = $3{,}0856776 + 10^{16}$ m. Das Parsec ist jene Entfernung, von der aus die astronomische Einheit (→ ***AE***) unter einem Winkel (Parallaxe) von einer Bogensekunde (1") erscheint: 1 pc ≈ 206265 *AE* ≈ 3,263 Lichtjahre.

Peptide: Durch Verknüpfung zweier oder mehrerer Aminosäuren aufgebaute, meist lineare, gelegentlich auch ringförmige Kettenmoleküle. Polypeptide enthalten bis zu 100, → ***Proteine*** über 100 Aminosäurereste. Peptide sind in der Natur weit verbreitet und z. B. als Hormone, Antibiotika oder Gifte für alle Lebensvorgänge von großer Bedeutung.

Perihel: Der sonnennächste Punkt der elliptischen Bahn eines Körpers um die Sonne; *s. auch* → ***Aphel.***

Planetoiden: Große Gruppe von (nur im Fernrohr sichtbaren) Kleinplaneten (Durchmesser von einigen hundert Metern bis über 1 km), die sich in elliptischen Bahnen fast ausschließlich zwischen Mars und Jupiter um die Sonne bewegen. Zur Zeit sind knapp 7000 Planetoiden bekannt, ihre Gesamtzahl wird auf 1 Mio. geschätzt. Schätzungsweise 1000 Planetoiden mit einem Durchmesser von über 1 km kreuzen die Erdbahn, könnten also mit der Erde zusammenstoßen.

Plankton: Die Gesamtheit der im Wasser frei schwebend lebenden Tiere (Zooplankton) und Pflanzen (Phytoplankton) mit geringer oder ohne Eigenbewegung. Zum Phytoplankton gehören u. a. die → ***Kieselalgen***; *s. auch* → ***Benthos***.

Polymere: Makromoleküle, die durch Verknüpfung vieler gleicher oder ähnlicher Grundbausteine (Monomere) aufgebaut sind. Biologisch wichtige Polymere sind u. a. die Nukleinsäuren (*s. auch* → ***DNA***), Polysaccharide (Mehrfachzucker wie z. B. Zellulose und Stärke) und → ***Proteine***.

Prokaryonten: Zusammenfassende Bezeichnung für alle Organismen ohne echten Zellkern wie z. B. → ***Bakterien***; *s. auch* → ***Eukaryonten***.

Proteine: Eiweiße; aus Aminosäuren zusammengesetzte Makromoleküle (→ ***Polymere***) mit vielfältigen Funktionen in allen Organismen. Proteine bestehen aus linearen Ketten, wobei verschiedene Aminosäurebausteine durch *Peptid*bindungen verknüpft sind. Da Proteine zu einem beträchtlichen Teil aus essenziellen Aminosäuren bestehen, die nur von grünen Pflanzen aufgebaut werden können, müssen Mensch und Tier Proteine über die Nahrung aufnehmen, um körpereigene Proteine aufbauen zu können.

Protozoen: Urtierchen, Unterreich der tierischen Einzeller mit rund 27000 bekannten, etwa 1 µm bis 2 mm großen heutigen Arten (u. a. Amöben). Die fossilen Formen waren bis zu 10 cm groß. Zahlreiche Protozoen können ungünstige Lebensbedingungen als Dauerstadien (Zysten) überstehen. Protozoen leben einzeln oder bilden Kolonien (im Salz- und Süßwasser); einige sind gefährliche Krankheitserreger; *s. auch* → ***Metazoen***.

Schwarze Raucher: Untermeerische Quellen, aus denen schwefelwasserstoffhaltiges Wasser mit Temperaturen von mehr als 350 °C aufsteigt. Bei Abkühlung entsteht ein feiner Niederschlag, der schornsteinartige Schlote und flächenhafte, oft erzhaltige Ablagerungen bildet.

Stratosphäre: s. → ***Atmosphäre***

Supernova: Die Explosion eines am Ende seiner Entwicklung stehenden massereichen Sterns und das damit verbundene plötzliche Aufleuchten auf etwa das Milliardenfache seiner ursprünglichen Leuchtkraft.

Damit kann eine Supernova für die Dauer von etwa einer Woche ihre gesamte Galaxie überstrahlen. Supernovae sind relativ seltene Erscheinungen und treten in Galaxien vom Typ unseres Milchstraßensystems etwa alle 30 Jahre einmal auf. Supernovae haben eine große Bedeutung für die Entwicklung von Galaxien, da sie für die Anreicherung der interstellaren Materie mit schweren Elementen verantwortlich sind, die bei den Ausbrüchen freigesetzt werden; außerdem ist ein Großteil der kosmischen Strahlung auf sie zurückzuführen.

Tauriden: Sammelbegriff für alle veränderlichen Sterne, bei denen sich im Zeitablauf irgendeine Zustandsgröße verändert. Ein großer Anteil besteht aus den so genannten Bedeckungsveränderlichen (optisch veränderlichen Doppelsternen). Bei den physischen oder »echten« Veränderlichen wird der Lichtwechsel durch physikalische Vorgänge im Sterninnern als Folge der Sternentwicklung verursacht. Zu dieser Gruppe zählen u.a. die eruptiven Veränderlichen wie z.B. die → ***Supernovae***. Die Gesamtzahl der Veränderlichen beläuft sich auf rund 50000.

Troposhäre: *s.* → ***Atmosphäre***

Van-der-Waals-Kräfte: Von dem niederländischen Physiker Johannes Diderik van der Waals (1837–1923) beschriebene zwischenmolekulare Bindungskräfte in Gasen, Flüssigkeiten und Kristallen, die nicht auf einem teilweisen oder vollständigen Elektronenaustausch beruhen, sondern durch so genannte Dispersions- oder Induktionskräfte hervorgerufen werden.

Viren: Meist nur im Elektronenmikroskop sichtbare, kugel- oder stäbchenförmige krankheitserregende Partikel. Viren sind in *Protein*hüllen verpackte Stücke genetischen Materials, die den biochemischen Apparat geeigneter Wirtszellen auf Produktion neuer Viren derselben Art umprogrammieren können. Sie haben keinen eigenen Stoffwechsel, sondern sind für ihre Vermehrung ganz auf chemische Bausteine, Energie und Enzyme lebender Zellen angewiesen. Die Grenze zwischen Viren und zellulärem genetischen Material ist fließend. Die in die Zelle gelangte virale Nukleinsäure (*s.* → ***DNA***) dirigiert den Zellstoffwechsel so um, dass v.a. Virusbausteine synthetisiert werden. Manche Viren haben ein enges Wirtsspektrum, andere besiedeln sehr viele Arten.

Abbildungsverzeichnis

1 Der Vermehrungskreislauf der kosmischen Biologie 56

2 Verteilung kleiner Moleküle und Ionen in der Koma eines typischen Kometen nach dem Stand der Forschung vor 1986 (vor Halley) 58

3 Transmissionsspektrum einer Infrarotquelle nach dem Durchgang durch eine Kaliumbromidschicht mit 1,5 Milligramm des getrockneten Bakteriums *E. coli* 61

4 Vergleich zwischen dem Infrarotstrom der nahe dem Zentrum der Milchstraße gelegenen astronomischen Quelle GC-IRS7 mit der für getrocknete *E. coli* vorausgesagten Kurve 62

5 Die Schwächung des Sternenlichts als Beleg für die Bakterienthese 64

6 Infrarotspektrum des Kometen Halley, aufgenommen am 31. März 1986 67

7 Die Umlaufbahnen der kurzperiodischen Kometen, die hauptsächlich im Bereich zwischen Mars und Jupiter liegen 70

8 Rhodium-102-Fallout der »Hardtack«-Atombombe, die am 11. August 1958 in der Atmosphäre gezündet wurde, in verschiedenen geographischen Breiten 112

9 Gemeldete Fälle von Parainfluenza 114

10 Die Ausbreitung der Beulenpest in Europa 1347–1350 133

11 Fälle von Keuchhusten, Masern und infektiöser Gelbsucht in der Stadt Cardiff und im Vale of Glamorgan 1979–1983 für Quartale mit geringen Fallzahlen 139

12 Fälle von Keuchhusten, Masern und infektiöser Gelbsucht in der Stadt Cardiff und im Vale of Glamorgan 1979–1983 für Quartale mit hohen Fallzahlen 140

13 Häufigkeit von Viralen Atemwegsinfektionen in England und Wales 143

14 Häufigkeit von Influenza A in drei verschiedenen Ländern 144

15 Grippehäufigkeit in Prag und Cirencester, England 145

16 Anteil weiterer Grippeerkrankungen in Haushalten, in denen bei den Epidemien 1968/69 und 1969/70 im englischen Cirencester bereits ein Familienmitglied erkrankt war 146

17 Anteil weiterer akuter Infektionen der oberen Atemwege in Haushalten, in denen bereits ein Mitglied an solch einer Infektion erkrankt war 148

18 Verteilung der Grippeerkrankungen an verschiedenen Schulen in England und Wales während der Grippepandemie 1977/78 150

19 Korrelation zwischen den Erkrankungsraten von Internats- und externen Schülern an jeweils denselben Schulen in England und Wales während der Grippepandemie 1977/78 152

20 Standardabweichungen der Grippeerkrankungsraten von der Durchschnittsrate in den 25 Wohneinheiten des Eton College während der Grippepandemie 1977/78 153

21 Gemeldete Fälle von Influenza A in den japanischen Präfekturen im Verhältnis zur jeweiligen Bevölkerungsdichte 154

22 Gemeldete Fälle von Keuchhusten in England und Wales von 1940 bis 1982 157

23 Umlaufbahnen der Überreste dreier großer Bruchstücke des Kometen Encke 158

24 Ordnungen der Säugetiere nach den fossilen Funden 170

25 Kladogramm zur Veranschaulichung einer in Sprüngen erfolgenden Evolution 174

26 Aminosäurestruktur und Bindungen 193

27 Die katalytische Region einer Teileinheit des Enzyms Glyceraldehydphosphat-Dehydrogenase 195
28 Struktur des Enzyms Alpha-Chemotrypsin 196
29 Schlüssel-Schloss-Analogie für die Funktionsweise der Enzyme ... 197
30 Erdgeschichtliche Zeitskala 207
31 Geologische Lebenszeit kleiner Meerestiere 208

Register

AE (astronomische Einheit) 69 f., 257, 261
Äquator 111
Afrika 131, 218
Alaska 136
Allan Hills (Antarktis) 246
Allen, D.A. 60, 62, 67, 240, 242
Al-Mufti, Shirwan 60, 105, 122, 241
Alpen 132, 134
Alpha-Chymotrypsin 194, 196
Aluminium 116
Amazonas 92
Americum 54
Amerika 218
Aminosäuren 12, 44, 46 f., 116, 175 f., 192 ff., 196 ff., 232 f., 257 (essenzielle/nicht-essenzielle), 261 f.
Ammoniak 39, 42, 44, 59, 65, 239
Ammonium 41
Ammoniumcyanat 40 ff., 44
Amphibien 173, 175, 227 f.
Andrewes, Sir Christopher H. 141, 178, 226 f.
Anglo-Australian Telescope (New South Wales) 60, 67
Anpassung 74, 76, 79, 90 f., 93 f., 101, 174, 203, 227
Ansteckung 139 f.
Antarktis 97, 108, 111, 118 f., 183, 236, 246
anthropisches Prinzip 50
Aphel 68, 70 ff., 160, 257
Apollo (Raumfahrtprogramm) 98, 117, 185
Apollonius von Perge 259
Aquifex aeolicus 252
Aragon 130, 133
Arcetri (bei Florenz) 36
Archaebakterien 252, 258
Archimedes 85 f.
Aristarchos von Samos 31, 231
Aristoteles 30, 37, 86, 231
Arkansas 26
Arktis 97, 108, 111, 183
Arrhenius, Svante August 11, 97 f., 102 f., 235 ff.
Arten 74, 76 (Anpassung), 79 f., 83, 91–94, 164 f., 167, 170, 172 (Zahl), 173, 176, 179, 203, 220, 223
– Entstehung 75 f., 162 f., 165–169
– Sterben 171, 206–209, 217
Asien 111
Asteroiden 246, 248, 257
Athen 129 f.
Atmosphäre 14, 41 f., 44, 53, 87, 116, 121 (Jupiter), 121 (Venus), 123, 127, 134 ff., 147, 184, 257, 260 f.
– Erde 15, 55, 84, 102–114, 124 f., 158, 160, 173, 185, 253
– Mars 118, 246
– Planeten 43, 120, 212
Atombombe 112, 137
Auge 76 f., 202, 205
– Vogel 203 f.
Australien 143, 218
Autotrophie 257

Badovere, Jacques 34
Bakterien 12, 13 (kosmische), 14 f., 41, 51, 57, 59, 61 f., 64, 66, 68, 72, 96 ff., 100–106, 108, 110 f., 114, 118, 120–127, 129 f., 138, 141, 143, 156, 160, 178, 187 f., 193, 206, 210 ff., 214 f., 217, 219, 224, 235–238, 240 f., 243, 246 f., 248 (Mars), 250 f., 258 (Eubakterien)
– Archaebakterien 252, 258
– autotrophe 53 f., 123 f., 257 f.
– Vermehrung 52 f., 55 f., 106 f., 128, 241
→ *Escherichia coli*
Bayern 133
Becquerel, P. 235, 237
Beethoven, Ludwig van 84
Benthos 208 f., 258
Bernstein 232
Biologie, kosmische 56 (Vermehrungskreislauf)
biotisches Material 56
Blausäure 44
Blyth, Edward 93
Bodo marina (Geißeltierchen) 100
Böhmen 134

Bombay 137
Bordetella pertussis 157
Borneo 74
Bosch, Carl 42
Boston 137
Boyer, P.D. 196
Bradley, J.B. 245
Brahe, Tycho 32, 34
Brandt, C. 58
Brasilien 78
Brechungsindex 121
Bristoe, J. 153, 155
Brownlee-Teilchen 245 f.

C-14-Experiment 119 f.
Caffa (Krim) 132
Calvin, Johannes 36
Cambridge 22, 36 f., 78, 89, 216
Carbonell, Pedro 130
Carbonsäuren 257
Cardiff 105, 138 ff., 255
Carpentier, E. 131, 133
Carter, Brandon 50
Ceylon 78
Chapman, R.D. 58
Chat Moss 18 f.
Chemie, organische/anorganische 39 f., 43
Chemosynthese 258
China 111, 131
Chlorophyll 48, 63, 257
Chondrite 244 f., 258
Chymotrypsin 194
Cirencester 145 f.
Claus, G. 244 f.
Clemett, S.J. 246
Crick, Francis 188
Cube, Victor 159, 217
Cystein 194 f.
Cytochrom-c 175 f.

Dänemark 133
Darwin, Charles 10 ff., 15, 55 (Evolutionsmodell), 75 f., 78, 88, 91, 93, 135, 162–165, 167 ff., 171, 176
Darwinismus 10 f., 25, 78, 88 f., 92 f., 95–98, 101, 107 f., 135 f., 163, 166 ff., 171, 173 f., 181, 190, 198, 216, 219, 222, 225
Deinococcus radiodurans 236
Demokrit 85
Descartes, René 37, 232
Descartes (Mondkrater) 117
Desoxyribose 47 f.
Deutschland 42, 88, 92
Dinosaurier 72, 171, 188, 207 f., 217
Disulfid 47 f., 59, 195
DNA 44, 48, 55, 94, 212, 227, 236, 251, 257 f.
Doppelhelix 48, 55, 258
Druck 21, 42 f., 51, 53 ff., 122
Dublin 133

Edinburgh 234
Eiweiß 46, 178, 257, 262
Encke, Johann Franz 260
England → Großbritannien
Entropie 260
Enzyme 50, 54 f., 99 f., 195–198, 211 ff., 228, 233, 236, 259, 263
Epidemien 15 f., 87, 131, 137 f., 146, 149, 152 f., 155 f., 181, 187
Epizykeltheorie 31, 259
Erdgas 44
Erdgeschichte 170, 207–211, 215, 217
Erkältung 141 ff., 145, 147 ff., 179 ff., 187
ESA (Europäische Raumfahrtagentur) 160
Escherichia coli 60, 61 (Abb.), 62, 67, 100, 105 f., 241
Eton 152 f.
Eubakterien 258
Eukaryonten 212 ff., 219, 259
Europa 131 f., 133 (Ausbreitung der Pest), 185, 218
Europa, D.L. 244
Europa (Jupitermond) 122, 250
Evolution 13, 24 f., 55 (Modell), 72, 75 f., 78 f., 83, 88, 90, 94, 107, 162–183, 188, 190, 192–209, 216 f., 223, 225, 229, 250 ff.

Feedback 73 f.
Fische 78, 173, 175 f., 202
Fischer, Emil 197
Fledertiere 170
Formaldehyd 46 f.
Fortpflanzung 165 ff., 181, 188 ff., 201, 228
Fossilien 89 ff., 95, 101, 167–173, 175, 177, 182 f., 210, 215, 218 ff., 225, 227, 244 f., 247, 262
Frankreich 132

Galicien 132
Galilei, Galileo 32, 34 ff.
Gas, interstellares 56
Gattungen 75, 79, 164, 167, 169, 173, 209, 219
GC/MS-Experiment 119 f.
Geißeltierchen 100
Gelbsucht 138 ff.
Gene 10, 73, 91 ff., 163–166, 174, 181, 193, 201, 206 f., 210 ff., 224 f., 227 ff., 233, 251 f.

Genesis 25
Genetik 91, 94, 101, 163, 166, 228
genetische Struktur 83, 99, 172, 181, 236
genetischer Code 48
genetisches Material 77f., 179f., 203, 219, 263
Genua 132
Gesteine 116
Giles, Francis 19
Gold, T. 213, 218f.
Gould, Stephen Jay 216, 223f., 226
Grand Canyon 167
Gravitation 31, 37, 69, 110, 121, 124, 126, 234
Graz 32f.
Griechenland 231
Grippe 15, 114f., 135–138, 142, 144–147, 149f., 152–156, 160, 187
Großbritannien 88, 115, 132ff., 143, 145, 147, 150, 152, 157, 187

Haber, Fritz 42
Haber-Bosch-Verfahren 42
Hämoglobin 49
Halley, Edmond 37, 260
Halo 68, 102, 259
Hamburg 133
Hanford (Plutoniumfabirk, USA) 54
Harnstoff 40ff.
Helium 51, 214
Helix 48, 194f., 236, 258
Helmholtz, Hermann Ludwig Ferdinand 11, 88, 95, 97, 199, 233
Hermaphroditismus 165f., 189
Herschel, Sir Friedrich Wilhelm 38
High Force (Wasserfall) 25, 27
Himalaja 110f.
Histon-4 46
Hoover, R.B. 245
Hope-Simpson, Edgar 145ff.
Hutton, James 75
Huxley, Thomas Henry 162

Imai 232
Immunität 179
Indien 131
Indonesien 92
Influenza → Grippe
Infrarotquelle GC-IRS7 61f.
Insekten 175, 188, 202, 208, 226
Ionen 58 (Schweif)
Isotope 54, 111 (Rhodium), 113, 219 (Uran 238), 246 (Sauerstoff), 259 (Platin)
  - Kohlenstoff 119, 210, 249

ISRO 254
Italien 93, 130, 132

Japan 154ff.
Jastrow, Robert 120
Jenkins, Pat 138f.
Johnson, f.M. 63
Jupiter 31, 35, 43 (Atmosphäre), 68ff., 121, 123, 158ff., 212, 261
  - Mond 122, 250
Justinian 131

Kaliumbromid 61, 122
Kalzium 49, 116
Kalziumkarbonat 49
Kastilien 132f.
Kelvin → Thompson, William
Kepler, Johannes 32ff., 259
Keuchhusten 15, 138ff., 156f., 159f.
Kieselalgen 53f., 97, 173, 175, 183f., 259
Klassifikation 75, 79, 94, 163ff., 167, 169, 171, 176f., 215, 220–223
Klonen 165, 189
Kobalt 123
Köln 133
Kohlendioxid 39f., 44f., 51, 53, 97, 123, 126, 212, 239, 257f.
Kohlenhydrate 47, 214
Kohlenmonoxid 44ff., 51, 123
Kohlenstoff 39f., 47, 53, 59, 64, 116ff., 192, 211ff., 215, 236f., 239, 244f.
  - Isotop 119, 210, 249
Kohlenwasserstoff 42, 123, 213, 218f., 232, 237f., 246f.
Koma 58, 259f.
Kometen 13, 14 (Staub), 15, 37, 56f., 58 (Korona, Koma, Kern), 59, 66, 68ff., 102, 104, 116f., 121f., 156, 158f., 181f., 185ff., 206, 210, 216, 218 (Schwärme), 242f., 248ff., 253, 255, 259f.
  - Encke 15, 70, 158ff., 185, 260
  - Grigg-Skjellerup 23, 70
  - Hale-Bopp 243
  - Halley 13f., 23, 57, 58 (Abb.), 59f., 66–70, 72, 121, 160, 185, 242, 260
  - Hyakutake 243
  - Namenliste 70ff.
  - Wildt-2 254
Konstantinopel 131
Koonin 233
Kopernikus, Nikolaus 30, 32f., 35, 199, 259
Korona 58, 260
Kovalevsky, Vladimir 90

Krankheiten 15, 128 f., 131–138, 161, 180, 187, 191, 200
- Erregerübertragung 130, 139 f.
Kreationismus 24, 26 f., 40, 50, 120, 168, 229
Krim 132

Lamarck, Jean-Baptiste de Monet 91
Leben 9, 11 f., 14 f., 39–43, 46, 48, 53 (Bakterien), 84, 107, 120, 175, 199, 212, 223, 250
- außerirdische Eigenschaften 13, 54, 73–84, 96–103, 107 f., 224, 235, 237
- Entwicklung 57, 72, 76
- Grundbaustein 47, 49, 180
- kosmisches 11 f., 85, 88, 120, 183, 211, 231, 238, 253
- Mars 119 f., 247, 249
- Ursprung 46, 49 f., 162, 167, 183, 192–211, 214, 217, 229, 233 f., 250, 255
→ Ursuppe
Legionärskrankheit 15
Lemnos 130
Levin, Gilbert V. 119 f.
Lippershey, Hans 34
Liverpool 18 f.
Loghem, J. J. van 141 f., 146, 149, 187
London 78, 87, 98, 133
Lüttich 133 f.
Lukas, Bischof von Ermland 31
Luther, Martin 36
Lyell, Sir Charles 75 f.

Macfayden 98
Magnesium 48, 116, 239
Magrassi, f. 138
Mailand 133 f.
Malaysia 218
Mallorca 133
Manchester 18 f.
Mars 31, 68 ff., 118, 161, 247 (Gestein), 248, 250, 261
- Leben 119 f., 249 f.
- Meteorit 246, 249, 254
Marsden, B.G. 72
Marseille 133
Marsh, Othniel C. 90
Masern 138 ff.
Massachusetts 136
Matthew, Patrick 74 ff.
Maxwell, James Clerk 260
Maxwellscher Dämon 45, 260
McKay, David S. 246 f.
Melbourne 144
Mendelsche Vererbungslehre 91
Meningitis 15
Menorca 133
Merkmale, biologische 73
Merkur 35, 68
Mesosphäre 108, 124, 126, 257
Metazoen 184 f., 187 f., 215–219, 222–225, 229, 260
Meteore 105
Meteoriten 102, 185, 216, 234, 244 f., 248 f., 260
- Meteorit ALH84001 246, 249, 254
- Schauer 158, 261
Methan 39, 44, 65, 97, 123 f., 126, 212, 214, 239
Middleton-in-Teesdale (Durham) 25
Mikroorganismen 14, 56, 84, 87, 96, 99, 104, 128, 237
Milchstraße 61 f., 263
Miller, Stanley 43 f., 46, 49, 65, 232
Minnesota 245
Mond 13, 30 f., 35, 77, 98, 104, 107, 116, 118, 122, 160 f., 185 f., 204, 248, 259
Moses 25
Mount Everest 52
Mushegian 233
Mutation 10, 83, 167, 181

Nagetiere 130, 170
Nagy, B. 244
Namibia 261
Napier, Bill 159
NASA 118, 120, 125 f., 245 ff., 253 f.
Neapel 133
Neptun 13, 57, 68 f., 122 f., 159, 161, 212, 242
New York 137
Newton, Sir Isaac 27, 32, 36 ff.
Niederlande 141
Normandie 133
North Ray Crater (Mondkrater) 117 f., 185
Novara, Domenico Maria da 30
Nürnberg 133 f.
Nukleinsäure 178, 258
Nukleotide 12, 232, 258

Okuda, H. 62
Oort, Jan Hendrik 261
Oortsche Wolke 14, 182, 216, 261
Orgel, Leslie 188
Orgueil (Frankreich) 244
Osiander 32
Ozon 108 f., 111

Paarhufer 170
Padua 34 f.

Pandemie 136, 181, 187
Panspermie 85, 87, 89, 94, 97, 102, 107, 231–255
Paris 133
Parmenides 85
Parsec (Parallaxensekunde) 64, 261
Parthenogenese 165 f., 189
Pasteur, Louis 41, 88, 151, 232 f.
Pasteurella pestis 130, 132, 134
Peptide 192, 194 f., 197, 261 f.
Perihel 68, 70 ff., 160, 244, 257, 261
Pest 15, 36 f., 129–134
Pflanzen 79
Pflug, H.D. 244 f.
Phosphor 47 f.
Photosynthese 48 f., 205, 210, 213 ff., 236, 258
Planeten 9, 13 f., 29–38, 56, 57 (Riesen), 69, 107, 123, 131, 159, 161, 224, 234 f., 243, 246, 248 f., 259
Planetoide 261 f.
Plankton 208 f., 262
Platin 259
Pluto 68
Plutonium 54
Pocken 15, 138, 149
Pol 108, 111
Polen 32, 134
Polymere 12, 237, 239 f., 262
Portugal 132
Prag 33, 145
Price, W.C. 196
Primaten 170
Princeton, New Jersey 23
Prokaryonten 211 f., 252, 262
Proteine 44, 47 f., 54, 59, 175, 192, 233, 257, 259, 261 f.
- Eiweiß 46, 178
Protozoen 72, 102, 215, 262
Ptolemäus, Claudius 30 f., 35

Raumsonden
- Giotto 23, 60, 243
- Stardust 254
- Surveyor 3 98
- Vega 60
- Viking 118, 120
- Voyager 121
Redi, Francesco 86, 199
Replikation 52, 56, 241
Reptilien 77 f., 163, 173, 175, 201 f.
Revolution, kopernikanische 9, 11, 29–38, 183, 200
Rheticus, Georg Joachim 32
Rhodiumisotope 111 ff.
Ribose 47
Richter, N.B. 70
Richter, R.E. 234
Riggs (Gouverneur Alaskas) 136
Rocky Mountains 122, 143
Rom 36
Royal Institution London 87
Rudolf II. 33
Rückkopplung 73
Rüsseltiere 170

Säugetiere 77 f., 80, 163, 170 f., 173, 175 ff., 188 f., 193, 201 f.
Sarawak-Gesetz 74
Sardinien 137 f.
Satelliten 121 f., 128, 186, 202
Saturn 43 (Atmosphäre), 68, 121 (Ring), 122 f., 212
Sauerstoff 47 ff., 59, 97, 105, 116, 173, 212–215, 239, 246 (Isotop)
Schlüssel-Schloß-Analogie 197
Schuppentiere 170
Schwarzer Raucher 53, 262
Schweden 94, 133, 143 f.
Schwefel 43, 47 f., 51, 59, 123, 125, 195, 236, 258
Schwefelwasserstoff 214, 262
Schwerkraft
→ Gravitation
Sedgwick, Adam 89
Seekühe 170
Selektion, natürliche 10, 74 ff., 79 f., 82 f., 91 f., 198, 203 f., 228, 235
- Vorteil 78, 175 f.
Sibirien 185
Silizium 116, 239
Smiles, Samuel 19
Sonne 11, 30 ff., 35 f., 38, 49, 57, 66, 68 f., 77, 102, 108 f., 117, 126, 158, 185, 204 f., 213, 246, 257, 259 f.
Sonnensystem 13 f., 34 f., 37 f., 57, 59, 69, 122, 124, 181 f., 186, 199, 205 f., 216 ff., 235, 242 f., 248 ff., 261
South Ray Crater (Mondkrater) 117 f., 185
Sowjetunion 126
Spallanzani, Abbé Lazzaro 87, 97
Spanien 130
Spontanzeugung 231 f.
Sri Lanka 143 f.
Stammbaum 75 f., 89 ff., 94, 101, 164, 167, 171, 174–177, 183, 221, 251 f.
- Urstamm 169, 172, 219, 222

Staub 68 (Staubhalo)
- kosmischer / interstellarer 12 f., 57, 59 f., 62 f., 66, 99, 160, 238–241, 243, 245 f., 254, 261
- organischer 51, 239 f.
Stephenson, George 18 ff.
Sterne 56, 261 ff.
Stevens, L. 196
Stickoxide 41
Stickstoff 39, 41 f., 44 f., 47 ff., 51, 59, 239
Straat, Patricia A. 119 f.
Strahlung 13, 20, 27, 54, 65 f., 84, 107, 235, 238
- Alpha- 54
- Beta- 54
- Gamma- 54
- Infrarot- 60 ff., 64, 66 f., 169
- ionisierende 13
- kosmische 20, 55, 237, 263
- Röntgen- 54 f., 108
- Transmissions- 60 f.
- Ultraviolett- 64 f., 99 f., 102, 108 f., 126, 232, 235 ff.
- Wellenlänge 61 f.
Stratosphäre 108–112, 124–127, 142, 147, 245, 253, 255, 257
Streptococcus mitis 13, 98
Strontium 54
Supernova 30, 262 f.
Syrien 131

Tauriden 158 f., 263
Taxonomie → Klassifikation
Temperatur 42 f., 49, 53 ff., 59, 66, 97 ff., 105 ff., 109, 111, 123 f., 212, 218 f., 235 f., 239, 247, 257
Teruel (Aragon) 130
Thomas, Robert 135
Thompson, Sir William, Lord Kelvin of Largs 11, 88, 95, 97, 233 f., 248
Thorium 219
Thukydides 129 f.
Tokio 62
Tropen 108, 110 f., 143, 184
Troposphäre 108–111, 127, 257
Tschechoslowakei 145
Tyndall, John 87 f., 97

Umwelt 76, 96
Ungarn 133
Uran 219 (Isotop)
Uranus 13, 57, 68, 122 f., 161, 204, 212, 242
Urban VIII. 36
Urey, Harold 43 f., 46, 49, 65, 232, 244
Urknall 20 f., 25, 255
Ursuppe 39, 44, 87, 101, 164, 169, 198 f., 250
USA 142

Vale of Glamorgan 138 ff.
Van-der-Waals-Kräfte 195, 263
Velikovsky, Immanuel 22 f., 26
Ven (dänische Insel) 33
Venedig 34, 133
Venus 30, 121, 161
Viren 12, 14 f., 72, 87, 102 f., 105, 108, 111, 113 ff., 124 (Viralteilchen), 128, 137 f., 141, 143, 147, 149, 153, 155 f., 160, 178–182, 187 f., 190 f., 200 ff., 206, 217, 225 ff., 251 f., 263
Vitalismus 40–43
Vögel 80, 228
- Auge 203 f.

Waals, Johannes Diderik van der 263
Wale 170
Wales 105, 138, 143, 150, 152, 157
Wallace, Alfred Russel 74 ff., 79 f., 82 ff., 86, 92, 94, 108, 226, 229
Wasser 43, 45, 51, 53, 57 ff., 65, 98, 105, 109, 113 f., 155, 187 (Grundwasser), 192, 194, 214, 217 f., 239, 250, 252, 257
Wasserstoff 39, 42 f., 46 f., 51, 59, 97 f., 123, 126, 195, 212 f., 239
Wasserstoffperoxid 119
Watkins, John 147 f.
Weinstein, Louis 136
Weltbild 9, 216
- geozentrisches 9, 30, 36 ff., 168, 173, 183, 198, 200, 219, 253
- heliozentrisches 32, 34 ff.
Whittington, H.B. 216
Wickramasinghe, D.T. 60, 62, 67, 240, 242
Willis, J.C. 78 ff., 83 f., 91, 169, 181
Wittenberg 32
Wöhler, Friedrich 40 ff., 44
Wüste 113 f.

Yoho Canadian National Park 225

Zellkern 259, 262
Zellulose 47, 262
Zodiakus 102
Zöllner, J. 234
Zucker 12, 46–49, 197, 213 f., 262
Zürich 133